大数据技术和人工智能技能型人才培养产教融合系列教材

人工智能技术导论

王小玲 阳卫文 李维龙 主 编

吴振锋 主 审

刘 洋 周 璨 晏 然 副主编

冯 馨 黄春利 邓丽君 廖一霖 参 编

電子工業出版社

Publishing House of Electronics Industry

北京 · BEIJING

内 容 简 介

本书围绕人工智能技术应用框架和认知规律，将“德”与“技”有机结合，由浅入深地从“理念—开发—数据—算法—技术—产品—行业—情感”8个认知层面对人工智能技术进行剖析，构建全栈知识体系。

本书基于 BOPPPS 教学方法重构教学环节，主要分为“导入—学习目标—知识探索—案例体验—拓展阅读—本章总结—学习评价—思考探索”8个环节，根据内容适时穿插案例，使读者通过项目实践获得所学即所用的成就感。本书配套案例源代码、习题、教学课件等资源。

本书可以作为高等院校人工智能技术、电子信息类、机电一体化、应用电子技术及相关专业的教材，也可以作为相关技术人员的参考用书。

图书在版编目（CIP）数据

人工智能技术导论 / 王小玲，阳卫文，李维龙主编. —北京：电子工业出版社，2023.6

ISBN 978-7-121-45735-7

Ⅰ. ① 人… Ⅱ. ① 王… ② 阳… ③ 李… Ⅲ. ① 人工智能—研究 Ⅳ. ① TP18

中国国家版本馆 CIP 数据核字（2023）第 103980 号

责任编辑：章海涛　　　　特约编辑：田学清
印　　刷：天津千鹤文化传播有限公司
装　　订：天津千鹤文化传播有限公司
出版发行：电子工业出版社
　　　　　北京市海淀区万寿路 173 信箱　　　邮编：100036
开　　本：787×1092　1/16　印张：14.25　字数：356 千字
版　　次：2023 年 6 月第 1 版
印　　次：2024 年 3 月第 2 次印刷
定　　价：49.00 元

凡所购买电子工业出版社图书有缺损问题，请向购买书店调换。若书店售缺，请与本社发行部联系，联系及邮购电话：（010）88254888，88258888。

质量投诉请发邮件至 zlts@phei.com.cn，盗版侵权举报请发邮件至 dbqq@phei.com.cn。

本书咨询联系方式：192910558（QQ 群）。

吴海波	湖南铁道职业技术学院
邱钦伦	中国软件行业协会智能应用服务分会
陈　彦	永州职业技术学院
陈海涛	湖南省人工智能协会
欧阳广	湖南化工职业技术学院
罗　娟	湖南大学
周化祥	长沙商贸旅游职业技术学院
周　玲	湖南民族职业技术学院
郝黎明	电子工业出版社
姚　跃	长沙职业技术学院
高　登	湖南科技职业学院
黄　达	岳阳职业技术学院
黄　毅	湖南科技职业学院
曹虎山	湖南生物机电职业技术学院
盛鸿宇	全国人工智能职业教育集团
彭顺生	湖南信息职业技术学院
曾文权	广东科学技术职业学院
谢　军	湖南交通职业技术学院
谢金龙	湖南现代物流职业技术学院
褚　杰	湖南三一工业职业技术学院
谭见君	湖南科技职业学院
谭　阳	湖南网络工程职业技术学院

总　序

从社会经济的宏观视图看，当今世界正在经历一场源于信息技术的快速发展和广泛应用而引发的大范围、深层次的变革，数字经济作为继农业经济、工业经济之后的新型经济形态应运而生，数字化转型已成为人类社会发展的必然选择。考察既往社会经济发展的周期律，人类社会的这次转型也将是一个较长时期的过程，再保守估算，这个转型期也将可能长达数十年。

信息技术是这场变革的核心驱动力！从 20 世纪 40 年代第一台电子计算机发明算起，现代信息技术的发展不到 80 年，然而对人类社会带来的变化却是如此巨大而深刻。特别是始于 20 世纪 90 年代中期的互联网大规模商用，历近 30 年的发展，给人类社会带来一场无论在广度、深度和速度上均是空前的社会经济“革命”，正在开启人类的数字文明时代。

从信息化发展的视角考察，当前我们正处于信息化的第三波浪潮，在经历了发轫于 20 世纪 80 年代，随着个人计算机进入千家万户而带来的以单机应用为主要特征的数字化阶段，以及始于 20 世纪 90 年代中期随互联网开始大规模商用而开启的以联网应用为主要特征的网络化阶段，我们正在进入以数据的深度挖掘和融合应用为主要特征的智能化阶段。在这第三波的信息化浪潮中，互联网向人类社会和物理世界全方位延伸，一个万物互联的人机物（人类社会、信息系统、物理空间）三元融合泛在计算的时代正在开启，其基本特征将是软件定义一切、万物均需互联、一切皆可编程、人机物自然交互。数据将是这个时代最重要的资源，而人工智能将是各类信息化应用的基本表征和标准配置。

当前的人工智能应用本质上仍属于数据驱动，无数据、不智能。数据和智能呈现“体”和“用”的关系，犹如“燃料”与“火焰”，燃料越多，火焰越旺，燃料越纯，火焰越漂亮。因此，大数据（以数据换智能）、大系统（以算力拼智能）、大模型（模型参数达数百、甚至数千亿）被称为当前人工智能应用成功的三大要素。

我们也应看到，在大数据应用和人工智能应用成功的背后，仍然存在不少问题和挑战。从大数据应用层次看，描述性、预测性应用仍占多数，指导性应用逐步增多；从数据分析技术看，基于统计学习的应用较多，基于知识推理的应用逐步增长，基于关联分析的应用较多，基于因果分析的应用仍然较少；从数据源看，基于单一数据源的应用较多，综合多源多态数据的应用正在逐步增多。可以看出，大数据应用正走出初级阶段，进入新的应用增长阶段。从人工智能能力看，当前深度学习主导的人工智能应用，普遍存在低效、不通用、不透明、鲁棒性差等问题，离“低熵、安全、进化”的理想人工智能形态还有较长的路要走。

无论是从大数据和人工智能的基础研究与技术研发，还是从其产业发展与行业应用看，人才培养无疑都应该是第一重要事务，这是一项事业得以生生不息、不断发展的源头活水。数字化转型的时代，信息技术和各行各业需要深度融合，这对人才培养体系提出了许多新要求。数字时代需要的不仅仅是信息技术类人才，更需要能将设计思维、业务场景、经营方法和信息技术等能力有机结合的复合型创新人才；需要的不仅是研究型、工程型人才，更需要能够将技术应用到各行业领域的应用型、技能型人才。因此，我们需要构建适应数字经济发展需求的人才培养体系，其中职业教育体系是不可或缺的构成成分，更是时代刚需。

党中央高度重视职业教育创新发展，党的二十大报告指出，“统筹职业教育、高等教育、继续教育协同创新，推进职普融通、产教融合、科教融汇，优化职业教育类型定位”，为我国职业教育事业的发展指明了方向。我理解，要把党中央擘画的职业教育规划落到实处，建设产教深度融合的新形态实践型教材体系亟需先行。

我很高兴看到“大数据技术和人工智能技能型人才培养产教融合系列教材”第一批成果的出版。该系列教材在中国软件行业协会智能应用服务分会和全国人工智能职业教育集团的指导下，由湖南省人工智能职业教育教学指导委员会和湖南省人工智能学会高职 AI 教育专委会，联合国内 30 多所高校的骨干教师、十多家企业的资深行业和技术专家，按照“共建、共享、共赢”的原则，进行教材调研、产教综合、总体设计、联合编撰、专业审核、分批出版。我以为，这种教材编写的组织模式本身就是一种宝贵的创新和实践：一是可以系统化地设计系列教材体系框架，解决好课程之间的衔接问题；二是通过实行“行、校、企”多元合作开发机制，走出了产教深度融合创新的新路；三是有利于重构新形态课程教学模式与实践教学资源，促进职业教育本身的数字化转型。

目前，国内外大数据和人工智能方向的教材品类繁多，但是鲜有面向职业教育的体系化与实战化兼顾的教材系列。该系列教材采用“岗位需求导向、项目案例驱动、教学做用结合”的课程开发思路，将“真环境、真项目、真实战、真应用”与职业能力递进教学规律有机结合，以产业界主流编程语言和大数据及人工智能软件平台为实践载体，提供了类型丰富、产教融合、理实一体的配套教学资源。这套教材的出版十分及时，有助于加速推动我国职业院校大数据和人工智能专业建设，深化校、企、出版社、行业机构的可持续合作，为我国信息技术领域高素质技能型人才培养做出新贡献！

谨以此代序。

梅宏（中国科学院院士）
癸卯年仲夏于北京

前　言

人工智能发展至今，其内涵不断扩展，已经成为一门综合性的交叉学科，并形成了“基础设施平台+技术平台+场景化应用”的3层人工智能技术应用框架。基础设施平台为人工智能提供基础支撑，包括算力、网络和数据等基础资源；技术平台为人工智能提供技术体系，包括算法开发的软件框架、算法模型、关键技术等；场景化应用实现人工智能与行业场景的创新融合应用，提供人工智能产品、服务及行业解决方案。

1. 本书定位

本书围绕人工智能技术应用框架和认知规律，将“德”与“技”有机结合，由浅入深地从“理念—开发—数据—算法—技术—产品—行业—情感”8个认知层面对人工智能技术进行剖析，构建全栈知识体系。本书基于BOPPPS教学方法重构教学环节，主要分为“导入—学习目标—知识探索—案例体验—拓展阅读—本章总结—学习评价—思考探索”8个环节，内容层层递进，通俗易懂。

本书主要作为人工智能方向专业学习的入门级参考书，理论与实践相结合，理论部分将消除大量复杂的算法、数学公式等带来的学习困难，化繁为简；实践部分强化人工智能技术应用，使读者即便没有很好的数学基础，也可以习得人工智能技术基础知识。

2. 本书特点

本书共分为8章。

第1章主要从人工智能来龙去脉的视角，围绕人工智能的内涵、特点和分类，人工智能的发展史，以及人工智能的应用和未来发展趋势等进行分析和讨论，希望带领读者走近和认识人工智能，了解人工智能的前世今生。

第2章主要从人工智能系统开发流程的视角，围绕人工智能系统的基础架构、层次结构、硬件结构、开发流程、开发环境和算法工具包等进行分析和讨论，希望带领读者了解人工智能系统的软硬件开发环境，初步了解人工智能系统开发的工作流程。

第3章主要从人工智能数据需求的视角，围绕数据的类型、大数据的基本特征和作用、大数据与人工智能的相互关系等进行分析和讨论，希望带领读者了解不同数据的形态和价值，正确看待人工智能时代的数字世界。

第4章主要从人工智能计算方法的视角，围绕人工智能算法的定义、特征、实现流程、分类及人工智能算法工具的用法等进行分析和讨论，希望带领读者正确理解算法的概念，初步认识人工智能主流算法及其应用方法。

第5章主要从人工智能关键技术的视角，围绕人工智能中的计算机视觉技术、智能语音技术、自然语言处理技术、知识图谱技术等进行分析和讨论，希望带领读者正确理解人工智能关键技术的概念，初步认识人工智能系统的视、听、说、做实现方法。

第 6 章主要从人工智能产品形态的视角，围绕人工智能应用系统中人脸识别类产品、智能机器人产品、智能推荐类产品、智能语音类产品等进行分析和讨论，希望带领读者正确认识人工智能产品的基本功能和用途，初步探索人工智能产品背后的结构逻辑。

第 7 章主要从人工智能行业应用的视角，围绕智慧工业应用、智慧医疗应用、智慧出行与生活服务等进行分析和讨论，希望带领读者正确认识人工智能在行业中的应用场景，初步理解人工智能技术对行业产品升级与提高工作效率的意义和价值。

第 8 章主要从人工智能伦理法规的视角，围绕人工智能应用中的商业伦理、技术伦理和伦理治理机制，以及人工智能应用中的网络空间安全、社会安全、国家安全等进行分析和讨论，希望带领读者正确认识人工智能在开发设计和使用过程中存在的伦理道德等问题，初步建立人工智能社会的伦理道德与法律意识。

3. 编写团队

本书由王小玲、阳卫文、李维龙担任主编，刘洋、周璨、晏然担任副主编，参与编写的还有冯馨、黄春利、邓丽君、廖一霖。湖南乐鸥教育咨询有限公司和北京东方国信科技股份有限公司在本书编写过程中提供了大量的技术支持。特别感谢行业专家吴振峰教授作为本书主审对本书规划及内容编排提出了诸多宝贵意见。

本书引用了国内外部分期刊、论文、图书、技术网站资源，与资源相关的权利均属于资源的作者，在此向他们深表感谢！

在本书编写过程中，虽力求准确、完善，但由于编者水平有限，书中仍难免存在不足和疏漏之处，恳请读者批评指正。

编　者

目　录

第 1 章　人工智能来龙去脉……1

知识探索……2

1.1　人工智能的内涵、特点和分类……2

1.1.1　人工智能的内涵……2

1.1.2　人工智能的特点……3

1.1.3　人工智能的分类……4

1.2　人工智能的发展史……4

1.2.1　起步发展期……6

1.2.2　反思发展期……6

1.2.3　应用发展期……6

1.2.4　低迷发展期……6

1.2.5　稳步发展期……7

1.2.6　蓬勃发展期……7

1.3　人工智能的应用……7

1.3.1　人工智能在交通领域中的应用……8

1.3.2　人工智能在医疗领域中的应用……8

1.3.3　人工智能在金融领域中的应用……8

1.3.4　人工智能在家居领域中的应用……9

1.3.5　人工智能在教育领域中的应用……9

1.3.6　人工智能在制造领域中的应用……9

1.3.7　人工智能在农业领域中的应用……10

1.4　人工智能的未来发展趋势……10

案例体验……11

拓展阅读……12

本章总结……12

学习评价……13

思考探索……14

【参考文献】……15

第 2 章　人工智能系统开发流程 16

知识探索 17

2.1　人工智能系统构成 17

2.2　人工智能系统开发流程 19

2.2.1　分析业务需求 20

2.2.2　采集/收集数据 21

2.2.3　标注数据 21

2.2.4　训练模型 21

2.2.5　评估模型效果 21

2.2.6　部署模型 21

2.3　人工智能系统开发环境 23

2.3.1　Python 23

2.3.2　PyCharm 集成开发环境 24

2.3.3　Anaconda 库管理工具 24

2.3.4　常用第三方库 25

案例体验 27

拓展阅读 31

本章总结 32

学习评价 33

思考探索 33

第 3 章　人工智能数据需求 34

知识探索 35

3.1　事物、数据与信息 35

3.1.1　事物与数据 35

3.1.2　数据与信息 36

3.1.3　数据的类型 37

3.2　大数据的基本特征 39

3.2.1　数据量大 39

3.2.2　数据类型繁多 40

3.2.3　处理速度快 41

3.2.4　价值密度低 42

3.3　大数据的作用 42

3.3.1　改变经济社会管理方式 43

3.3.2　促进行业融合发展 44

3.3.3 推动产业转型升级 44
3.3.4 助力智慧城市建设 45
3.3.5 创新商业模式 45
3.3.6 改变科学研究的方法论 46
3.4 人工智能依赖大数据 46
3.4.1 人工智能与大数据的联系 46
3.4.2 人工智能与大数据的区别 47
案例体验 48
拓展阅读 56
本章总结 56
学习评价 57
思考探索 58
【参考文献】 59

第 4 章 人工智能计算方法 60
知识探索 61
4.1 数据的运算与算法 61
4.1.1 数据的运算方法 61
4.1.2 算法的定义和特征 61
4.1.3 算法的实现流程 63
4.2 人工智能算法 63
4.2.1 人工智能算法的分类 64
4.2.2 机器学习 65
4.2.3 深度学习 71
4.3 人工智能算法工具 76
4.3.1 常用开源框架 76
4.3.2 算法应用基本方法 78
案例体验 79
拓展阅读 85
本章总结 86
学习评价 87
思考探索 87
【参考文献】 89

第 5 章　人工智能关键技术 90

知识探索 91

5.1　计算机视觉技术 91

5.1.1　图像处理基础 93

5.1.2　图像分类 94

5.1.3　目标检测 97

5.1.4　图像分割 98

5.2　智能语音技术 101

5.2.1　智能语音系统构成 101

5.2.2　智能语音的应用 105

5.3　自然语言处理技术 106

5.3.1　自然语言处理任务层级 107

5.3.2　自然语言处理技术体系 108

5.3.3　自然语言处理应用 109

5.4　知识图谱技术 111

5.4.1　知识图谱认知 111

5.4.2　知识图谱构建流程 114

案例体验 116

拓展阅读 127

本章总结 128

学习评价 129

思考探索 129

【参考文献】 131

第 6 章　人工智能产品形态 132

知识探索 133

6.1　人脸识别类产品 133

6.1.1　人脸识别发展现状 134

6.1.2　人脸识别关键技术 135

6.1.3　人脸识别应用领域 138

6.2　智能机器人产品 140

6.2.1　智能感知系统 142

6.2.2　智能决策系统 142

6.2.3　智能执行系统 143

6.2.4　智能交互系统 144

6.3 智能推荐类产品 144
6.3.1 智能推荐系统概述 145
6.3.2 智能推荐基本思想 146
6.3.3 智能推荐系统流程 147
6.3.4 智能推荐系统实例 149
6.3.5 智能推荐系统应用领域 152
6.4 智能语音类产品 152
6.4.1 智能语音助手发展历程 153
6.4.2 智能语音助手关键技术 154
6.4.3 智能语音助手应用领域 154
案例体验 155
拓展阅读 159
本章总结 160
学习评价 161
思考探索 161
【参考文献】 163

第 7 章 人工智能行业应用 164
知识探索 165
7.1 人工智能+工业 165
7.1.1 工业机器人 165
7.1.2 智能物流 168
7.1.3 智能工厂 171
7.1.4 制造强国 173
7.2 人工智能+医疗 175
7.2.1 医疗机器人 175
7.2.2 智能诊断与诊疗 177
7.2.3 智能健康管理 178
7.3 人工智能+服务 179
7.3.1 智能交通服务 180
7.3.2 智能银行服务 182
7.3.3 智能客户服务 185
7.3.4 智能家居服务 186
案例体验 188
拓展阅读 191

本章总结 192
学习评价 193
思考探索 194
【参考文献】 194

第 8 章　人工智能伦理法规 195

知识探索 196
8.1　人工智能伦理道德 196
8.1.1　人工智能商业伦理 197
8.1.2　人工智能技术伦理 198
8.1.3　人工智能伦理治理机制 199
8.2　人工智能安全规范 199
8.2.1　人工智能网络空间安全 200
8.2.2　人工智能社会安全 203
8.2.3　人工智能国家安全 205
案例体验 207
拓展阅读 209
本章总结 210
学习评价 211
思考探索 212

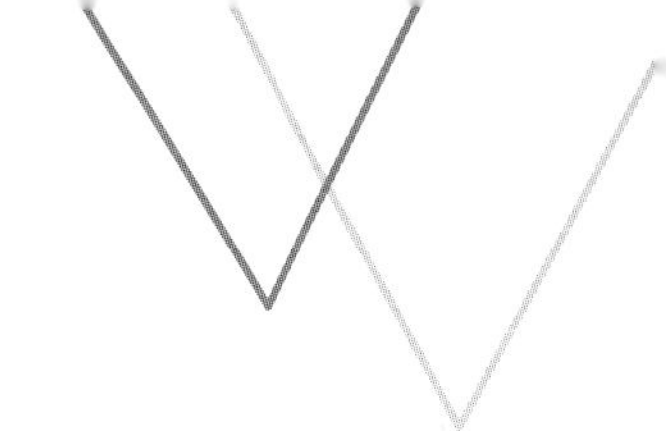

第 1 章

人工智能来龙去脉

在北京冬奥会上，能够准确识别运动员动作的人工智能裁判、支持多种语言服务的智能机器人、L4 级别的自动驾驶班车、人工智能手语主播、直播间里的虚拟人等，各类“无人化”服务场景随处可见，人工智能可谓大放异彩。从场馆安防到天气监测，从智慧医疗到无人零售，人工智能全方位赋能科技冬奥。如果说 2016 年和 2017 年 AlphaGo 与人类顶尖围棋高手李世石、柯洁的两场对决刷新了大众对人工智能的认知，打破了之前科幻电影里人工智能的理想状态给人们带来的虚幻感的话，那么北京冬奥会则让世界人民见证了中国人工智能技术的先进性。

本章主要从人工智能来龙去脉的视角，围绕人工智能的内涵、特点和分类，人工智能的发展史，以及人工智能的应用和未来发展趋势等进行分析和讨论，希望带领读者走近和认识人工智能，了解人工智能的前世今生。

北京冬奥会上的送餐机器人和无人驾驶接驳车如图 1-1 所示。

图 1-1　北京冬奥会上的送餐机器人和无人驾驶接驳车

【学习目标】

- 理解人工智能的内涵、特点和分类。
- 了解人工智能的产生和发展过程。
- 了解人工智能在各个领域中的应用。
- 理解人工智能当前发展水平和未来发展趋势。

教学资源

课件

习题解答

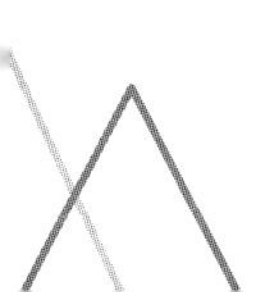

知识探索

人工智能是模拟实现人类思维的技术，它的主要目的是赋予机器人类特有的视、听、说，以及抽象思维能力，尤其体现在判断、推理、证明、识别学习和问题求解等思维活动上。总体来说，它是知识和思维的结合体。

1.1 人工智能的内涵、特点和分类

北京冬奥会为人工智能技术的加速应用落地提供了丰富的场景，将带动相关技术发展以及产业落地，驱动数字经济向纵深发展。近年来，数字经济的高速发展为人工智能的发展创造了良好的经济基础与技术环境，同时，人工智能作为关键新型信息基础设施，也被视为拉动数字经济发展的新动能。艾瑞咨询发布的《2021 年中国人工智能产业研究报告（Ⅳ）》显示，2021 年人工智能核心产业规模约为 1998 亿元，预计到 2026 年，人工智能核心产业规模将超过 6000 亿元，如图 1-2 所示，产业规模高速增长的背后是技术水平的全面提升。

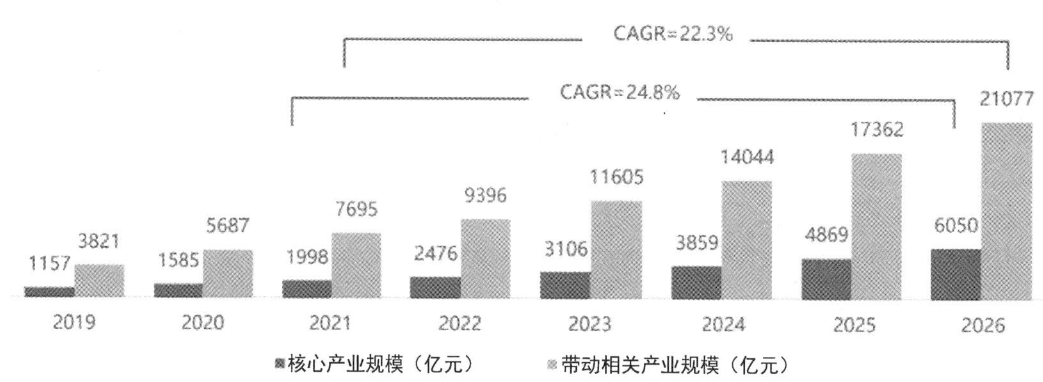

图 1-2　中国人工智能产业规模

那么，什么是人工智能呢？

1.1.1 人工智能的内涵

人工智能（Artificial Intelligence，AI）是研究、开发用于模拟、延伸和扩展人类智能的理论、方法、技术及应用系统的一门学科。人工智能是计算机科学的一个分支，旨在了解智能的本质，并生产出一种新的能以人类智能相似的方式做出反应的智能机器，研究内容包括机器人、语言识别、图像识别、自然语言处理和专家系统等。

人工智能具有算力、算法、数据三大要素，如图 1-3 所示，其中基础设施平台提供算力支持，技术平台解决算法问题，场景化应用挖掘数据价值。

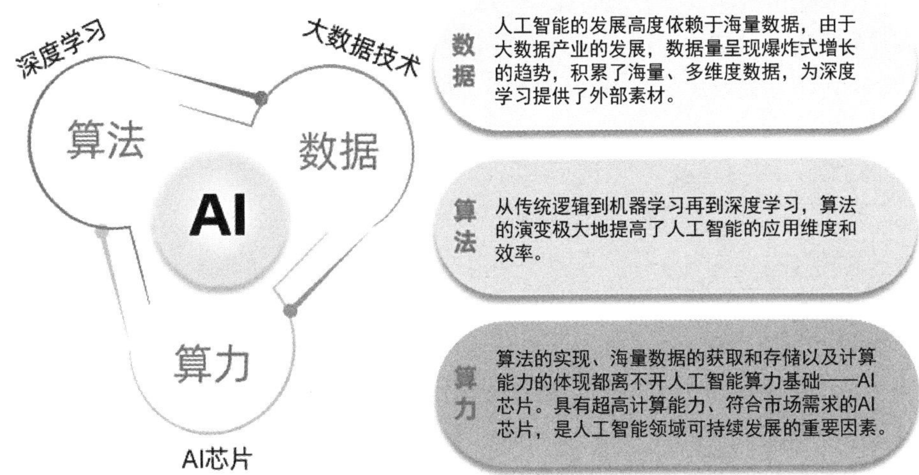

图 1-3 人工智能三大要素

1.1.2 人工智能的特点

1. 人工智能的优点

- **更少的错误：**人工智能由于对先前收集的信息和某些算法进行了决策，不会受到人为干扰，因此可以减少错误，并且有可能以更高的精度达到目标。
- **更快地决策：**使用人工智能，可以快速地做出决策。因为根据其背后使用的算法机器（如国际象棋机器人）可以在很短的时间内采取最佳步骤。
- **没有情感：**人类在决策过程中带有情感会影响人类做出判断，而机器在决策过程中完全没有情感会使机器做出正确的决策。
- **连续工作：**与人类不同，机器可以不间断地全天候工作。下班后，人类需要休息以恢复体力和放松精神，而机器可以长时间工作，不会感到无聊或疲惫。

2. 人工智能的缺点

- **成本高昂：**硬件和软件需要及时更新以满足最新要求，机器需要维修和保养，这需要高昂的成本。
- **导致失业：**越来越多的机器会导致失业和工作保障问题。机器可以不间断地全天候工作，这种方式虽然提高了工作效率，但也间接造成了失业人数的增加。
- **机器依赖：**在大量机器的帮助下，很多人将不再需要思考能力，他们的思考能力将逐渐降低。未来随着人工智能的大量应用，人类可能会过度依赖机器，从而失去某方面的能力。

1.1.3 人工智能的分类

人工智能既不同于人类惯常的思维方式，也不同于常规计算机技术，只根据单一的既定程序执行计算并输出既定反应，是研究、开发能够模拟、延伸和扩展人类智能的理论、方法、技术及应用系统的一门技术科学，研究目的是促使智能机器会听（语音识别、机器翻译等），会看（图像识别、文字识别等），会说（语音合成、人机对话等），会思考（人机对弈、定理证明等），会学习（机器学习、知识表示等），会行动（机器人、自动驾驶汽车等）。人工智能相对来说更具有生物智能，可以进行学习和适应，具有一定的思维发散能力。现阶段人工智能的主要发展目标是在某方面使机器具备相当于人类的智能水平，达到此目标即可称为人工智能。人工智能是对人类智慧及大脑生理构造的模拟，其全方位发展涉及数学与统计学、软件、数据、硬件乃至外部环境等方方面面的因素。

人工智能按智能程度可分为弱人工智能（Artificial Narrow Intelligence，ANI）、强人工智能（Artificial General Intelligence，AGI）和超人工智能（Artificial Super Intelligence，ASI），如图 1-4 所示。弱人工智能是指专注于且只能解决单个特定领域问题的人工智能。强人工智能是指具备独立意识，能自主进行决策推理和解决问题的人工智能。超人工智能是指在科学创造力、智能和社交能力等每个方面都比最强人类大脑聪明的人工智能。

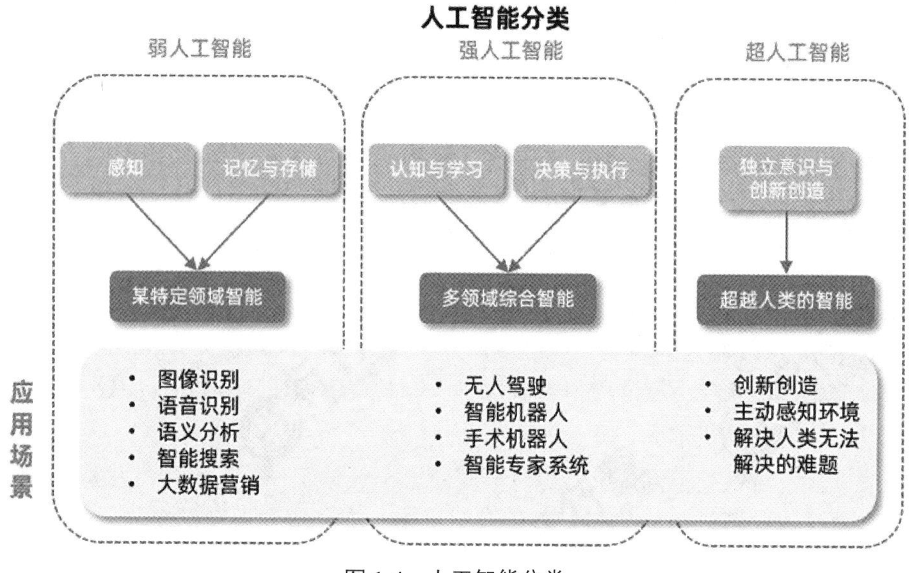

图 1-4 人工智能分类

1.2 人工智能的发展史

人工智能是集计算机科学、逻辑学、生物学和哲学等众多学科于一体的复杂学科。2017 年 12 月“人工智能”入选“2017 年度中国媒体十大流行语”。人工智能已悄然成为人们日常热议的话题，想要了解它将向何处去，我们首先要知道它从何处来。

在人工智能历史的舞台上，不得不提到影响深远的 3 个人物——马文·李·明斯基（Marvin Lee Minsky）、阿兰·麦席森·图灵（Alan Mathison Turing）和约翰·麦卡锡（John McCarthy），如图 1-5 所示。20 世纪中叶，人工智能思想逐渐萌芽，被人们称为“人工智能之父”的马文·李·明斯基和他的同学制造了世界上第一台神经网络计算机，标志着人工智能大门从此开启。在同一个时间节点上，被视为“计算机科学之父”的阿兰·麦席森·图灵提出了举世闻名的图灵测试。他认为，如果一个人与一台机器进行对话并且这台机器不被人识别为机器，则这台机器就具有人类智能。此外，当时图灵发表的名为《计算机与智能》的文章中已涉及图灵测试、机器学习、遗传算法等概念词汇。他被认为是最早提出机器智能想法的人。1956 年夏，另一个被称为“人工智能之父”的约翰·麦卡锡作为发起人与马文·李·明斯基等科学家在美国达特茅斯学院召开了一场关于人工智能的会议——达特茅斯会议。他们共同研究和探讨用机器模拟智能的一系列有关问题，并首次提出了“人工智能”这一术语，赋予了这场会议不平凡的意义。人工智能作为一门独立学科从此正式诞生。

马文·李·明斯基

阿兰·麦席森·图灵

约翰·麦卡锡

图 1-5　人工智能发展史上具有影响力的 3 个人物

从 20 世纪 50 年代至今，人工智能作为一门极富挑战性的学科，其发展经历了“三起两落”的曲折过程，概括起来主要分为 6 个发展期，如图 1-6 所示。

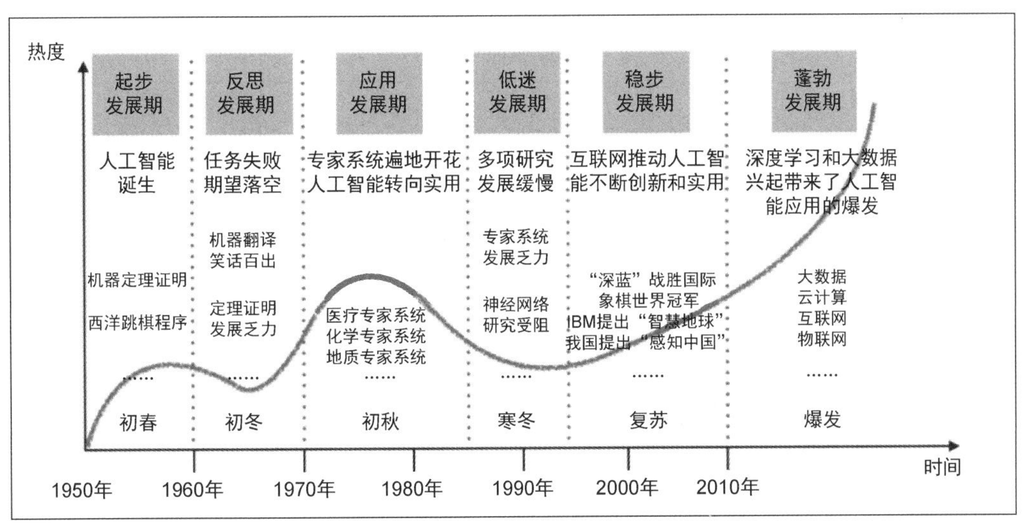

图 1-6　人工智能经历的 6 个发展期

1.2.1 起步发展期

20 世纪 50 年代初至 60 年代初，人工智能从萌芽状态到概念正式提出，相继取得了一批令人瞩目的研究成果。1956 年 8 月，在美国汉诺斯小镇宁静的达特茅斯学院中，以约翰·麦卡锡为首的几位科学家共同提出了用机器来模仿人类学习及其他方面智能的相关问题，人工智能正式诞生，1956 年也因此成为人工智能元年。在这个时期，一批令人瞩目的研究成果相继出现，被称为“机器学习之父”的阿瑟·塞缪尔提出了机器定理，同时以这一定理为基础编写出了西洋跳棋程序，通过观察当前位置，并学习一个隐含的模型，随着程序运行时间的增加，其可以实现越来越好的后续指导。基于此阿瑟·塞缪尔提出了“机器学习”理论，并将它定义为“可以提供计算机能力而无须显式编程的研究领域”，掀起人工智能发展的第一个高潮。

1.2.2 反思发展期

20 世纪 60 年代初至 70 年代初，人工智能发展初期的突破性进展大大提升了人们对人工智能的期望，人们开始尝试更具挑战性的任务，并提出了一些不切实际的研发目标。然而，接二连三的任务失败和期望落空，如无法用机器证明两个连续函数之和还是连续函数、机器翻译闹出笑话等，以及人工智能在技术方面遇到了许多瓶颈，如计算机性能不足、问题复杂化、数据量少等问题待解决，使人工智能的发展跌入低谷。当时的智能被证明只能完成简单任务，而且在较为重要的数据分析方面存在严重不足，这曾使绝大多数学者对人工智能技术持怀疑态度，一度导致人工智能领域失去了绝大部分的研究资金。

1.2.3 应用发展期

20 世纪 70 年代初至 80 年代中期，随着学习算法的重新发明，20 世纪 70 年代出现的专家系统可以模拟人类专家的知识和经验解决特定领域的问题，实现了人工智能从理论研究转向实际应用、从一般推理策略探讨转向运用专门知识的重大突破。马尔可夫模型的产生使语音识别技术逐渐发展起来，其中马尔可夫链的拓展——贝叶斯网络攻克了概率推理的很多问题，为不确定推理和专家系统研究提供了有力的帮助。逐渐地，专家系统在各领域取得了突破性进展，人们开始在特定领域进行探索。专家系统在医疗、化学、地质等领域取得了成功，运用理论与实践相结合的方式推动人工智能步入应用发展的新高潮。

1.2.4 低迷发展期

20 世纪 80 年代中期至 90 年代中期，随着人工智能应用规模的不断扩大，人们开始尝试研究具有通用性的人工智能程序。与此同时，专家系统的应用领域出现困境，缺乏专业理

论支撑、数据信息不够全面等问题接二连三地暴露出来，人工智能研究发展受阻。备受重视的专家系统存在的应用领域狭窄、缺乏常识性知识、知识获取困难、推理方法单一、缺乏分布式功能、难以与现有数据库兼容等问题逐渐暴露出来，人工智能被当时美国的权威研究机构否定，又一次步入低谷。

1.2.5 稳步发展期

20 世纪 90 年代中期至 21 世纪初，网络技术，特别是互联网技术的发展，加速了人工智能的创新研究，推动人工智能技术进一步走向实用化。1997 年，国际商业机器公司（IBM）开发的超级计算机“深蓝”战胜了国际象棋世界冠军卡斯帕罗夫，“深蓝”的成功使人工智能的发展又提上日程。2008 年，IBM 提出“智慧地球”的概念。2009 年，我国提出“感知中国”的概念。以上都是这一时期的标志性事件。

1.2.6 蓬勃发展期

2011 年至今，随着算力的提升，人工智能的瓶颈被打破，为基于大数据的深度学习与增强学习提供了发展的可能。GPU 不断发展，与此同时定制化处理器的研制成功使算力不断提升，为人工智能应用的爆发提供了基础。随着大数据、云计算、互联网、物联网等信息技术的发展，泛在感知数据和图形处理器等计算平台推动以深度神经网络为代表的人工智能技术飞速发展，跨越了科学与应用之间的技术鸿沟。在无人驾驶领域，北京地平线信息技术有限公司发布了一款嵌入式视觉芯片，主要针对无人驾驶汽车。阿里巴巴投资千亿元成立“达摩院”，在机器学习等方面开展研究和进行产品开发。至此人工智能步入蓬勃发展期，诸如图像分类、语音识别、知识问答、人机对弈、无人驾驶等人工智能技术实现了从“不能用、不好用”到“可以用”的技术突破，迎来爆炸式增长的新高潮。

1.3 人工智能的应用

人工智能为北京冬奥会增添了智慧元素，提升了办赛效率和水平，打造了一场科技感十足的奥运盛会。与此同时，北京冬奥会为人工智能技术的加速应用落地提供了更加丰富的场景，将带动相关技术发展以及产业落地，驱动数字经济向纵深发展。当前，基于人工智能的研究和应用正在全球如火如荼地进行着。2017 年 7 月，国务院印发《新一代人工智能发展规划》，该规划指出，到 2030 年，中国将成为世界主要人工智能创新中心，人工智能核心产业规模将超过 1 万亿元，带动相关产业规模将超过 10 万亿元。人工智能市场空前活跃，谷歌、Meta（原名为 Facebook）、微软、百度、阿里巴巴、腾讯等全球 IT 巨头都将人工智能视作下一代科技革命的突破点，并投入大量人力物力加速布局。

北京冬奥会让世界人民见证了中国人工智能技术的先进性，场馆内的引导机器人、消毒机器人，冬奥村里的无人配送车、无人售卖车，冬奥餐厅内的炒菜机器人、上菜机器手臂……北京冬奥会被誉为一场现实版的“机器人总动员”，借助各类非接触无人化智能手段，满足了疫情常态化形势下众多场景中的普遍需求。在北京冬奥会上使用的智能语音翻译机让语种间的翻译准确率超过 90%，平均每句语音翻译响应时间不超过 1.5 秒，跨越了语言障碍，让讲不同语言的人之间的实时对话变成可能。人工智能俨然已经成为继蒸汽机、电力、互联网之后最有可能带来新的产业革命浪潮的技术。

1.3.1 人工智能在交通领域中的应用

在智能交通行业“井喷”及人工智能技术发展的共同作用下，国家对人工智能在交通领域中的应用越来越重视，具体内容涉及电子不停车收费（ETC）系统、北斗卫星导航系统交通行业应用、集装箱铁水联运信息化和汽车自动驾驶等多个方面。随着交通卡口的大规模联网，汇集了海量车辆通行记录信息，利用人工智能技术，可实时分析城市交通流量，调整红绿灯间隔，缩短车辆等待时间等，以提升城市道路的通行效率。城市级的人工智能大脑实时掌握着城市道路上通行车辆的轨迹信息、停车场上的车辆信息及小区里的停车信息，能提前半个小时预测交通流量变化和停车位数量变化，合理调配资源、疏导交通，实现机场、火车站、汽车站、商圈等大规模交通联动调度，提升整个城市的运行效率，为居民的出行畅通提供保障。如今，在城市公共场所或工业园区，越来越多的无人扫地车、无人售货车等正处于工作状态。

1.3.2 人工智能在医疗领域中的应用

人工智能在医疗领域中的应用主要体现在辅助诊断、康复智能设备、病历和医学影像理解、手术机器人等方面。一是通过计算机视觉技术识别医疗图像，帮助医生缩短读片时间，提高工作效率，降低误诊率；二是基于自然语言处理，“听懂”患者对症状的描述，并根据疾病数据库进行内容对比和深度学习，从而辅助诊断。部分公司已经开始尝试基于海量数据和机器学习为患者量身定制诊疗方案。据有关资料，哈佛医学院研发的人工智能系统对乳腺癌病理图片中癌细胞的识别准确率已达到 92%，结合人工病理学分析，其诊断准确率可达 99.5%。此外，可利用机器学习算法建立多种疾病辅助诊断模型，通过分析患者数据识别病症，给出诊断意见。目前，结合医学专家的分析，人工智能在肿瘤、心血管、五官及神经内科等领域的辅助诊断模型已接近医生的水平。

1.3.3 人工智能在金融领域中的应用

人工智能在金融领域中的应用主要有智能投顾、投资决策、智能客服、精准营销、风险控制、反欺诈、智能理赔等。其中应用最多的是投资咨询业务，业内称之为智能投顾。全球

知名的智能投顾平台有 Wealthfront、Betterment、Personal Capital 等。Robo-Advisor 是近年来风靡华尔街的创新性金融科技。2009 年，智能投顾在美国兴起，到 2015 年年底，一批新兴金融科技企业开始拓展中国智能投顾市场。智能投顾通过大数据获取客户个性化的风险偏好及其变化规律，根据客户的风险偏好，结合算法模型定制个性化的投资方案，同时利用互联网对客户个性化的投资方案进行实时跟踪调整。

1.3.4 人工智能在家居领域中的应用

随着人工智能技术的发展，智能家居产品已进入消费者日常生活，改变着人们的生活方式。虽然市场上的感应设备越来越多，目前大部分智能家居产品主要依赖手机操控，可以很好地感应周围环境，但真正体现智能场景的应用并不多。家居产品的智能主要在于能对周围环境进行综合分析与判断，满足用户家居情感体验。随着人工智能技术的发展，人工智能将带来更高级的感应方式，了解用户心理、喜好、习惯等，通过感应系统交互功能对家居环境进行全面感知与感应，计算并执行相应指令。

1.3.5 人工智能在教育领域中的应用

教育领域中的人工智能应用还处在初始阶段，常见应用主要有一对一智能化在线辅导、作业智能批改、数字智能出版等。教育领域中的人工智能应用除能模拟人类传递知识以外，还能通过皮肤电导、面部表情、姿势、声音等生物监测技术了解学习者的学习情绪。例如，美国匹兹堡大学开发的 Attentive Learner 智能移动学习系统能监测学生的思想是否集中，从而调整教学策略。将人工智能应用于教育领域，可以协助教师提升教学效果，使学生获得量身定制的学习支持。

1.3.6 人工智能在制造领域中的应用

智能制造是一种由智能机器和人类专家共同组成的人机一体化智能系统，它在制造过程中能进行智能活动，如分析、推理、判断、构思和决策等。通过人类专家与智能机器的合作，可扩大、延伸和部分地取代人类专家在制造过程中的脑力劳动。智能制造把制造自动化的概念更新、扩展到柔性化、智能化和高度集成化。智能系统以控制系统、工业机器人、视觉系统、RFID、伺服系统、电动拧紧系统为核心，借助控制系统强大的控制功能、工业机器人的灵活、视觉系统的判断、RFID 的高效、伺服系统精准的定位、电动拧紧系统多方式的控制，完美地实现了生产线的智能制造。智能制造在工业中非常重要，基于控制系统、工业机器人、视觉系统、RFID、伺服系统、电动拧紧系统使生产线可靠性高、效率高、节能效果显著、动态响应速度快。

1.3.7 人工智能在农业领域中的应用

人工智能技术不断丰富与完善，在农业领域中得到了广泛的应用，有效地促进了农业生产方式的变革。在农业领域中，人工智能所涉及的关键技术主要包括语音和图像理解、智能搜索、专家系统、智能控制、机器人等，这些技术使农业的发展发生了革命性的改变，有利于促进中国农业的转型发展，不断突破传统的农业生产模式，实现科学、安全、稳定地管理，提高管理水平。在新时代背景下，人工智能在农业领域中取得了较大的成果，国家大力提倡发展智慧农业、智慧牧场、智慧渔场等，通过建立大数据平台促进绿色智能供应链的有效应用，促进农业的产供销体系构建，紧密联合推动农业生产要素的合理配置，为智慧农业创新技术，提高农业的生产效率。针对水稻、玉米、小麦、棉花等农作物的生产过程，聚焦“耕、种、管、收”等关键作业环节，运用面向群体智能自主无人作业的农业智能化装备等，构建农田土壤变化自适应感知、农机行为控制、群体实时协作、智慧农场大脑等规模化作业典型场景，实现农业种植和管理集约化、少人化、精准化。

1.4 人工智能的未来发展趋势

如今新一轮科技革命和产业变革方兴未艾，人工智能正在全球范围内蓬勃兴起，成为科技创新的超级风口。人工智能的未来发展趋势如何？

趋势一：人工智能技术进入大规模商用阶段，人工智能产品全面进入消费级市场。随着产业和技术走向成熟，成本降低是必然趋势。机器人背后隐藏着的巨大商业机会，同时市场竞争因素也将进一步拉低机器人的售价，未来人们将会像挑选智能手机一样挑选机器人。

趋势二：基于深度学习的人工智能产品的认知能力将达到人类专家水平。过去几年人工智能技术之所以能够获得快速发展，主要源于三个元素的融合：性能更强的神经网络算法、价格低廉的智能芯片及大数据。深度学习算法能力的提升和大数据的积累将使得人工智能逼近人类专家水平，并在未来进一步取代人类专家。

趋势三：人工智能的实用主义倾向显著，未来将成为一种可购买的智慧服务。人工智能与不同产业的结合使其实用主义倾向愈发显著，这让人工智能逐步成为一种可以购买的智慧服务。例如，特斯拉公司就是专门用人工智能技术来提升自动驾驶技术的。又如，地图导航软件就是专门用人工智能技术来为用户规划出行路线的。它们更加关注的是人工智能到底能为公司和用户带来什么。

趋势四：人工智能将严重冲击劳动密集型产业，改变全球经济生态。人工智能导致的大规模失业将从劳动密集型产业开始。当技术成本低于雇佣劳动力的成本时，显然劳动力会被无情淘汰，制造企业的商业模式也将随之发生改变。例如，在物流行业中，目前大多数企业实现了无人仓库管理和机器人自动分拣货物，接下来无人配送车、无人机也很有可能取代一部分物流配送人员。

案例体验

案例一　人工智能车牌识别系统——让人们出行更便捷

随着人们生活水平的提高，越来越多的家庭购买了汽车，然而为了规范地管理车辆的进出，让车辆能更加快速、便捷地进出各个场合，利用人工智能技术进行车牌识别至关重要。人工智能车牌识别系统应用于停车场、小区、工厂等场景，可实现无卡、无人的车辆进出自动化、规范化管理，有效降低人力成本和通行卡/证制作成本，大幅提升管理效率。

人工智能车牌识别系统具备车牌的自动识别（包括完整的车牌信息，如颜色、字符、汉字、数字等全面完整的识别），车速的自动准确检测，违法牌照车辆的抓拍报警，车辆识别信息与车管所车辆信息的及时联动，操作权限的分立，前端采集信息的实时上传及网络断点续传等主流功能。

案例二　人工智能仿生眼——超越人类的眼睛

在科幻电影《2001：太空漫游》中，人们已经对仿生眼有了一定的了解，超级计算机HAL的险恶，至今仍让很多科幻迷后背发凉。在人工智能的加持下，仿生眼已经成为现实。研发团队突破了种种技术难关，终于研发出世界上最先进的黑科技——仿生眼。根据研发团队介绍，仿生眼是一个被铝膜和钨膜包裹的球状传感器，直径超过2cm，与人的眼球体积相当。

世界上第一个3D人工眼球已问世，其具有比真正的人眼更高的视力。除此以外，独特的设计使其具有提供比人眼更高的视觉分辨率的潜力。也就是说，这种仿生眼可以具有更高的视力，如果人穿戴配置了这种仿生眼的装备，就可以通过各种微型传感器来创建图像，而传感器是通过纳米级的材料制成的，比人眼的感光密度高出10倍以上。这种装备是人工智能与仿生工程结合最好的体现。

英国曼彻斯特皇家眼科医院已经成功实施了世界上首例人工智能仿生眼移植治疗老年性黄斑变性（SMD）所导致的失明手术。这个仿生眼装置被称为Argus II，其由两部分组成：体内植入部分（植入设备）和体外病人必须穿戴的部分（外部设备）。

（1）植入设备将被植入到病人的视网膜上，植入设备中含有电极阵列、电池和一个无线天线。

（2）外部设备包含一副眼镜，内置前向的摄像头和无线电发射器，以及一个视频处理单元。目前，生物相容性、稳定性和其他性能方面的观测数据正在建模，仿生眼虽然精妙，但是还有很大的改进空间。近年来研发专家们正在不断修正各项参数，旨在让仿生眼与人体达到最佳的融合效果。

拓展阅读

人工智能未来发展及负面影响的应对

从20世纪50年代至今，人工智能所取得的成就有目共睹。人类社会因人工智能的发展而变得丰富多彩，但同时人工智能也向人类发起了严峻的挑战，迫切需要人们从理论上加以面对和解决。当前，我们还处于弱人工智能时代，智能机器暂时只能代替人类做一部分事，而并不能为人类做每件事。人工智能的发展必然需要经历一个从不完善到逐步完善、从不成熟到逐步成熟的过程。人工智能是凝聚人类文明与智慧成果的新技术，在推动经济快速发展的同时，也会引发社会关系、社会结构乃至社会整体面貌的深刻变化，深刻地影响人类的未来发展。

面对人工智能的发展带来的巨大挑战，与其被动地接受不如主动拥抱改变。我们要整合多学科力量，加强人工智能相关法律、伦理、社会问题研究，发挥每个人的智慧力量，促进人工智能技术趋利避害，造福人类。近几年，各国对于人工智能产业发展愈加重视，相继发布了与人工智能相关的国家战略。以我国为例，2017年7月国务院印发《新一代人工智能发展规划》，提出到2030年，人工智能理论、技术与应用总体达到世界领先水平，成为世界主要人工智能创新中心。习近平指出，把握全球人工智能发展态势，找准突破口和主攻方向，培养大批具有创新能力和合作精神的人工智能高端人才，是教育的重要使命。人工智能应用的爆发加剧了人才短缺的问题，政府应从国民教育、在职培训和人才引进等方面着重填补人才缺口。同时，对于社会失业问题，应开展人才培养培训，帮助被人工智能替代的劳动者掌握新技能，快速提升劳动者自身知识水平，缩短失业缓冲时间。要加强人才队伍建设，打造多种形式的高层次人才培养平台，加大后备人才培养力度，为科技和产业发展提供更加充分的人才支撑。长远来看，只有增加人们对人工智能的学习机会，才可以培养出更多适应人工智能发展的优秀人才。

人工智能的产生背景、技术特征，以及人工智能对人类社会各方面的影响等还有待于进一步深入研究。诺伯特·维纳曾说："我们可以谦逊地在机器的帮助下过上好日子，也可以傲慢地死去。"想必没有人会轻易选择死亡，最终选择权还是在人类自己手里。人类只有不断认识和挖掘自身的潜力，坚持终身学习，才能推动人工智能更好地发挥为人类服务的作用。密切联系社会实际，总结反思科学技术发展，持之以恒，必将使人工智能在人类的带领下取得丰硕的成果，人类也将能尽情地享受未来人工智能带来的美好生活。

本章总结

本章主要围绕人工智能的内涵、特点和分类，人工智能的发展史，人工智能的应用，以及人工智能的未来发展趋势进行介绍，带领读者探索人工智能的基础知识，使读者对人工智能有初步的感性认知。最后通过案例体验和拓展阅读，鼓励读者带着问题去查找资料、实际体验，以达到基本的理性认知。

知识速览：

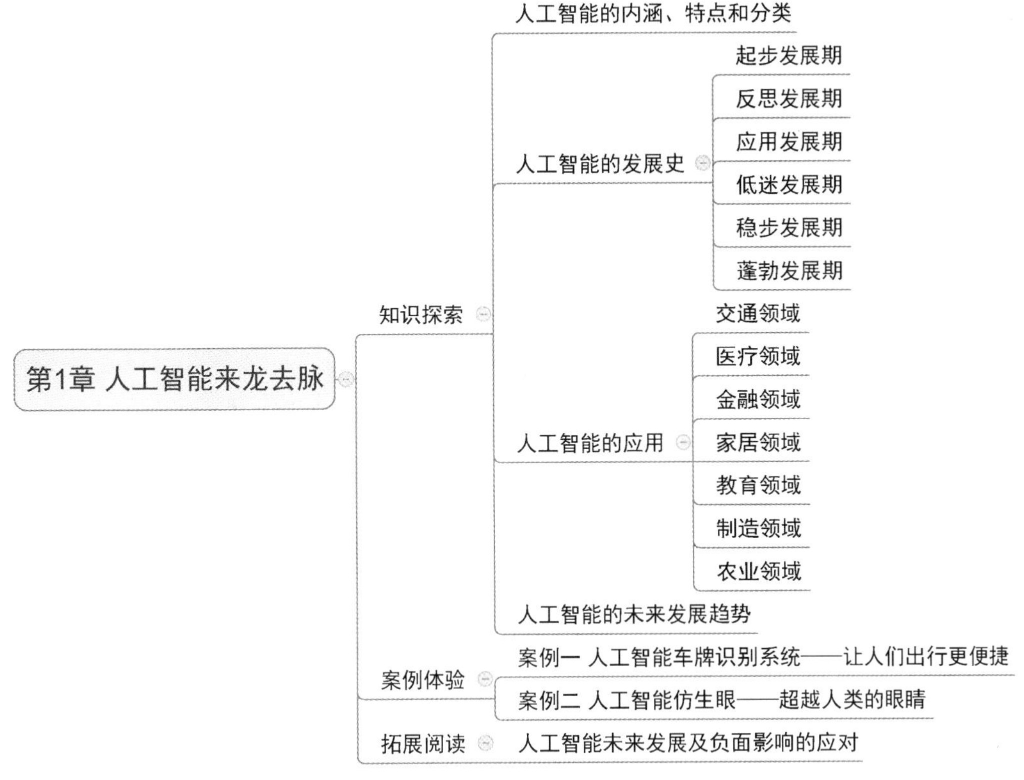

（1）人工智能是研究、开发用于模拟、延伸和扩展人类智能的理论、方法、技术及应用系统的一门学科，按照智能程度可分为弱人工智能、强人工智能和超人工智能。人工智能作为一种智能技术，具有双刃剑的特征，其益处和弊端都很明显，正确使用人工智能技术造福人类，是我们要践行的使命。

（2）人工智能的发展经历了“三起两落”的曲折过程，可概括为 6 个发展期：起步发展期、反思发展期、应用发展期、低迷发展期、稳步发展期、蓬勃发展期。

（3）人工智能在不同领域中得到了应用，包括交通、医疗、金融、家居、教育、制造和农业等领域。随着技术不断发展，人工智能的应用范围远不止于这些领域，人工智能将赋能千行百业。

（4）人工智能技术进入大规模商用阶段，人工智能产品全面进入消费级市场；基于深度学习的人工智能产品的认知能力将达到人类专家水平；人工智能的实用主义倾向显著，未来将成为一种可购买的智慧服务；人工智能将严重冲击劳动密集型产业，改变全球经济生态。

学习评价

通过学习本章内容，评价自己是否达成了以下学习目标，在学习评测表中标出已经完成的目标情况（A、B、C、D）。

评测标准	自我评价	小组评价	教师评价
理解人工智能的内涵、特点和分类			
了解人工智能的产生和发展过程			
了解人工智能在各个领域中的应用			
理解人工智能当前发展水平和未来发展趋势			

说明：A 为学习目标达成；B 为学习目标基本达成；C 为学习目标部分达成；D 为学习目标未达成。

思考探索

一、选择题

1．被人们称为“人工智能之父”是（　　）。

A．马文•李•明斯基

B．阿兰•麦席森•图灵

C．马文•李•明斯基和约翰•麦卡锡

2．（多选题）人工智能是集（　　）等众多学科于一体的复杂学科。

A．计算机科学　　B．逻辑学

C．生物学　　D．哲学

3．（多选题）人工智能三大要素是指（　　）。

A．数据　　B．算法

C．算力　　D．程序

4．（多选题）人工智能按智能程度可分为（　　）。

A．普通人工智能　　B．弱人工智能

C．强人工智能　　D．超人工智能

5．人工智能的发展经历了（　　）个阶段。

A．4　　B．5

C．6　　D．7

6．通过智能移动学习系统监测学生学习状态属于人工智能在（　　）领域中的应用。

A．金融　　B．教育

C．医疗　　D．家居

二、思考题

1．结合生活实际，请找出你身边的 3 个人工智能应用场景，并简要进行描述。

2．思考人工智能未来将改变哪些行业，并举例说明。

三、探索题

1．人工智能在教育领域中的应用存在什么问题？（提示：不断优化教学形式和效果）

2．人工智能在零售领域中的应用存在什么问题？（提示：连接消费者，改善购物体验）

3．人工智能在医疗领域中的应用存在什么问题？（提示：更快的诊断，更好的治疗）

要求：通过“分解问题—查找资料—整理资料—编写报告—制作讲稿—汇报演讲”等过程，掌握分析问题和解决问题的基本能力。

【参考文献】

[1] 苏德悦. 冬奥会加速人工智能产业落地　驱动数字经济纵深发展[N]. 人民邮电，2022-02-28（3）.

[2] 赵楠，谭惠文. 人工智能技术的发展及应用分析[J]. 中国电子科学研究院学报，2021，16（7）：737-740.

[3] 肖博达，周国富. 人工智能技术发展及应用综述[J]. 福建电脑，2018，34（1）：98-99，103.

[4] 杨悦. 马克思主义人学视域下人工智能及其未来发展研究[D]. 北京：北方工业大学，2020.

[5] 丁立江. 人工智能时代下的战略布局图景——基于各国（区域）战略布局的比较分析[J]. 科技智囊，2022（2）：5-13.

第 2 章 人工智能系统开发流程

人工智能近年来发展迅速，随处可见它的身影。人工智能这个词本身已经成为国内外高精尖科技创新的代名词。人工智能从诞生以来就受到智能算法、计算速度、存储能力、数据训练等多方面因素的制约，理论和技术发展经历了多次高潮和低谷。人工智能发展从原来的 CPU 架构，转变为 GPU 并行计算架构；从单一算法驱动，转变为数据、算法、算力综合驱动；从使用封闭的单机系统，转变为使用灵活的开源框架；从学术探究导向，转变为快速迭代的实践应用导向。人工智能理论和技术不断更迭，应用领域也不断扩大，运用人工智能技术服务人类社会，解决人们生产生活中的实际问题已逐步成为现实。

本章主要从人工智能系统开发流程的视角，围绕人工智能系统的基础架构、层次结构、硬件结构、开发流程、数据环境和算法工具包等进行分析和讨论，希望带领读者了解人工智能系统的软硬件开发环境，初步了解人工智能系统开发的工作流程。

【学习目标】

- 理解人工智能系统构成逻辑。
- 理解人工智能系统开发流程。
- 了解人工智能系统开发环境。
- 了解人工智能系统开发常用的第三方库。

教学资源

源代码

课件

习题解答

知识探索

2017年7月，国务院印发《新一代人工智能发展规划》；2017年10月，党的十九大将人工智能正式写进报告，在政策层面为国内人工智能产业发展提供了长期保障；2017年11月，科技部召开新一代人工智能发展规划暨重大科技项目启动会，首批4家国家创新平台确立；2017年12月，工业和信息化部印发《促进新一代人工智能产业发展三年行动计划（2018-2020年）》，正式开启国内人工智能新篇章。

2.1 人工智能系统构成

人工智能系统的理论前身为20世纪60年代末由斯坦福大学提出的机器人操作系统，该系统除了具备通用操作系统的所有功能，还具备语音识别、计算机视觉、执行器和认知行为等功能。随着人工智能技术的发展，人工智能系统现已被广泛地应用于家庭、教育、军事、航空和工业等领域。

传统的计算机系统主要由硬件和软件共同构成。硬件是指有形的物理设备，是计算机系统中实际物理装置的总称。传统的信息处理过程是通过输入设备（如键盘、鼠标等）将程序、数据以机器所能识别和接收的信息形式输入计算机，并将其存放在存储器中，运算器能够直接访问主存储器获取数据进行计算处理，处理好的信息通过输出设备（如显示器、音箱等）以人们所能接受的形式输出。“现代计算机之父”约翰·冯·诺依曼提出的计算机硬件架构由输入设备、输出设备、存储器、运算器、控制器五大部分组成，如图2-1所示。

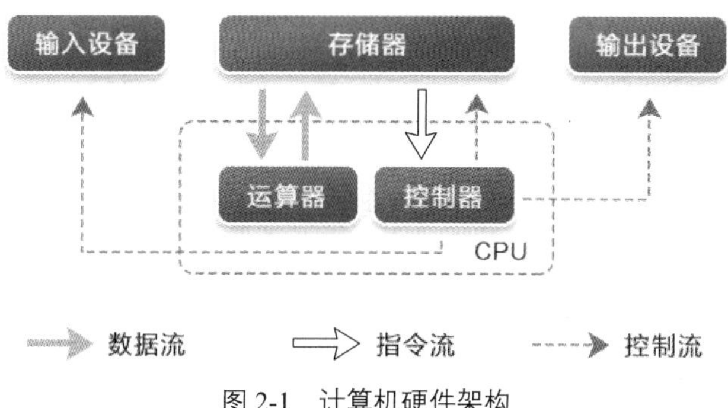

图2-1 计算机硬件架构

软件是指计算机运行的各种程序、数据及相关的文档资料，分为系统软件和应用软件两大类。系统软件是指担负控制和协调计算机及其外部设备、支持应用软件的开发和运行的一类计算机软件，一般包括操作系统、语言处理程序、数据库系统和网络管理系统，如Windows系列、Linux系列操作系统等。

应用软件，也称为应用程序，是指针对特定领域开发并为特定目的服务的一类软件。应用软件是直接面向用户需要的，可帮助用户提高工作质量和效率，解决人工无法处理的难题，如导航软件、实时通信软件等。

人工智能系统也是一种计算机应用系统，其系统构成可以简单概括为由输入系统（传感器、探测器等），处理系统（语言识别、图像识别、自然语言处理等），网络系统，决策系统，输出系统等构成的，智能化的、可以代替人完成重复性复杂或繁重工作的自动化处理系统，如图 2-2 所示。

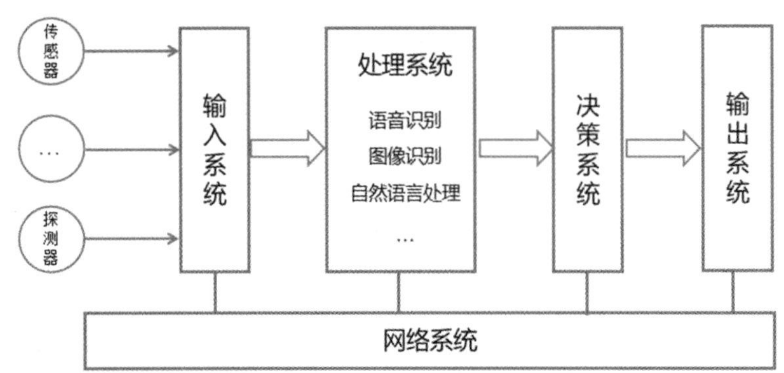

图 2-2 人工智能系统构成

相较于传统计算机系统，人工智能系统主要通过模拟人的学习、思维、决策和动作等执行过程，对信息进行一系列有目的的处理，以达到用机器替代人工作业的目的。人工智能系统的输入系统通常直接接收语音、图像、视频等自然形态信息；处理系统利用算法对输入信息进行学习和识别；决策系统根据问题需要进行分析和判断；输出系统利用可视、可听、可动的形式表达处理结果或指挥执行机构运行，以达到拟人化的智能效果。

人工智能是模拟实现人类思维的技术，它的主要目的是赋予机器视、听、说，以及人类特有的抽象思维能力。总体来说，它是知识和思维的结合体。下面我们分 4 个层次来理解人工智能系统技术体系，如图 2-3 所示。

图 2-3 人工智能系统技术体系

（1）基础层：为人工智能系统提供基础设施和数据资源。其中，基础设施主要以计算机硬件为核心，包括 GPU/FPGA、神经网络芯片、传感器与中间件，在基础设施上提升算力；数据资源是驱动人工智能系统取得更高识别率和精准度的重要因素，训练数据的规模和丰富度对算法训练尤为重要。

（2）算法层：用系统的方法描述解决问题的策略机制。人工智能算法主要是指目前相对成熟的机器学习、深度学习等算法。优秀的算法是机器实现人工智能的关键一环，对人工智能系统起到最主要的推动作用。

（3）技术层：对人工智能产品的智能化程度起到直接作用，包括自然语言处理、语音处理、计算机视觉等通用技术。技术层主要依托于基础层的基础设施和数据资源进行海量识别训练和机器学习建模，通过不同类型的算法建立模型，开发面向不同领域的应用技术。每个技术方向下又有多个具体子技术。

（4）应用层：主要利用技术层输出的通用技术实现不同场景的应用落地，为用户提供智能化的服务和产品，使人工智能与产业深度融合，为传统行业的发展提供新的动力。应用层主要包括医疗、金融、教育、交通、家居、零售、制造、安防、政务等领域。

2.2 人工智能系统开发流程

在正式启动人工智能系统开发之前，必须明确要分析什么、要解决什么问题，基于对业务需求的理解，整理人工智能系统开发框架和开发思路。不同的人工智能系统对数据的要求不同，使用的开发手段和开发流程也是不一样的。接下来，以非常优秀且方便初学者使用的百度 AI 开发平台——EasyDL 为例，如图 2-4 所示，介绍人工智能系统典型的开发流程。

图 2-4　EasyDL

EasyDL 是百度大脑推出的零门槛 AI 开发平台，对各行各业有定制 AI 需求、零算法基础及追求高效率开发 AI 的用户非常友好，并且很容易使用，不用关注复杂的模型及参数，可专注于应用，支持包括数据管理、模型构建、模型部署与应用在内的一站式 AI 开发流程。图片数据、文本数据、视频数据、音频数据、结构化数据等，经过 EasyDL 加工、学习、部署后，可通过公有云 API 调用，或者部署在本地服务器、本地设备、软硬一体的专项适配硬件上，通过 API 或 SDK 进一步集成，如图 2-4 所示。EasyDL 非常适合快速开发人工智能系统，主要支持 6 个技术方向，每个方向包括不同的模型类型。

- EasyDL 图像：图像分类、物体检测、图像分割。
- EasyDL 文本：文本分类-单标签、文本分类-多标签、情感倾向分析、文本实体抽取、短文本相似度等。
- EasyDL 语音：语音识别、声音分类。
- EasyDL OCR：文字识别。
- EasyDL 视频：视频分类、目标跟踪。
- EasyDL 结构化数据：表格数据预测、时序预测。

基于 EasyDL 的人工智能系统的典型开发流程主要包括分析业务需求、采集/收集数据、标注数据、训练模型、评估模型效果和部署模型 6 个环节，如图 2-5 所示。

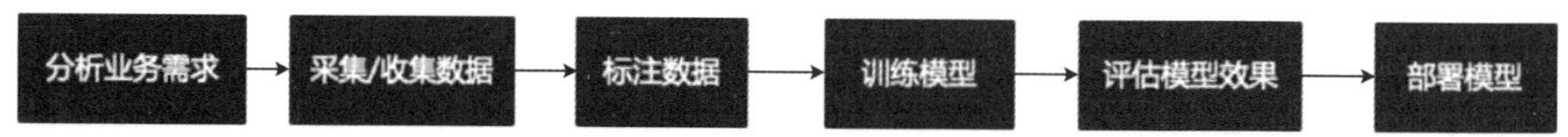

图 2-5　基于 EasyDL 的人工智能系统的典型开发流程

2.2.1　分析业务需求

在正式启动人工智能系统开发之前，需要有效分析和拆解业务需求，明确模型类型如何选择。这里我们举一个实际业务场景的例子进行分析。

原始业务需求：某企业希望为某学校开发一套智能监控系统，希望对多种现象进行智能监控并及时预警，包括保安是否在岗、学校内是否有异常噪声、学校内各个区域的垃圾桶是否已满等。

针对这个原始业务需求，我们可以分析出不同的监控对象所在的位置不同、监控的数据类型不同（有的针对图片进行识别、有的针对声音进行判断），需要对多个模型进行综合应用。

监控保安是否在岗：通过图像分类模型进行判断。

监控学校内是否有异常噪声：定时收集声音片段，通过声音分类模型进行判断。

监控学校内各个区域的垃圾桶是否已满：视频监控区域采集的画面中可能会存在多个垃圾桶，可通过物体检测模型进行判断。

2.2.2 采集/收集数据

数据是人工智能系统的重要“燃料”，通过分析基本的模型类型，进行相应的数据采集/收集工作。采集/收集的数据格式要正确，分为图片数据、文本数据、视频数据、音频数据、结构化数据等。采集/收集数据的主要原则为尽可能采集与真实业务场景一致的数据，并覆盖可能有的各种情况。

2.2.3 标注数据

在人工智能系统开发过程中经常需要处理海量数据，数据准备与标注往往会耗费整个开发过程一半及以上的时间。采集/收集数据后，可以通过 EasyDL 在线标注工具或其他线下标注工具对已有的数据进行标注。对于保安是否在岗的图像分类模型，需要将监控视频分帧后的图像按照“在岗”和“未在岗”两种状态进行标注；对于学校内各个区域的垃圾桶是否已满，需要将监控视频分帧后的垃圾桶图像按照“空”和“满”两种状态进行标注。

2.2.4 训练模型

训练模型俗称建模，是指通过分析手段、方法和技巧对准备好的数据进行探索分析，从中发现因果关系、内部联系和业务规律，为项目提供决策参考。训练模型阶段可以将已标注好的数据基于已经确定的初步模型类型，如图像分类、物体检测、文本分类、语音分类、视频分类、文字识别等，选择算法进行训练。通过使用 EasyDL，可以可视化在线操作训练任务的启停和配置，大幅降低线下搭建训练环境、自主编写算法代码的相关成本。

2.2.5 评估模型效果

训练得到模型之后，整个开发过程还不算结束，模型在训练过程中存在着各种各样的缺点，这些缺点会影响最终的预测结果。在正式集成训练出的模型之前，需要评估模型效果，确认其是否可用。在这个环节中，EasyDL 提供了详细的模型评估报告，以及在线可视化上传数据测试模型效果的功能。

2.2.6 部署模型

当确认模型可用后，可以将模型部署到生产环境中。传统的方式需要将训练出的模型文件加入工程化相关处理，通过使用 EasyDL，可以便捷地将模型部署在公有云服务器或本地设备上，通过 API 或 SDK 集成应用，或者直接购买软硬一体产品，有效应对各种业务场景的需求，提供效果与性能兼具的服务。

在实际系统开发中，面对不同的客户，通常需要交付不同的产品。总体来说，交付的产品通常有三种形态。

（1）服务（Service）。

客户端可以通过 HTTP/REST 或 GRPC 的方式来请求服务。输入一张图片/一段视频，输出图片/视频的分析结果，通常按次数收费或者按时间段授权。例如，百度网站提供的各种 API 服务如图 2-6 所示。

图 2-6　百度网站提供的各种 API 服务

服务的业务流程是相对单一的，主要考虑的是充分利用 GPU 算力资源，能够提供稳定的、高吞吐量的服务。服务通常部署在 GPU 服务器上，可能是客户局域网内的服务器，也可能是公有云服务器。

市面上也有一些成熟的商用框架可以使用，如 NVIDIA 的 Triton Inference Server、谷歌的 TF Servering、百度的 Paddle Serving 等。

（2）SDK 或者功能组件。

有的中间商或集成商，以及一些传统的非人工智能公司，需要通过深度学习解决问题，把深度学习算法集成到自己的业务系统中，为最终用户提供服务。这时，它们会寻找第三方合作伙伴，提供一套封装了深度学习算法的 SDK 或者功能组件。

（3）应用（Application）。

应用通常面向的是某个场景的最终用户，因此，交付的产品是一整套包括交互界面在内的软件系统，有时也会将硬件一起捆绑交付。

对这类产品，用户需要的其实只是应用的分析输出结果。例如，绘制了违规提醒框的实时画面，Web、邮件甚至手机短信联动的告警消息，某个时段或者满足某种条件的数据分析报表等。这类产品一方面需要提供友好的操作界面供用户查看及使用，另一方面可能还需要提供对接用户第三方平台的接口，以便将分析产生的告警结果等信息推送到用户的业务管理平台。

2.3 人工智能系统开发环境

环境配置是人工智能系统开发的基础，人工智能系统开发环境主要包括 Python 解释器、Python 集成开发环境、扩展库及相关的库管理工具。

首先，必须选择一种适合进行人工智能系统开发的语言，目前主流的是 Python。其次，为了在编写 Python 程序的过程中有良好的编辑环境（如关键字提醒、语法出错提醒、自动对齐等），需要选择一个良好的 Python 集成开发环境，如 PyCharm。另外我们开发程序不能什么功能都自己从零开始写，所以需要一些别人写好的功能模块，这些功能模块就是扩展库（或者称为包）。要使用这些库就需要库管理工具，如 pip 或 Anaconda 可用来下载、安装、管理这些库。

2.3.1 Python

人工智能系统开发可以使用几乎所有编程语言实现，如 C、C++、Java、Lisp、Prolog、Python 等，其中 Python 是最适合进行人工智能系统开发的编程语言。随着人工智能时代的到来，Python 成为众多程序员追求的“神兵利器”。Python 是一种流行的面向对象的解释型编程语言，由 Guido 创建发布于 1991 年。它广泛用于 Web 应用开发、操作系统管理、服务器运维的自动化脚本、科学计算、服务器软件等。Python 可通过官网下载，不同操作系统对应不同的软件版本，如图 2-7 所示。

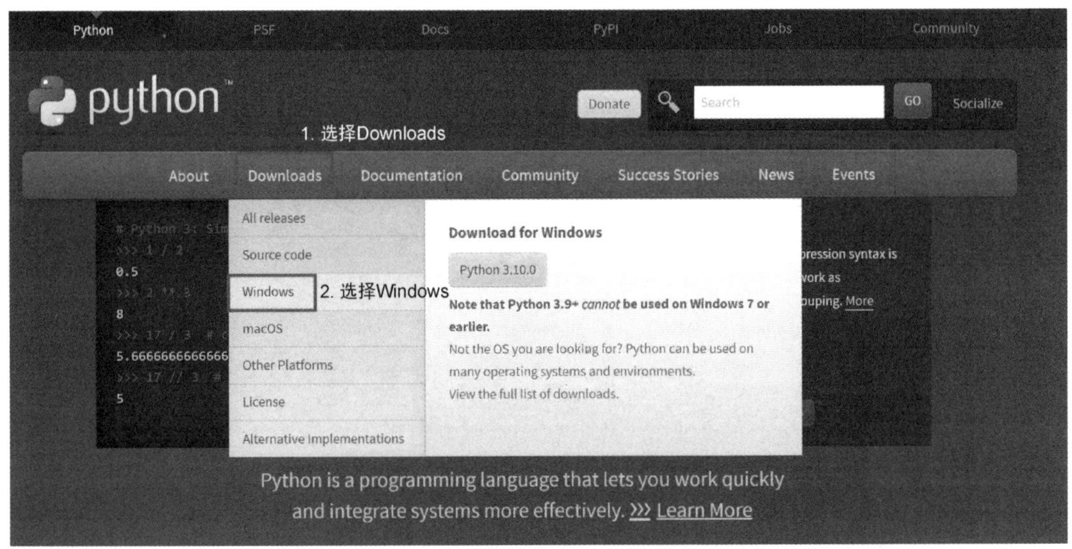

图 2-7 Python 下载

2.3.2 PyCharm 集成开发环境

PyCharm 是一种 Python 集成开发环境（Integrated Development Environment，IDE），带有一整套可以帮助用户在使用 Python 进行开发时提高效率的功能，如调试、语法高亮、项目管理、代码跳转、智能提示、自动完成、单元测试、版本控制等。此外，该集成开发环境还提供了一些高级功能，以用于支持 Django 框架下的专业 Web 应用开发。PyCharm 分为专业版（Professional）和社区版（Community），专业版需要收费，社区版免费但功能有限，如图 2-8 所示。普通开发者可以下载使用社区版。

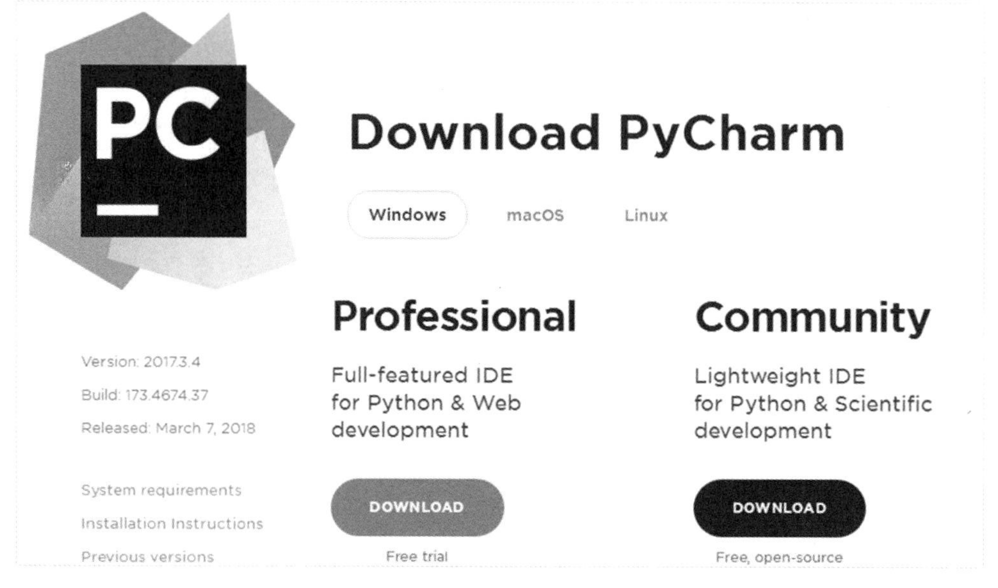

图 2-8 PyCharm 下载

2.3.3 Anaconda 库管理工具

Python 拥有成千上万的扩展库或第三方库，这些库相当于已经集成好的工具，只要安装正确的版本就可以在 Python 中使用。这些库都被放在一个统一的仓库中，仓库名为 PyPi（Python Package index），所有库的安装都从这里调度。有了仓库之后，还需要管理员，pip 充当的就是这样一个角色。pip 可以把库从 PyPi 中取出来，并安装到 Python 中，还可以管理安装好的库，如更新、查看、搜索、卸载等。pip 是一个命令行程序，所以 pip 一般都在命令行中执行各种操作，它最大的优势是不仅能将我们需要的库下载下来，而且能把相关的依赖库也下载下来。但是直接通过 pip 安装库无法检查版本依赖关系，也无法解决软件版本管理的问题，所以推荐使用 Anaconda 对库进行管理。

Anaconda 是一个开源的 Python 发行版本，其包含 conda、Python 等 180 多个科学包及其依赖项。Anaconda 支持 Linux、macOS、Windows 操作系统，提供包管理与环境管理功能，可以很方便地解决多版本 Python 并存、切换，以及各种第三方库的安装问题。Anaconda 利用工具/命令 conda 来进行包和环境的管理，并且包含 Python 和相关的配套工具。Anaconda 库管理工具如图 2-9 所示。

图 2-9 Anaconda 库管理工具

2.3.4 常用第三方库

我们常说，要取得更大的成就，往往需要站在“巨人”的肩膀上。为了提高人工智能系统的开发效率和开发质量所用的第三方库就是所谓的“巨人”。在开发过程中，可以按需获取第三方库，本节重点介绍几个有代表性的第三方库，更多的第三方库请大家在使用过程中自行查阅相关资料进行学习。

1. Pandas

Pandas 是 Python 的一个数据分析包，最初由 AQR Capital Management 于 2008 年 4 月开发，并于 2009 年年底开源，目前由专注于 Python 数据分析包开发的 PyData 开发团队继续开发和维护，属于 PyData 项目的一部分。Pandas 最初被作为金融数据分析工具开发出来，其为时间序列分析提供了很好的支持。Pandas 的名称来源于面板数据（Panel Data）和 Python 数据分析（Data Analysis）。面板数据是经济学中关于多维数据集的一个术语，在 Pandas 中也提供了 Panel 的数据类型。

在使用 Pandas 前，需要使用命令“pip install pandas”（版本号可省略，默认安装当前最新版）安装 Pandas。

2. NumPy

NumPy（Numerical Python）是 Python 的一种开源数值计算扩展工具。这种工具可用来存储和处理大型矩阵，比 Python 自身的嵌套列表结构（Nested List Structure）（该结构也可以用来表示矩阵）高效得多，支持大量的数组运算与矩阵运算。此外，NumPy 还针对数组运算提供了大量的数学函数库。

在使用 NumPy 前，需要使用命令“pip install numpy”（版本号可省略，默认安装当前最新版）安装 NumPy。

3. Matplotlib

Matplotlib 是 Python 的一个 2D 绘图库，它以各种硬拷贝格式和跨平台的交互式环境生成出版质量级别的图形。

在使用 Matplotlib 前，需要使用命令“pip install matplotlib”（版本号可省略，默认安装当前最新版）安装 Matplotlib。

基础工具包 Pandas、NumPy、Matplotlib 如图 2-10 所示。

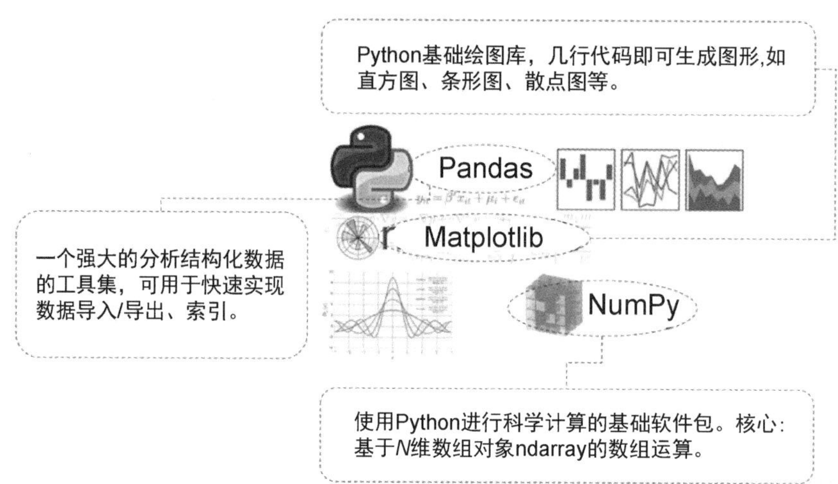

图 2-10　基础工具包 Pandas、NumPy、Matplotlib

4. OpenCV

OpenCV 是一个基于 BSD 许可（开源）发行的跨平台计算机视觉和机器学习软件库，可以运行在 Linux、Windows、Android 和 macOS 操作系统上。它量级轻而且高效，由一系列 C 函数和少量 C++类构成，同时提供了 Python、Ruby、MATLAB 等语言的接口，实现了图像处理和计算机视觉方面的很多通用算法。

OpenCV 提供的视觉处理算法非常丰富，并且部分以 C 语言编写，加上其开源的特性，如果处理得当，不需要添加新的外部支持就可以完整地编译、链接、生成可执行程序，所以很多人用它来进行算法的移植。OpenCV 的代码经过适当改写可以正常地运行在主流嵌入式系统中。

在使用 OpenCV 前，需要使用命令“pip install opencv-python”（版本号可省略，默认安装当前最新版）安装 OpenCV。

5. TensorFlow

TensorFlow 是一个基于数据流编程（Dataflow Programming）的符号数学系统，被广泛应用于各类机器学习（Machine Learning）算法的编程实现，其前身是谷歌的神经网络算法库 DistBelief。

TensorFlow 拥有多层级结构，可部署于各类服务器、PC 终端和网页，并且支持 GPU 和 TPU 高性能数值计算，被广泛应用于谷歌内部的产品开发和各领域的科学研究。TensorFlow 由谷歌人工智能团队谷歌大脑（Google Brain）开发和维护，拥有包括 TensorFlow Hub、TensorFlow Lite、TensorFlow Research Cloud 在内的多个项目，以及各类 API，更多介绍详见 TensorFlow 中文社区网站，如图 2-11 所示。

图 2-11　TensorFlow 中文社区网站

同样地，在使用 TensorFlow 前，需要使用命令“pip install tensorflow”（版本号可省略，默认安装当前最新版）安装 TensorFlow。

数字图像形状检测

1. 任务描述

如何通过人工智能技术识别一些简单的几何形状与颜色？本任务要求通过使用 OpenCV 和 NumPy 的轮廓发现与几何分析相关函数，对图 2-12 实现以下目标：①几何形状识别（识别三角形、四边形/矩形、多边形、圆）；②计算周长、面积、中心位置；③提取颜色。

图 2-12　数字图像原图：test.png

通过完成本任务，初步体验人工智能项目搭建过程，进一步理解人工智能技术。

注意：在使用 OpenCV 和 NumPy 的轮廓发现与几何分析相关函数之前，需要按照前面介绍的方法安装 OpenCV 和 NumPy。

2. 任务实施

打开 PyCharm，创建名为 AITechProject 的项目，如图 2-13 所示。选择创建名为 ImageShape 的 Python 文件，如图 2-14 所示。

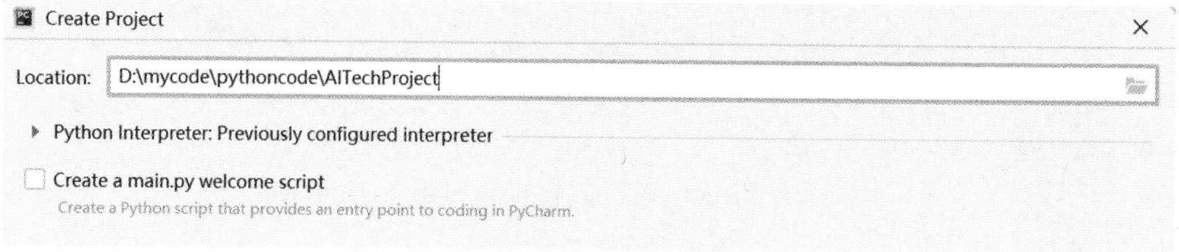

Create Project
Location:
D:\mycode\pythoncode\AITechProject
Python Interpreter: Previously configured interpreter
Create a main.py welcome script
Create a Python script that provides an entry point to coding in PyCharm.

图 2-13　创建项目

New Python file
ImageShape
Python file
Python unit test
Python stub

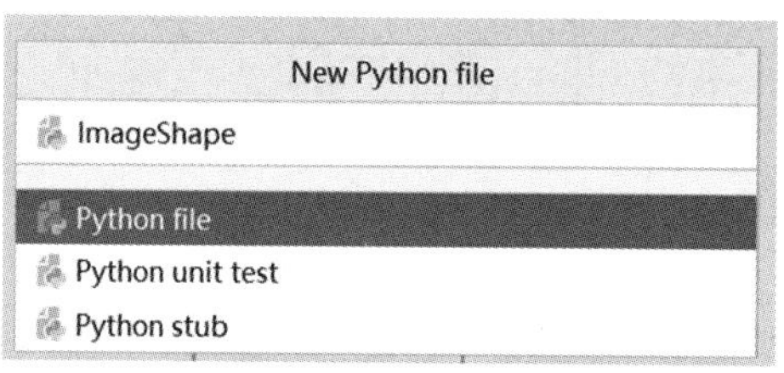

图 2-14　创建 Python 文件

在 ImageShape.py 文件中编写代码，关键代码解析如下。

（1）加载图像。

关键代码：

```
src = cv.imread("test.png")
```

（2）二值化图像。

关键代码：

```
def analysis(self, frame):
        h, w, ch = frame.shape
        result = np.zeros((h, w, ch), dtype=np.uint8)
        # 二值化图像
        print("start to detect lines...\n")
        gray = cv.cvtColor(frame, cv.COLOR_BGR2GRAY)
        ret, binary = cv.threshold(gray, 0, 255, cv.THRESH_BINARY_INV | cv.THRESH_OTSU)
        cv.imshow("input image", frame)
```

（3）轮廓发现。

关键代码：

```
for cnt in range(len(contours)):
        # 提取与绘制轮廓
        cv.drawContours(result, contours, cnt, (0, 255, 0), 2)
        # 轮廓逼近
         epsilon = 0.01 * cv.arcLength(contours[cnt], True)
         approx = cv.approxPolyDP(contours[cnt], epsilon, True)
```

（4）几何形状识别。

关键代码：

```
        # 分析几何形状
        corners = len(approx)
        shape_type = ""
        if corners == 3:
            count = self.shapes[''triangle']
            count = count+1
            self.shapes['triangle'] = count
            shape_type = "三角形"
        if corners == 4:
            count = self.shapes['rectangle']
            count = count + 1
            self.shapes['rectangle'] = count
            shape_type = "矩形"
        if corners >= 10:
            count = self.shapes['circles']
            count = count + 1
            self.shapes['circles'] = count
            shape_type = "圆形"
        if 4 < corners < 10:
            count = self.shapes['polygons']
            count = count + 1
            self.shapes['polygons'] = count
            shape_type = "多边形"
```

（5）求解中心位置。

关键代码：

```
# 求解中心位置
mm = cv.moments(contours[cnt])
cx = int(mm['m10'] / mm['m00'])
cy = int(mm['m01'] / mm['m00'])
cv.circle(result, (cx, cy), 3, (0, 0, 255), -1)
```

（6）提取颜色、计算周长及面积。

关键代码：

```
# 提取颜色
color = frame[cy][cx]
color_str = "(" + str(color[0]) + ", " + str(color[1]) + ", " + str(color[2]) + ")"
# 计算周长 p 与面积 area
p = cv.arcLength(contours[cnt], True)
area = cv.contourArea(contours[cnt])
print("周长: %.3f, 面积: %.3f 颜色: %s 形状: %s "% (p, area, color_str, shape_type))
```

说明：完整代码可扫码获取。

数字图像形状检测完整代码

完成代码编写后，运行项目，查看结果。右击“ImageShape.py”文件，在弹出的快捷菜单中选择“Run ‘ImageShape’”选项，如图 2-15 所示。

ImageShape.py

```
import cv2 as cv
import numpy as np


class ShapeAnalysis:
    def __init__(self):
        self.shapes = {'triangle': 0, 'rectangle': 0, 'polygons': 0, '

    def analysis(self, frame):
        h, w, ch = frame.shape
        result = np.zeros((h, w, ch), dtype=np.uint8)
        # 二值化图像
        print("start to detect lines...\n")
        gray = cv.cvtColor(frame, cv.COLOR_BGR2GRAY)
        ret, binary = cv.threshold(gray, 0, 255, cv.THRESH_BINARY_INV
        cv.imshow("input image", frame)

        out_binary, contours, hierarchy = cv.findContours(binary, cv.R
        for cnt in range(len(contours)):
            # 提取与绘制轮廓
            cv.drawContours(result, contours, cnt, (0, 255, 0), 2)

            # 轮廓逼近
```

Show Context Actions	Alt+Enter
Paste	Ctrl+V
Copy / Paste Special	>
Column Selection Mode	Alt+Shift+Insert
Find Usages	Alt+F7
Refactor	>
Folding	>
Go To	>
Generate...	Alt+Insert
Run 'ImageShape'	Ctrl+Shift+F10
Debug 'ImageShape'	
Modify Run Configuration...	
Open In	>
Local History	>
Execute Line in Python Console	Alt+Shift+E
Run File in Python Console	
Compare with Clipboard	
Create Gist...	

图 2-15　运行项目

程序运行成功后，显示检测图片效果，如图 2-16 和图 2-17 所示。

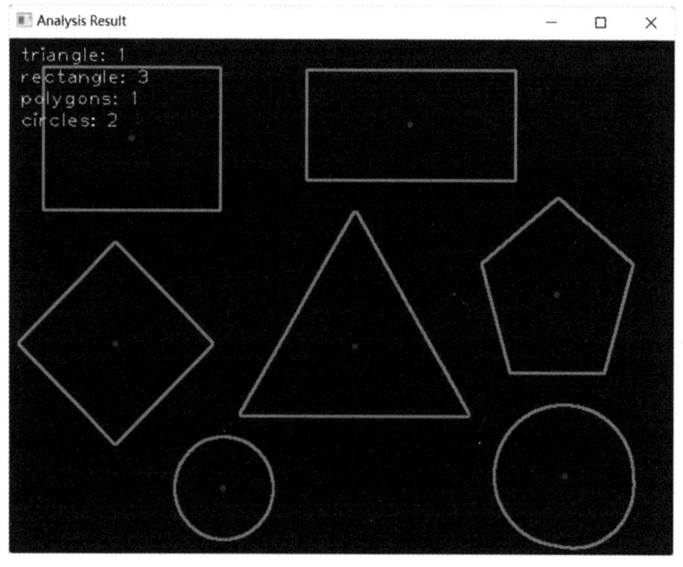

图 2-16　运行结果 1

```
start to detect lines...

周长: 310.735, 面积: 6872.000 颜色: (0, 0, 255) 形状: 圆形
周长: 435.546, 面积: 13510.500 颜色: (0, 0, 0) 形状: 圆形
周长: 522.774, 面积: 17294.000 颜色: (76, 177, 34) 形状: 矩形
周长: 679.470, 面积: 20707.000 颜色: (0, 0, 255) 形状: 三角形
周长: 500.073, 面积: 15783.000 颜色: (232, 162, 0) 形状: 多边形
周长: 596.000, 面积: 19897.000 颜色: (0, 0, 0) 形状: 矩形
周长: 598.000, 面积: 22008.000 颜色: (204, 72, 63) 形状: 矩形
```

图 2-17　运行结果 2

计算机是如何理解信息的

对计算机而言，其所存储的任何一条信息都有具体的地址，计算机就是根据这个地址来提取信息的。然而对大脑而言，当大脑接收到一个信号并把这个信号存储到大脑中之后，该信息存储到大脑中的哪个或哪些神经元中，目前还无人能回答。人们只是研究清楚了记忆是由大脑实现的。

计算机有很强大的信息处理能力，然而与大脑处理信息的能力相比，计算机处理信息的能力是很弱的。人们很希望能模仿大脑处理信息的能力设计出像大脑一样具有思维能力的人工智能计算机。

计算机所处理的信息是数字信息，更准确地说，计算机只能处理“0”和“1”，而大脑所处理的信息则是模拟信息。这是大脑与计算机的本质不同。

在目前的技术条件下，从神经元的水平来研究大脑的记忆及处理信息的奥秘是行不通的。

虽说当今的科学技术已非常发达，然而面对我们的大脑，科学家却束手无策。

例如，当大脑接收到一朵花的视觉信号时，这个信号存放在大脑中的哪个或哪些神经元中是不得而知的。当前人们只认识到大脑可以存放信息，却不知道大脑中的每个神经元中存放着什么样的信息。人眼视网膜由约 1.26 亿个视觉细胞组成，其中 1.2 亿个视觉细胞在黑暗时工作，而其余 600 万个视觉细胞在明亮时工作，并能对颜色做出反应。当人眼看到一个物体时，会有数以百万计的信号（神经冲动）传输到大脑中，这些信号是怎样存放在大脑中的？存放在多少个神经元中？大脑中约有 150 亿个神经元，如果说存放一个物体的视觉信号就要用几百万个神经元，那么 150 亿个神经元也只能存放几千个物体的视觉信号，大脑不可能以这种方式来存放视觉信号。

本章总结

本章主要围绕人工智能系统构成、人工智能系统开发流程进行介绍，并让读者对人工智能系统开发工具与环境有初步了解，能够搭建起人工智能系统开发环境，理解人工智能系统开发流程。

知识速览：

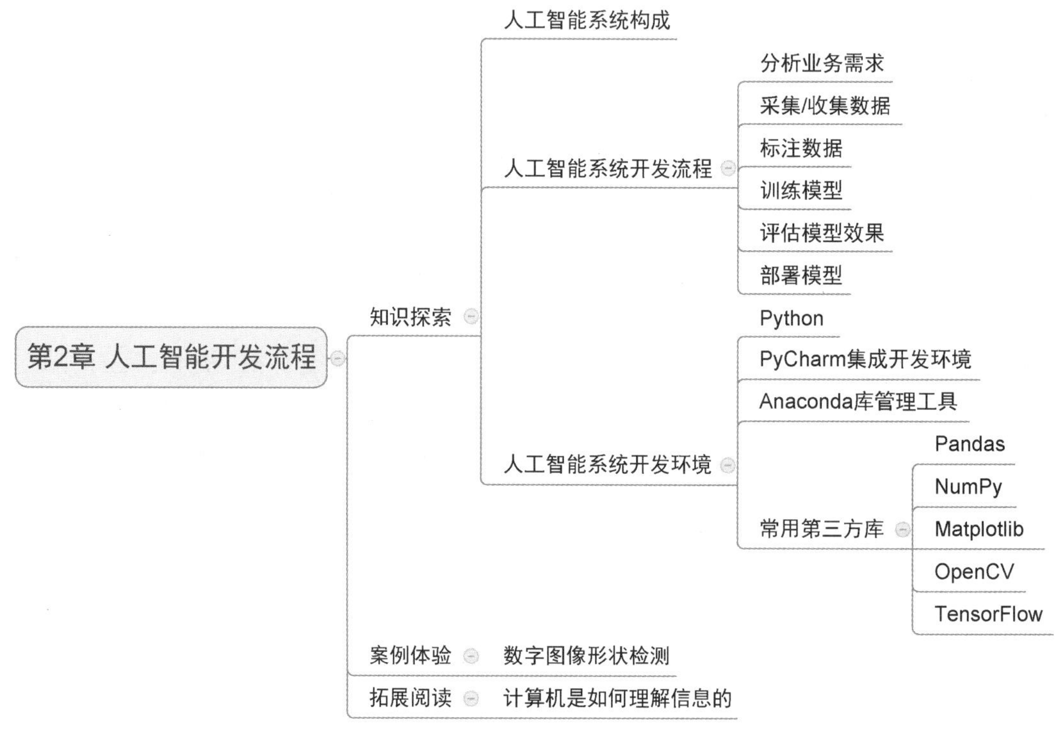

（1）相较于传统计算机系统，人工智能系统还应具有与人类智能有关的功能，如判断、推理、证明、识别、感知、理解、设计、思考、规划、学习和问题求解等。人工智能系统技术体系可以分 4 个层次来理解，即基础层、算法层、技术层和应用层，各个层次相互依赖，共同构建人工智能系统。人工智能系统可以简单概括为由输入系统、处理系统、网络系统、决策系统、输出系统等构成的自动化处理系统。

（2）EasyDL 是非常优秀且方便初学者使用的百度 AI 开发平台，基于 EasyDL 的人工智能系统的典型开发流程主要包括分析业务需求、采集/收集数据、标注数据、训练模型、评估模型效果和部署模型 6 个环节。

（3）人工智能系统开发环境搭建主要包括 Python 解释器、PyCharm 集成开发环境、Anaconda 库管理工具，以及常用第三方库（如 Pandas、NumPy、Matplotlib、OpenCV、TensorFlow）的下载与安装。

学习评价

通过学习本章内容，评价自己是否达成了以下学习目标，在学习评测表中标出已经完成的目标情况（A、B、C、D）。

评测标准	自我评价	小组评价	教师评价
理解人工智能系统构成逻辑			
理解人工智能系统开发流程			
了解人工智能系统开发环境			
了解人工智能系统开发常用的第三方库			

说明：A 为学习目标达成；B 为学习目标基本达成；C 为学习目标部分达成；D 为学习目标未达成。

思考探索

一、思考题

1．人工智能系统主要开发流程是什么？与软件系统开发流程有何异同？

2．为什么很多人选择 Python 作为人工智能系统开发语言？Python 有哪些优势？

二、探索题

随着人工智能技术的快速发展，人工智能将与传统行业深度融合，促进传统行业的数字化转型，同时不断衍生出新行业。人工智能将大量取代人类完成简单重复性、数字化、程序化等劳动密集型工作，并且会对工作提出更高的要求。结合自身实际，谈谈大学生应该如何应对人工智能时代的挑战。

要求：通过“分解问题—查找资料—整理资料—编写报告—制作讲稿—汇报演讲”等过程，掌握分析问题和解决问题的基本能力。

第 3 章

人工智能数据需求

当人类步入信息大爆炸时代后，得益于新兴技术的飞速发展，历史业务数据累积到了无法想象的量级，同时人类也迎来了前所未有的挑战。截至 2021 年 12 月，我国网民规模达到 10.32 亿，较 2020 年 12 月增长 4296 万；互联网普及率达到 73.0%，较 2020 年 12 月提升 2.6 个百分点。庞大的网民群体产生了庞大的数据总量。据国际数据公司（IDC）测算，预计到 2025 年，中国产生的数据总量将达到 48.6ZB，占全球的 27.8%；对国内生产总值（GDP）增长的贡献率将达年均 1.5 至 1.8 个百分点。另有统计资料显示，2020 年我国数字经济核心产业增加值占 GDP 的比重达 7.8%，预计到 2025 年将达到 10%。若要对海量的数据进行分析和处理，则必须提出新的处理方式。

本章主要从人工智能数据需求的视角，围绕数据的类型、大数据的基本特征和作用、大数据与人工智能的相互关系等进行分析和讨论，希望带领读者了解不同数据的形态和价值，正确看待人工智能时代的数字世界。

【学习目标】

- 理解事物、数据与信息的关系。
- 理解大数据与传统数据的区别。
- 理解数据的类型、大数据的基本特征和作用。
- 理解人工智能与大数据的联系与区别。

教学资源

源代码

课件

习题解答

知识探索

人工智能三大要素是数据、算法与算力，三者相互促进、相互支撑，缺一不可，如图 3-1 所示。20 世纪 70 年代初，美国康奈尔大学的贾里尼克教授在进行语音识别研究时另辟蹊径，换了一个角度思考问题：他将大量的数据输入计算机，让计算机进行快速匹配，通过大数据来提高语音识别率。于是复杂的智能问题转换成了简单的统计问题，处理统计数据正是计算机的强项。从此，学术界开始意识到，让计算机获得智能的钥匙其实是大数据，而数据是实现人工智能的首要因素，是所有人工智能技术的基石。从发展意义上来看，目前人工智能技术能取得飞速的进展就得益于大数据技术打造了坚实的数据基础。另外，人工智能技术同样促进了大数据技术的进步，两者相辅相成，任何一方的技术突破都会促进另外一方的发展。

图 3-1　人工智能三大要素

3.1　事物、数据与信息

事物是指客观存在于自然界的一切物体或现象。数据是一种将客观事物按照某种测度感知而获取的原始记录，是反映客观事物属性的记录。数据经过加工处理之后，就成为信息，数据是信息的具体表现形式。

3.1.1　事物与数据

自然界中事物的种类和形式是多种多样的。例如，事物按是否天然存在可分为自然事物（没有人力干涉、纯粹自然的事物，如草木、海洋、星辰等），人工事物（有人力干涉的事物，如弓箭、桌椅、眼镜、政治制度、习俗等），以及语言和符号（没有“实际”用处，不是有形的工具，唯一的功能是交流）。随着时代的变迁，记录和描述事物的方式不断变化。例如，中国人古时使用结绳记事、算筹计数、简牍记录，现代利用放大镜、显微镜、测量仪器、照相机、录音机、摄像机、各类软件等工具进行书面描述、表格记录、图形记录和标本记录等。数据是指对客观事物进行记录并且可以鉴别的符号，是对客观事物的性质、状态以及相互关系等进行记载的物理符号或这些物理符号的组合，是可识别的、抽象的符号，如图 3-2 所示。

图 3-2　数据

数据和信息是两个不同的概念，信息具有时效性且较为宏观，它由数据有序排列组合而成，传达给读者某个概念或方法等，而数据是构成信息的基本单位，离散且冗余的数据几乎没有任何实用价值。

3.1.2　数据与信息

数据与信息之间是相互联系的。数据与信息都是社会生产活动中的一种资源，都可以采用符号、数字、文字、图像、声音、视频等多媒体来表示。数据可以直接来自测量仪器的实时记录，也可以来自人的认识，但是大量的数据多是借助数据处理系统自动地从数据源中进行采集和组织得到的。

数据源是指客观事物发生变化的实时数据。数据经过加工处理之后就成为信息，信息需要经过数字化转变成数据才能存储和传输。接收者对信息进行识别后表示出来的符号称为数据。数据的作用是反映信息内容并为接收者所识别。声音、符号、图像、数字是人类传播信息的主要数据形式。因此，信息是数据的含义，数据是信息的载体。

3.1.3 数据的类型

数据有很多种类型，随着社会信息化进程的加快，我们在日常生产和生活中每天都在不断产生大量的数据，数据已经渗透到当今社会的每个行业和业务职能领域，成为重要的生产要素。数据的部分类型如图 3-3 所示。

图 3-3 数据的部分类型

常见的数据类型包括文本、图片、音频、视频等。

（1）文本。文本数据是指不能参与算术运算的任意字符，也称为字符型数据。在计算机中，文本数据一般保存在文本文件中。文本文件是一种由若干行字符构成的计算机文件，常见格式包括 ASCII、MIME 和 TXT 等。不同文本数据所占存储空间（ASCII 格式）如表 3-1 所示。

表 3-1 不同文本数据所占存储空间（ASCII 格式）

文本数据	一个英文字母	一个中文汉字	一本新华字典	一本康熙字典	一套二十四史
字符个数	1	1	720 000	6 654 000	50 000 000
字节数	1	2	1 440 000	13 308 000	100 000 000
存储空间	1B	2B	1.37MB	6.35MB	95.4MB

（2）图片。图片是指由图形、图像等构成的平面媒体。在计算机中，图片数据一般用图片格式的文件来保存。图片的格式有很多，大体可以分为点阵图和矢量图两大类。

常用的 JPG、BMP、GIF、TIF、PNG、9.PNG 等格式的图片属于点阵图，其中 JPG 格式一般是指 JPEG 格式，是最常见的图像文件格式。BMP 格式是 Windows 操作系统中的标准图像文件格式，能够被多种 Windows 应用程序支持。GIF 格式可支持透明背景的动画，可以保存多帧图像。TIF 格式是标签图像文件格式（Tagged Image File Format，TIFF），是一种主要用来存储包括照片和艺术图在内的图像的文件格式，它广泛地应用于对图像质量要求较高的图像的存储与转换。由于结构灵活和包容性大，TIF 格式已成为图像文件格式的一种标准，绝大多数图像系统都支持这种格式。PNG 格式是一种采用无损压缩算法的位图格式，可支持透明效果的便携式网络图形。9.PNG格式是Android开发里面的一种特殊的图片格式，使用九宫格切分的方法使图片支持在Android环境下自适应展示。

Flash动画制作软件所生成的SWF等格式的图片和Photoshop绘图软件所生成的PSD等格式的图片属于矢量图，矢量图的特点是放大后图像不会失真。

当用手机拍一张照片来记录当前画面时，设置不同的图片格式、分辨率、色彩通道、灰度级别等属性将生成不同类型的图片，并且对应占用不同数值的存储空间，其所记录下来的信息量也是不同的。例如，同一张大小为1920像素×1080像素、分辨率为72DPI的图片，在不同格式下所占的存储空间不同，具体数值如表3-2所示。

表3-2　同一画面、不同格式的照片所占存储空间

格　式	JPG	GIF	PNG	16位BMP	24位BMP	32位BMP
存储空间	1.1MB	1.05MB	2.5MB	3.95MB	5.93MB	7.91MB

（3）音频。数字化的声音数据就是音频数据。在计算机中，音频数据一般用音频文件的格式来保存。音频文件是指存储声音内容的文件，将音频文件用一定的音频程序执行，就可以还原以前录下的声音。音频文件的格式有很多，包括WAV、MP3、WMA、AMR、CD、MID、RM等。同一内容、不同格式的音频数据所占存储空间如表3-3所示。

表3-3　同一内容、不同格式的音频数据所占存储空间

某段20s音频的格式	WAV	MP3	WMA	AMR
存储空间	3.19MB	297KB	324KB	322KB

音频示意图如图3-4所示。

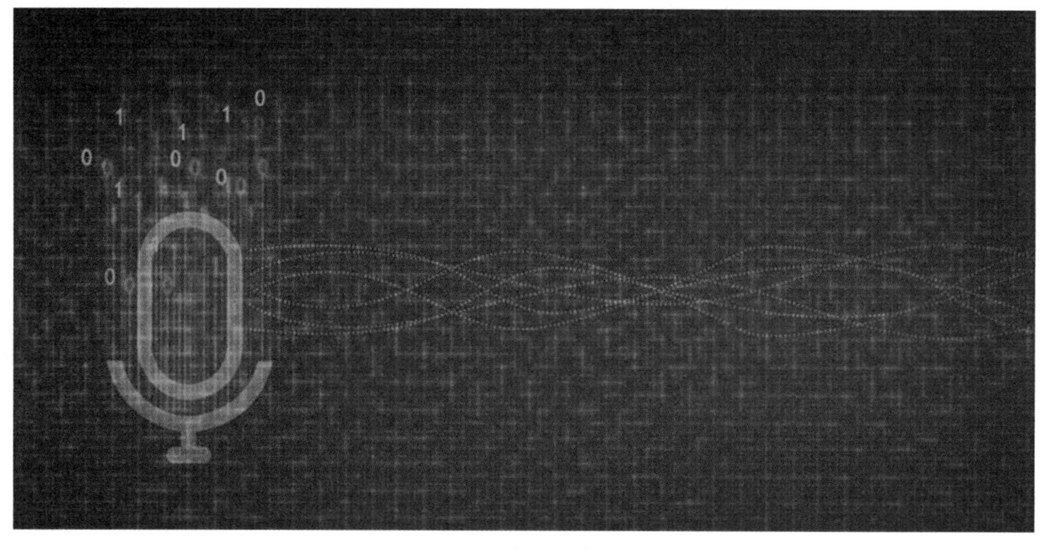

图3-4　音频示意图

（4）视频。视频数据是指连续的图像序列。在计算机中，视频数据一般用视频文件的格式来保存。视频文件常见的格式包括MPEG-4、AVI、WMV、FLV、DAT、RM、MOV、ASF、DivX等。同一内容、不同格式的视频数据所占存储空间如表3-4所示。

表 3-4 同一内容、不同格式的视频数据所占存储空间

某段 10min 视频的格式	MPEG-4	AVI	WMV	FLV
存 储 空 间	21MB	96MB	81MB	95MB

3.2 大数据的基本特征

最早洞悉大数据时代发展趋势的数据科学家之一维克托•迈尔•舍恩伯格在《大数据时代》中提出了大数据的基本特征，即“4V”特征，包括数据量大（Volume）、数据类型繁多（Variety）、处理速度快（Velocity）和价值密度低（Value）。

3.2.1 数据量大

大数据（Big Data）的中心词是数据。从数据量的角度来看，大数据主要包括结构化数据和非结构化数据，泛指无法在可容忍的时间内用传统信息技术和软硬件工具获取、管理和处理的巨量数据集合，需要可伸缩的计算体系结构以支持其存储、处理和分析。按照这个标准来衡量，很显然目前很多应用场景中所涉及的数据量已经具备了大数据的特征，同时非结构化数据越来越成为数据的主要部分。例如，微博、微信、抖音等应用平台上每天由网民发布的海量信息属于大数据。又如，遍布我们工作和生活的各个角落的各种传感器及摄像头每时每刻都在自动产生大量数据，这也属于大数据。维基百科上大数据的定义为：大数据泛指单一数据集的大小为数十太字节至数拍字节的数据。

数据存储单位之间的换算关系如表 3-5 所示。

表 3-5 数据存储单位之间的换算关系

单 位	换 算 关 系
Byte（字节）	1Byte=8bit
KB（千字节）	1KB=1024Byte
MB（兆字节）	1MB=1024KB
GB（吉字节）	1GB=1024MB
TB（太字节）	1TB=1024GB
PB（拍字节）	1PB=1024TB
EB（艾字节）	1EB=1024PB
ZB（泽字节）	1ZB=1024EB

随着互联网、物联网及智能手机等各种数字化终端设备的普及，数据呈现出爆炸式增长趋势，数字化已经成为构建现代社会的基础力量，每个人时刻都在产生大量的数据。IDC（Internet Data Center，互联网数据中心）发布的报告《数据时代 2025》显示，全球每年产生的数据将从 2018 年的 33ZB 增长到 2025 年的 175ZB。

3.2.2 数据类型繁多

大数据的数据来源众多，科学研究、企业应用和 Web 应用等都在源源不断地生成新的类型繁多的数据。消费者大数据、金融大数据、医疗大数据、城市大数据、工业大数据等，都呈现出“井喷式”增长趋势，所涉及的数据量巨大，已经从 TB 级别跃升到 PB 级别。各行各业每时每刻都在生成各种类型的数据。

（1）消费者大数据。截至 2021 年 12 月 31 日，中国移动拥有超过 9.57 亿的 C 端用户规模，每日新增数据量达 14TB，累计存储量超过 300PB；阿里巴巴的全球月活跃用户规模达 12.8 亿，每日新增数据量超过 50TB，累计存储量达数百拍字节；百度月活跃用户规模达 6.2 亿，每日处理数据量达 100PB；腾讯的微信及 WeChat 的合并月活跃账户规模达 12.68 亿，每日新增数据量达数百太字节，总存储量达数百拍字节；京东月活跃用户规模达 5.7 亿，每日处理离线数据量达 30PB；据调查，30%的中国人点外卖周均 3 次，美团交易用户规模达 6.9 亿，每日处理数据量超过 4.2PB；我国网约车用户规模达 4.53 亿，仅 2022 年 1 月就有 17 家网约车平台订单量在 30 万单以上，每日新增轨迹数据量 70TB，每日处理数据量超过 4.5PB；我国共享单车市场拥有近 2 亿的用户规模，超过 700 万辆自行车，每日骑行次数超过 3000 万，每日产生约 30TB 数据；携程旅行网每日线上访问量达上亿人次，每日新增数据量达 400TB，总存储量超过 50PB；小米公司的联网激活用户规模超过 3 亿，小米云服务数据量达到 200PB。

（2）金融大数据。中国平安拥有约 2.27 亿个客户的脸谱和信用信息，以及近 5000 万个声纹库；中国工商银行拥有约 6.64 亿个个人客户，数据存储量超过 60PB；中国建设银行客户超过 7.26 亿个，手机银行用户规模达 3.88 亿，数据存储量达 100PB；中国农业银行手机银行用户规模超过 4 亿，每日处理数据量达 1.5TB，数据存储量超过 15PB；中国银行拥有约 5 亿个个人客户，手机银行用户规模达 2.35 亿，电子渠道业务替代率达 94%。

（3）医疗大数据。一个人拥有约 10^{14} 个细胞、10^9 个碱基，一次全面的基因测序产生的个人数据量为 100～600GB。在医学影像中，一次 3D 核磁共振检查可以产生约 150MB 数据，一张 CT 图像约为 150MB。截至 2021 年 12 月，我国在线医疗用户规模达 2.98 亿，在当前的电子病历时代，为满足患者个人终身健康需求，人们期望医疗数据的保存期限可以延长到 100 年以上，甚至无限期保存，可以预见，该类数据量将会无比庞大。

（4）城市大数据。一个 8Mbit/s 的摄像头 1h 产生的数据量约为 3.6GB，1 个月产生的数据量约为 2.59TB。很多城市中的摄像头多达几十万个，1 个月产生的数据量达数百拍字节，若需要将其保存 3 个月，则存储的数据量会达到 EB 级别。IDC 预测，到 2025 年，全球每年产生的数据量将从 2018 年的 33 ZB 增长到 175 ZB。

（5）工业大数据。Rolls Royce 公司对飞机引擎进行一次仿真会产生数十太字节的数据。一个汽轮机的叶片在加工过程中可以产生约 0.5TB 的数据，叶片生产每年会产生约 3PB 的数据。叶片运行每日产生约 588GB 的数据。美国通用电气公司在出厂飞机的每个引擎上装

20 个传感器，每个引擎每飞行 1h 能产生约 20TB 数据并通过卫星回传，每日可收集 PB 级别的数据。清华大学与新疆金风科技股份有限公司共建风电大数据平台，2 万台风机年运维数据量约为 120PB。

综上所述，大数据的数据量非常大，但是总体而言主要分成两大类，即结构化数据和非结构化数据。其中，前者占 10%左右，主要是指存储在关系数据库中的数据；后者占 90%左右，种类繁多，包括邮件、音频、视频、位置信息、链接信息、手机呼叫信息、网络日志等。类型繁多的异构数据对数据处理和分析技术提出了新的挑战，也带来了新的机遇。传统数据主要存储在关系数据库中，但是在类似 Web 2.0 等应用领域中，越来越多的数据开始被存储在 NoSQL 数据库中，这就要求在集成的过程中进行数据转换，但这种转换的过程是非常复杂和难以管理的。传统的 OLAP 分析和商务智能工具大都面向结构化数据，在大数据时代，对用户友好的、支持非结构化数据分析的商业软件具有广阔的市场空间。

3.2.3 处理速度快

大数据时代的数据产生速度非常快。在 Web 2.0 应用领域，在 1min 内，新浪可以产生 2 万条微博，Twitter 可以产生 10 万条推文，Apple 可以产生下载 4.7 万次应用的数据，淘宝可以卖出 6 万件商品，百度可以产生 90 万次搜索查询的数据，Facebook 可以产生 600 万次浏览量。大名鼎鼎的大型强子对撞机（Large Hadron Collider，LHC）大约每秒产生 6 亿次的碰撞，每秒生成约 700MB 的数据，同时有成千上万台计算机在分析这些碰撞数据。

大数据时代的很多应用都需要基于快速生成的数据给出实时分析结果，用于指导生产和生活实践。因此，数据处理和分析通常要达到秒级响应，这一点和传统的数据挖掘技术有着本质的不同，后者通常不要求给出实时分析结果。为了实现快速分析海量数据的目的，新兴的大数据分析技术通常采用集群处理和独特的内部设计。以谷歌的 Dremel 产品为例，它是一种可扩展的、交互式的实时查询系统，能够对海量数据执行“查询”操作，用于只读嵌套数据的分析，通过结合多级树状执行过程和列式数据结构，它能做到几秒内完成对万亿张表的聚合查询。该系统可以扩展到成千上万的服务器上，满足谷歌上万个用户操作 PB 级别数据的需求，并且可以在 2～3s 内完成 PB 级别数据的查询。

随着科技的发展，科学计算对计算机的计算能力提出了越来越高的要求，因此衍生出了超级计算机。超级计算机对解决国家经济建设、科学进步、国家安全等一系列重大挑战性问题具有不可替代的重要作用，并且其运算速度越来越快。超级计算机当前以每秒浮点运算次数（Flops）为主要衡量单位，现有最先进的超级计算机运算速度大都可以达到每秒十亿亿次以上。截至 2021 年年底，日本超级计算机“富岳”的运算速度暂列世界第一，峰值性能达到 537 212 TFlops（TFlops 是指每秒万亿次浮点运算）。同年，中国科学技术大学潘建伟院士团队成功构建了 113 个光子 144 模式的量子计算原型机“九章二号”，“九章二号”在求解高斯玻色取样问题时的处理速度远快于“富岳”。“九章二号”整体装置图如图 3-5 所示。

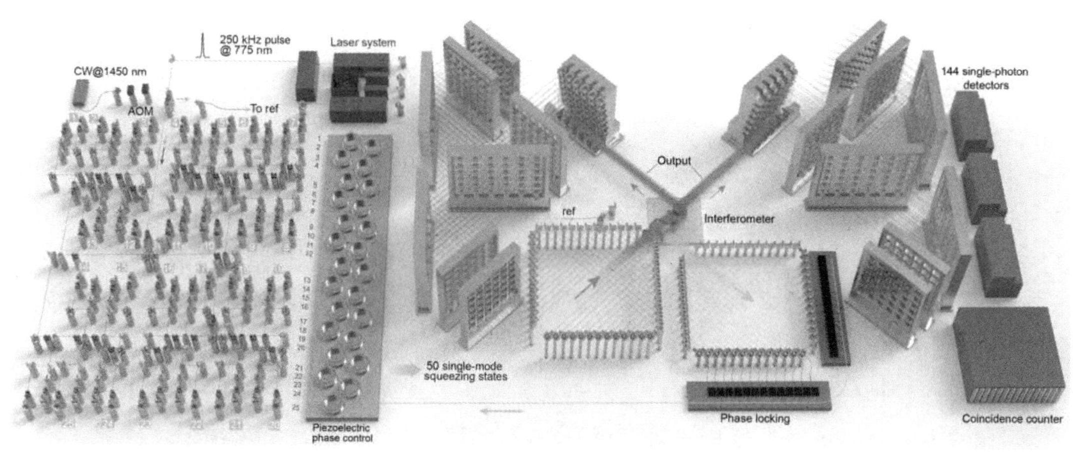

图 3-5 “九章二号”整体装置图

3.2.4 价值密度低

大数据虽然看起来很好，但是其价值密度却远远低于传统关系数据库中已经存在的那些数据。在大数据时代，很多有价值的信息都是分散在海量数据中的。

以我国的“天网监控系统”为例，如果没有意外事件发生，则连续不断产生的数据都是没有任何价值的，当发生意外事件时，也只有记录了事件过程的那一小段视频是有价值的。但是，为了满足城市治安防控和管理需要，保障人民群众的生命及财产安全，政府部门不得不投入大量资金购买监控设备、网络设备、存储设备，耗费大量的电能和存储空间，以保存摄像头连续不断传来的监控数据。由此可见，大数据的价值密度高低与其总量的大小成反比。

3.3 大数据的作用

大数据利用的关键在于信息共享和互通，大数据利用的核心在于分析和决策。大数据正成为信息产业持续高速增长的新引擎，大数据的利用正成为提高核心竞争力的关键因素，各行各业的决策手段正在从“业务驱动”转变为“数据驱动”。

过去，数据分析是基于结构化、关系型数据的，是一种传统抽样数据统计分析方法，往往取一个很小的数据集（小样本）对数据全集进行分析和预测，所以在分析和预测过程中经常采用因果关系的推理，这就要求所采集的小样本必须是高品质的，否则预测出来的结果就会出现很大的偏差。现在，数据分析是一种大数据挖掘分析方法，要对数据全集进行存储、管理和分析，因果关系不是其关注点，所使用的数据往往是海量的、具有时效性的数据。同时，高价值数据体量越大、时效性越高，预测结果越准确，对人类思维模拟程度越高。因此，在大数据时代，人工智能使用的不再是传统的小样本数据，而是全量数据。正是基于大数据的数据规模，人工智能才得以在算法、算力提升的基础上实现重大突破，更加精准地记录主体的常态性，捕捉主体的差异性，通过其深度挖掘和海量信息处理功能促进治理效能提升，延伸人类在数字信息世界的生活空间，并应用到改变经济社会管理方式、促进行业融合发展、推动产业转型升级、助力智慧城市建设、创新商业模式和改变科学研究的方法论等方面。

3.3.1 改变经济社会管理方式

大数据作为一种重要的战略资产，已经不同程度地渗透到每个行业领域和部门，其深度应用不仅有利于企业经营活动，还有利于推动国民经济发展。在宏观层面，大数据使经济决策部门可以更敏锐地把握经济走向，制定并实施科学的经济政策。在微观层面，大数据可以提高企业经营决策水平和效率，推动创新，给企业、行业领域带来价值。大数据技术作为一种重要的信息技术，对提高安全保障能力、应急能力，优化公共事业服务，提高社会管理水平等的作用正在日益凸显。在国防、反恐、安全等领域，应用大数据技术能够对来自多渠道的信息快速进行自动分类、整理、分析和反馈，有效解决情报、监视和检查系统的不足等问题，提高国家安全保障能力。

除此之外，大数据还将推动社会各个主体共同参与社会治理。网络社会是一个复杂、开放的巨型系统，这个巨型系统打破了传统组织的层级化结构，呈现出扁平化特征。个体的身份经历了从单位人、社会人到网络人的转变过程。政府、企业、社会组织、公民等各个主体都以更加平等的身份参与到网络社会的互动和合作之中，这对促进城市转型升级，提高可持续发展能力，提升社会治理能力，推进社会治理机制创新，促进社会治理实现管理精细化、服务智慧化、决策科学化、品质高端化等具有重要作用。

例如，在新冠疫情期间，大数据流调就起到了有效遏制疫情的关键作用。流调的目的是搞明白在过去一定的时间段内重点人群的行动轨迹、遇到的人和发生的事。为了病例或与病例密切接触人群的健康，要弄清楚暴露情况、接触情况、活动轨迹与就医情况等，寻找与传染源、传播途径有关的蛛丝马迹，厘清传播链，为判定密切接触者、采取隔离措施以及划定消毒范围提供依据。流调不仅需要还原病例的活动轨迹，还需要确定密接和次密接者，工程量浩大，此时需要依靠大数据，通过接收公安部门、街道办事处以及工作单位的信息，收集到大量数据后，进行筛选审查，整理出最有用的信息。在流调的过程中可能会遇到个别受访人员不想沟通、故意隐瞒一些行程或者记忆力出现偏差等各种问题，这个时候大数据的作用尤为关键，流调人员根据询问的情况，依靠大数据的记录，便可抽丝剥茧般地判断受访人员的回答是否有所隐瞒、有无偏差。因此，大数据流调收集的信息价值很高。

3.3.2 促进行业融合发展

网络环境、移动终端随处可见，网上购物、社交网站、电子邮件、微信不可或缺，社会主体的日常生活在虚拟环境下得到承载和丰富。正如工业化时代商品的快速流通促使大规模制造业发展，信息的大量、快速流通将伴随着行业的融合发展，使经济形态发生变化。

各行业已逐渐意识到单一数据无法发挥最大效能，行业或部门之间相互交换数据已成为一种发展趋势。在虚拟环境下，遵循类似于摩尔定律的原则增长的海量数据，在技术和业务的促进下，实现跨领域、跨系统、跨地域的数据共享成为可能，大数据支持着机构业务决策和管理决策的精准性、科学性，以及社会整体层面的业务协同效率的提高。

3.3.3 推动产业转型升级

信息消费作为一种以信息产品和服务为消费对象的活动，覆盖多种服务形态、多种信息产品和多种服务模式。当围绕数据的业务在数据规模、类型和变化速度达到一定程度时，大数据对产业发展的影响将随之显现。

在面对多维度、爆炸式增长的海量数据时，信息通信技术（ICT）产业面临着有效存储、实时分析、高性能计算等挑战，这将对软件产业、芯片及存储产业产生重要影响，进而推动一体化数据存储处理服务器、内存计算产品等的升级创新。对数据快速进行处理和分析的需求，将推动商业智能、数据挖掘等软件在企业级的信息系统中得到融合应用，这将成为业务创新的重要手段。

同时，“互联网+”使大数据在促进网络通信技术与传统产业密切融合方面的作用日益凸显，对传统产业的转型发展创造出更多价值，影响重大。未来，大数据发展将使软硬件产品及服务等市场的价值更大，也将对有关的传统产业转型升级产生重要影响。

传统产业实现转型升级的四个阶段如图 3-6 所示。

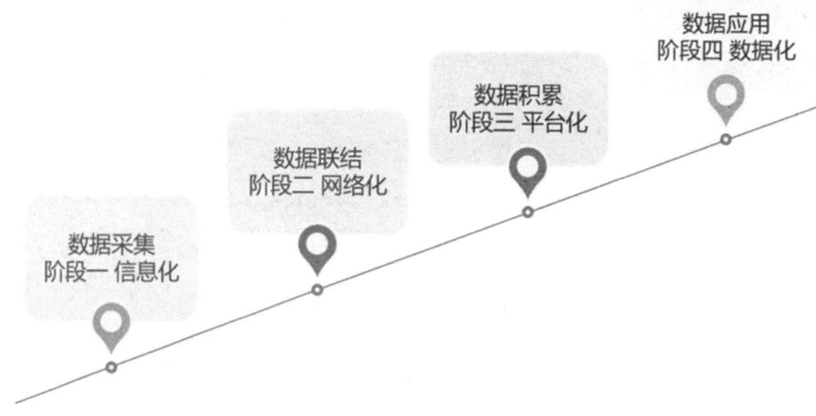

图 3-6　传统产业实现转型升级的四个阶段

3.3.4 助力智慧城市建设

信息资源的开发和利用水平，在某种程度上代表着信息时代下社会的整体发展水平和运转效率。大数据与智慧城市是信息化建设的内容与平台，两者互为推动力量。智慧城市是大数据的源头，大数据是智慧城市的内核。

在城市规划方面，通过对城市地理、气象等自然信息和经济、社会、文化、人口等人文信息的挖掘，大数据可以为城市规划提供强大的决策支持，强化城市管理服务的科学性和前瞻性。在交通管理方面，通过对道路交通信息的实时挖掘，大数据能够有效缓解交通拥堵，快速响应突发状况，为城市交通的良性运转提供科学的决策依据。在舆情监控方面，通过网络关键词搜索及语义智能分析，大数据能提高舆情分析的及时性、全面性，使人们全面掌握社情民意，提高公共服务能力，应对网络突发的公共事件，打击违法犯罪。在安全保障方面，通过大数据的挖掘，我们可以及时发现人为或自然灾害、恐怖事件，提高应急处理能力和安全防范能力。与此密切相关的智慧应用包括智慧交通、智慧医疗、智慧家居、智慧安防等，这些智慧应用将极大地拓展民众生活空间，改变传统“简单平面”的生活常态。大数据的应用服务将使信息变得更加广泛，使人们的生活变得多维和立体。

例如，国家反诈中心 App 利用基于大数据的发现模型将反诈骗的各种数据进行统一处理调用，对其中可疑信息进行预警，提醒安装者防止电信诈骗。百度地图春节人口迁徙大数据（简称“百度大迁徙”）利用大数据技术，对通过基于地理位置的服务（Location Based Services，LBS）技术获取的春节期间人口流动大数据进行计算分析，采用可视化呈现方式，动态、即时、直观地展现中国春节前后人口大迁徙的轨迹与特征。

在功能上，“百度大迁徙”通过 LBS 技术开放平台分析手机用户的定位信息，映射出迁徙轨迹，可统计出有记录的时间段内全国各省、自治区、直辖市的人口迁徙情况，直观地观察到迁入人口的来源、热门迁入地及排名等。这些数据几乎能反映我国人口迁徙的全样本数据，这是公路、铁路、航空等独立运输部门无法获取的全样本数据，也是有关部门科学安排交通运力的有效数据支撑。

3.3.5 创新商业模式

在大数据时代，产业发展模式和格局正在发生深刻变革。围绕着数据价值的行业创新发展将悄然影响各行各业的主营业态，随之带来的则是大数据产业下的创新商业模式。

一方面，围绕数据产品价值链产生数据租售模式、信息租售模式、知识租售模式等。数据租售旨在为客户提供原始数据的租售服务；信息租售旨在向客户租售某种主题的相关数据集，会对原始数据进行整合、提炼、萃取，使数据形成价值密度更高的信息；知识租售旨在为客户提供一体化的业务问题解决方案，会将原始数据或信息与行业知识利用相结合，通过行业专家深入介入客户业务流程，提供业务问题解决方案。另一方面，通过对大数据的处理和分析，企业现有的商业模式、业务流程、组织架构、生产体系、营销体系也将发生变化。

以数据为中心，挖掘客户潜在的需求，不仅可以提升企业运作的效率，还可以借数据重新思考商业社会的需求与企业自身业务模式的转型，快速重构新的价值链，建立新的行业领导能力，提升企业影响力。

3.3.6 改变科学研究的方法论

大数据技术的兴起为传统的科学方法论带来了挑战和变革。随着科技的发展，采集、存储、传输和处理数据都已成为容易实现的事情。面对复杂对象，研究者没有必要再做过多的还原和精简，可以通过大量数据甚至海量数据来全面、完整地刻画对象，通过处理海量数据来找到研究对象的规律和本质。在大数据时代，我们需要的是所有数据，即“样本=总体”，相比依赖于小数据和精确性的抽样时代，大数据因为强调数据的完整性和混杂性，突出事物的关联性，为解决问题提供了新的视角，帮助研究者进一步接近事情的真相。

3.4 人工智能依赖大数据

3.4.1 人工智能与大数据的联系

人工智能与大数据是紧密相关、相辅相成的两种技术。人工智能在20世纪50年代左右开始发展，而大数据的概念则形成于2010年前后的第三次信息化浪潮。由百度搜索指数（见图3-7）可以看出，人工智能不仅被关注的时间早于大数据，还长期得到较高关注，并在2018年达到一个高潮。

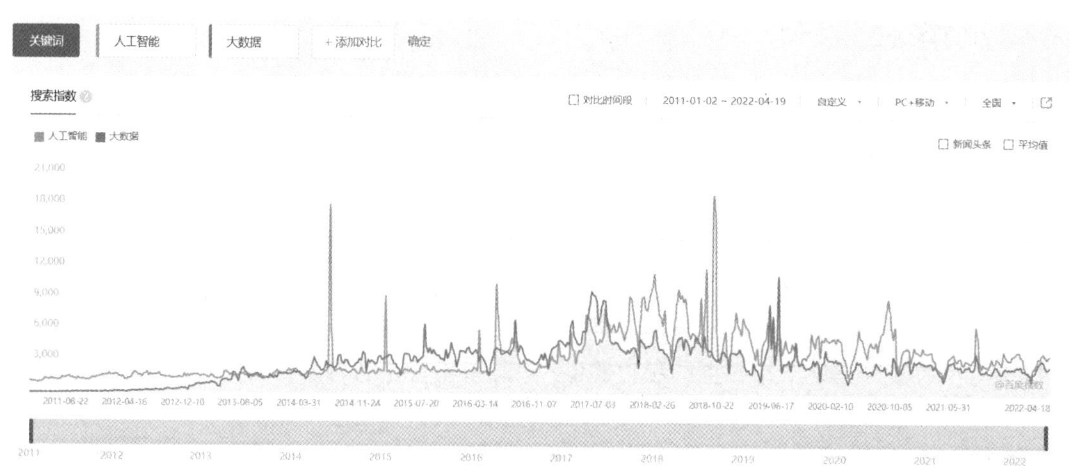

图3-7 人工智能与大数据的百度搜索指数（截至2022年4月）

人工智能涉及的领域非常广泛，渗透到人们的工作和生活的各个方面，需要大量数据的

应用和积累。数据量的不断增大，引发了分析的需求，而分析让大量的数据有了价值，嵌入了人工智能芯片的机器开始懂得用户想要什么、需要干什么，并且可以预测未来的变化或趋势。很多过去只有人能做的事情，现在更多情况下能够通过机器完成，如语音助手、无人驾驶汽车等。更重要的是，硬件性能逐渐提升，算力与算法越来越强大，成本却越来越低廉。对人工智能系统进行训练使用的数据量越大，数据质量越好，人工智能系统的质量就越高。从这个意义上来说，人工智能本身也是一种大数据应用，正是大数据推动了人工智能技术的突破和产业落地，使其焕发出勃勃生机。

（1）智能机器人。智能机器人的实现是指利用人工智能技术对机器人的感知层面、操作层面或认知层面进行设定，让机器人发挥实际的作用效果。例如，通过软件播放选择的音乐内容，快速查到需要的电话号码，提供和实际要求匹配的营养餐等。将人工智能技术和大数据技术有机结合可以让机器人像人类一样进行决策或思考，将大量的信息通过信息传感器进行传递，利用模式识别引擎对大数据进行结构化或系统化的分析，利用数据反馈或学习算法对机器人的技能设定进行深化。经过实际应用发现，对应的训练语料数据越多，神经元节点的需求就越多，对于具体语义的识别就越精准。

（2）智能制造。智能制造是在人工智能的基础上产生的，包括智能制造系统、智能制造技术。智能制造在具体应用过程中展开系列化的类似分析、推理、决策等的活动，在智能制造的基础上对自动化的相关概念进行创新，并且其发展日渐高度集成化、智能化、柔性化。制造业中的数据采集与管理、订单的管理、智能化制造、定制的平台等均关系到大数据，深入挖掘后可以实现更精准的匹配，并且可以降低制造商的风险。

（3）智慧农业。所谓智慧农业，是指在能够进行人工管理的环境条件下，通过工业化的生产，实现高效集约、可持续发展的现代化超前农业生产，其可以反季节、全天候、周年性进行规模化作业，使得土地的生产率提升，农民的工作效率提高。结合不同区域的实际状况，在准确的数据分析基础上控制具体的指令，构建农业上的移动大数据系统，使农业工作者能够快速了解具体的行业动态，实现对农作物生长状态的精准把握，以及科学化的农业管理。

人工智能与大数据虽然关注点并不相同，但是有密切的联系。一方面，人工智能需要大数据作为“思考”和“决策”的基础；另一方面，大数据也需要基于人工智能技术进行数据价值化操作，如机器学习就是数据分析的常用方式。在大数据价值的两个主要体现中，数据应用的主要渠道之一就是智能体（人工智能产品）。为智能体提供的数据量越大，智能体运行的效果就会越好，因为智能体通常需要大量的数据进行训练和验证，从而保障运行的可靠性和稳定性。

3.4.2 人工智能与大数据的区别

人工智能与大数据作为现代计算机技术的重点发展方向，是众多垂直领域应用解决方案的重要支撑技术。大数据是指需要在数据变得有用之前进行清理、结构化和集成的原始输入，而人工智能则是指输出，即处理数据以产生智能。因此，人工智能关注的技术重点是人工智能算法，即如何通过大数据构建机器学习模型，如何高效训练、评估、测试人工智能模型，并解决人工智能的应用问题，具体而言包括算法的技术突破、算法的性能和效率提升等。大数据技术演化的总体目标是高效收集、存储、处理与分析大规模、多源数据，以满足业务需求。简而言之，大数据技术是一种传统计算，它不会根据结果采取行动，只分析结果；人工智能技术是一种计算形式，它允许计算机执行认知功能，如对某个输入做出反应，类似于人类的做法。同时，二者要达成的目标和实现的手段也不同。大数据技术将有用的数据从大量繁杂的数据中分离出来，人工智能技术则从大数据中获取需要的数据，并且借助大数据的处理速度来实现更快的运算与更好的应用。这使得两者有着本质上的不同。由此可见，人工智能与大数据存在着明显的区别。

例如，“淘宝大数据推荐”根据用户的浏览记录推断用户的喜好，为其推荐相应产品，但不能代替用户下单。因此，大数据的主要目标是通过数据的对比分析来掌握和推演出更优的方案，而人工智能的主要目标是辅助或代替用户更快、更好地完成某些任务或进行某些决定。不管是在汽车自动驾驶中，还是在医学样本检查工作中，人工智能都通过机器学习的方法掌握我们日常进行的重复性事项，并以其计算机的处理优势来高效地达成目标，不仅速度更快，而且错误更少。

随着人工智能与大数据的深度融合，以及其在各行业中应用的不断加深，未来人工智能和大数据必将迎来新的发展浪潮并不断产生新模式、新业态。

气温数据统计分析的可视化

1. 任务描述

世界范围内的气温上升已经对人们的生活造成了极大的影响。“全球变暖”正和“人口爆炸”等问题一起成为亟待解决的世界难题。有数据显示，全球平均气温已上升 1℃，造成了大气环流改变；如果上升 2℃，则会造成冰川融化以几何模式增加；如果上升 3℃，则亚马孙河会消失，南北极冰川将所剩无几，欧洲将面临火雨；如果上升 4℃，则海平面不会再因冰川融化而升高，反而会因蒸发而降低，大量温室气体再次进入大气层；如果上升 5℃，则人类将面临白垩纪晚期的境地；如果上升 6℃，则地球上 95%的物种以及人类将会灭绝。

本任务要求对相关温度数据进行数据分析及可视化，直观地验证特定时间段内最低气温、最高气温的变化。

数据分析是指通过数据的筛选、汇总等操作分析或预测事件的变化规律。Python 主要有 3 个扩展库用来进行数据分析，分别是 NumPy、Pandas、Matplotlib。其中，NumPy 作为高性能科学计算的数据分析基础包，是其他重要数据分析工具的基础，可提供强大的科学计算能力；Pandas 是一个基于 NumPy 的库，专门为了处理数据分析任务而创建，不仅纳入了大量的库和一些标准的数据模型，还提供高效操作大型数据集所需的工具；Matplotlib 负责数据可视化，可以轻松地将数据转换成图形，并提供多种输出格式。三者并称为 Python 数据分析“三剑客”。

除了 Matplotlib，Python 还提供了很多用于可视化的库，如 Seaborn、Boken 等。Seaborn 是基于 Matplotlib 的可视化库，进行二次封装后专攻统计可视化，使数据可视化更加赏心悦目。由于 Seaborn 是基于 Matplotlib 的，所以 Seaborn 的很多图表接口和参数设置与 Matplotlib 非常类似，还可以和 Pandas 无缝连接，对于初学者来说更容易上手。Boken 则是交互式可视化的绘图库，支持 Web 浏览器展示。除上述三种可视化库以外，其他可视化库在使用上大同小异。

2. 任务实施

按照第 2 章介绍的方法，在 PyCharm 中创建项目以及 Python 文件，输入如下示例代码：

```
# 导入相应的库
import numpy as np
import pandas as pd
import matplotlib.pyplot as plt
import seaborn as sns
from pandas.plotting import scatter_matrix
plt.rcParams['font.sans-serif'] = ['Simhei']  # 设置中文字体为黑体
plt.rcParams['axes.unicode_minus'] = False  # 显示负号
# 加载并探索数据集
wdata = pd.read_excel(r"weather.xlsx")
print(wdata)
# 修改列名
names = ['日期', '最低温', '最高温']
wdata.columns = names
print(wdata)
# 查看数据集信息
print(wdata.info())
# 查看数据集的前 5 条记录
print(wdata.head())
# 查看数据集的后 5 条记录
print(wdata.tail())
# 查看数据集的维度
print(wdata.shape)
# 查看数据集各特征列的摘要统计信息
print(wdata.describe())
# 查看相关性
print(wdata.corr())
# 数据可视化
# 绘制热力图
```

```
sns.heatmap(wdata.corr(), cmap='rainbow', alpha=0.7, annot=True)
plt.show()
# 绘制箱线图
wdata.plot(kind='box', sharex=False, sharey=False, figsize=(10, 6))
plt.show()
# 绘制箱线图（以子图方式呈现）
wdata.plot(kind='box', subplots=True, layout=(1, 2), sharex=False, sharey=False,
figsize=(10, 6))
plt.show()
# 绘制折线图
fig = plt.figure(figsize=(8, 8), dpi=100)
fig.suptitle('气温变化曲线图')   # 图标题
# 最低温变化趋势
ax1 = fig.add_subplot(131)
x_1 = wdata.日期
y_1 = wdata.最低温
ax1.plot(x_1, y_1, 'seagreen', label='最低温变化趋势')
plt.xticks(x_1[::20], rotation=40, horizontalalignment='right', fontsize=5) # x 轴刻度
plt.yticks(np.arange(0, 27, 2))   # y 轴刻度
plt.ylim(0, 27)   # y 轴取值范围
plt.grid(alpha=0.3)   # 为图像添加网格线，透明度为 0.3
plt.xlabel('日期')    # x 轴标签
plt.ylabel('最低温')   # y 轴标签
plt.legend()   # 显示图例
# 最高温变化趋势
ax2 = fig.add_subplot(132)
x_2 = wdata.日期
y_2 = wdata.最高温
ax2.plot(x_2, y_2, 'teal', label='最高温变化趋势')
plt.xticks(x_2[::20], rotation=40, horizontalalignment='right', fontsize=5)
plt.ylim(0, 37)
plt.yticks(np.arange(0, 37, 2))
plt.grid(alpha=0.3)
plt.xlabel('日期')
plt.ylabel('最高温')
plt.legend()
# 最低温和最高温综合变化趋势
ax2 = fig.add_subplot(133)
x_3 = wdata.日期
y_3_1 = wdata.最低温
y_3_2 = wdata.最高温
ax2.plot(x_3, y_3_1, 'r', label='最低温变化趋势')
```

```
ax2.plot(x_3, y_3_2, 'b', label='最高温变化趋势')
plt.xticks(x_3[::20], rotation=40, horizontalalignment='right', fontsize=5)
plt.ylim(0, 37)
plt.yticks(np.arange(0, 37, 2))
plt.grid(alpha=0.3)
plt.xlabel('日期')
plt.ylabel('温度')
plt.legend()
# plt.savefig(Save_Path + '\\' + t + '.png', dpi=300, bbox_inches='tight')  # 保存图片
plt.show()
# 绘制单个属性的直方图，从而了解每个属性的分布情况
wdata.hist(figsize=(10, 6))
plt.show()
# 通过查看所有属性对的散点图，发现输入变量直接的结构化关系
scatter_matrix(wdata, figsize=(8, 8))
plt.show()
```

运行代码后，返回结果如下：

```
          date  low  high
0   2020-01-01   -1     4
1   2020-01-02    0     8
2   2020-01-03    4    11
3   2020-01-04    5    16
4   2020-01-05    9    19
..         ...  ...   ...
184 2020-07-03   21    24
185 2020-07-04   20    24
186 2020-07-05   19    22
187 2020-07-06   20    23
188 2020-07-07   22    26

[189 rows x 3 columns]
            日期  最低温  最高温
0   2020-01-01   -1    4
1   2020-01-02    0    8
2   2020-01-03    4   11
3   2020-01-04    5   16
4   2020-01-05    9   19
..         ...  ...  ...
184 2020-07-03   21   24
185 2020-07-04   20   24
186 2020-07-05   19   22
187 2020-07-06   20   23
188 2020-07-07   22   26
```

```
[189 rows x 3 columns]
<class 'pandas.core.frame.DataFrame'>
RangeIndex: 189 entries, 0 to 188
Data columns (total 3 columns):
 #   Column  Non-Null Count  Dtype
---  ------  --------------  -----
 0   日期      189 non-null    datetime64[ns]
 1   最低温     189 non-null    int64
 2   最高温     189 non-null    int64
dtypes: datetime64[ns](1), int64(2)
memory usage: 4.6 KB
None
          日期  最低温  最高温
0 2020-01-01   -1    4
1 2020-01-02    0    8
2 2020-01-03    4   11
3 2020-01-04    5   16
4 2020-01-05    9   19
            日期  最低温  最高温
184 2020-07-03   21   24
185 2020-07-04   20   24
186 2020-07-05   19   22
187 2020-07-06   20   23
188 2020-07-07   22   26
(189, 3)
              最低温           最高温
count  189.000000  189.000000
mean    12.058201   18.444444
std      7.225236    7.877610
min     -1.000000    4.000000
25%      5.000000   11.000000
50%     12.000000   19.000000
75%     19.000000   25.000000
max     25.000000   35.000000
          最低温        最高温
最低温  1.000000  0.946881
最高温  0.946881  1.000000
```

在 Figure 1 中依次展示热力图、单个属性的箱线图、气温变化曲线图（折线图）、单个属性的直方图及散点图（单击右上角的×，即可跳转到下一张图）。气温数据统计分析热力图及单个属性的箱线图如图 3-8 所示。

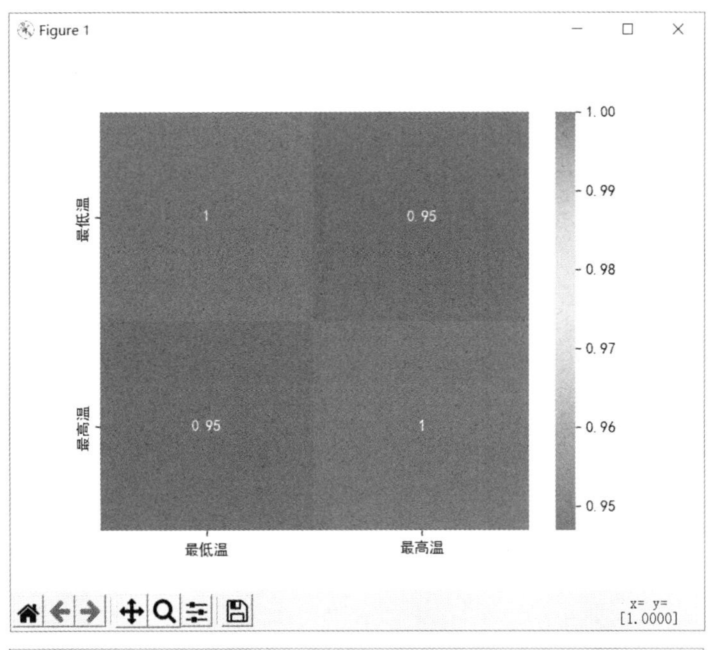

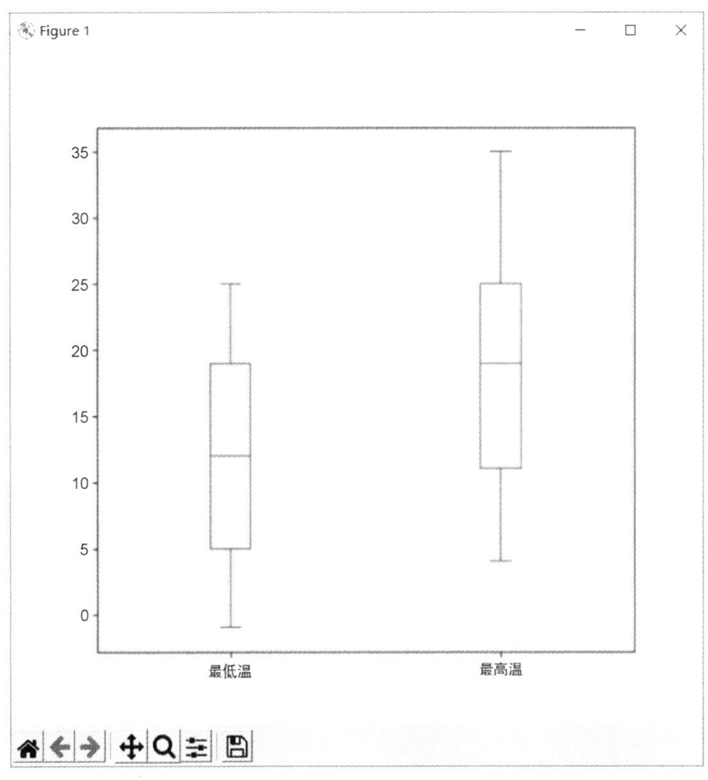

图 3-8　气温数据统计分析热力图及单个属性的箱线图

箱线图又称盒须图、盒式图或箱形图，是一种用于显示一组数据分散情况的统计图，因形状像箱子而得名，在各个领域中经常被使用。箱线图也是一种非常好的用于显示数据分布状况的统计图。首先画一条中位数线，然后根据下四分位数和上四分位数画一个盒子，上下各有一条横线，表示上边缘和下边缘，通过横线来显示数据的伸展状况，游离在边缘之外的点为异常值。

气温变化曲线图（折线图）如图 3-9 所示。

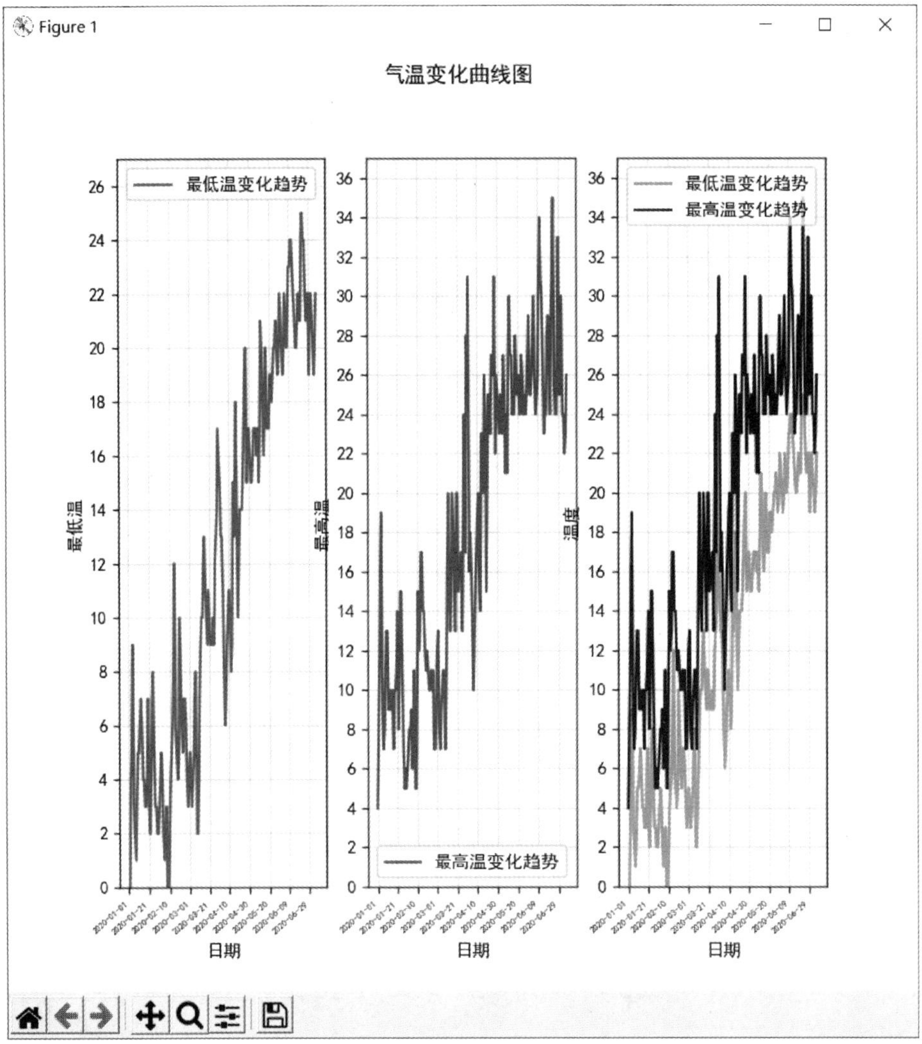

图 3-9　气温变化曲线图（折线图）

折线图（Line Chart）是用直线段将各数据点连接起来而组成的图形，以折线方式显示数据的变化趋势。折线图可以显示随时间而变化的连续数据，因此非常适用于显示在相等时间间隔下数据的变化趋势。在图 3-9 中，日期数据沿横轴均匀分布，所有气温数据沿纵轴均匀分布。

单个属性的直方图如图 3-10 所示。

直方图（Histogram）又称质量分布图，是一种统计报告图，由一系列高度不等的纵向条纹或线段表示数据的分布情况。一般用横轴表示数据类型，用纵轴表示分布情况。直方图可以非常直观地展示每个属性的分布状况。通过直方图可以很直观地看到数据呈高斯分布、指数分布还是偏态分布。

单个属性的直方图和散点图如图 3-11 所示。

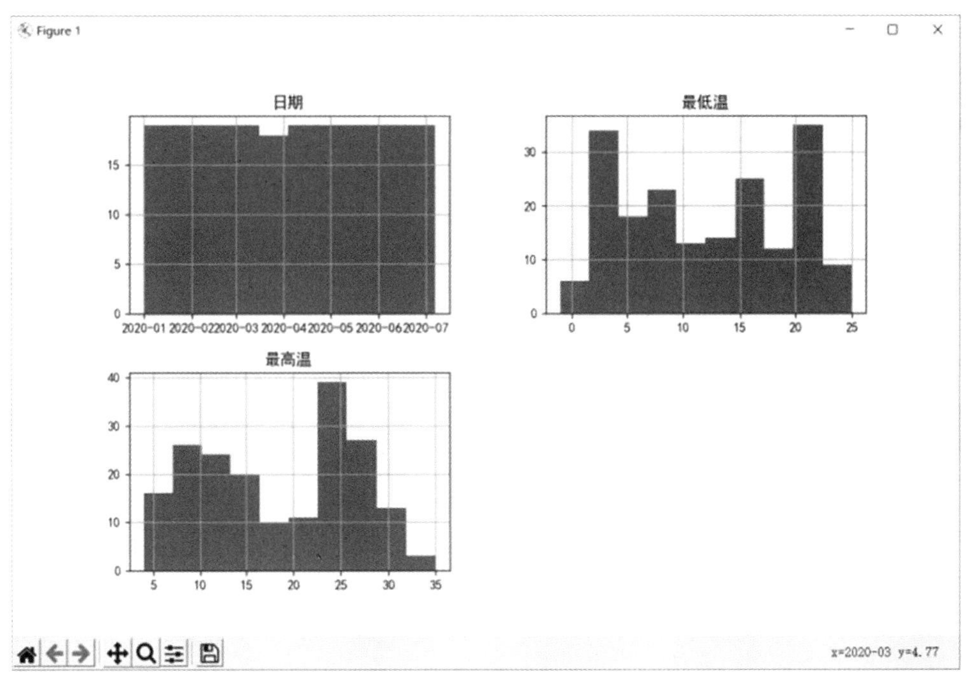

图 3-10 单个属性的直方图

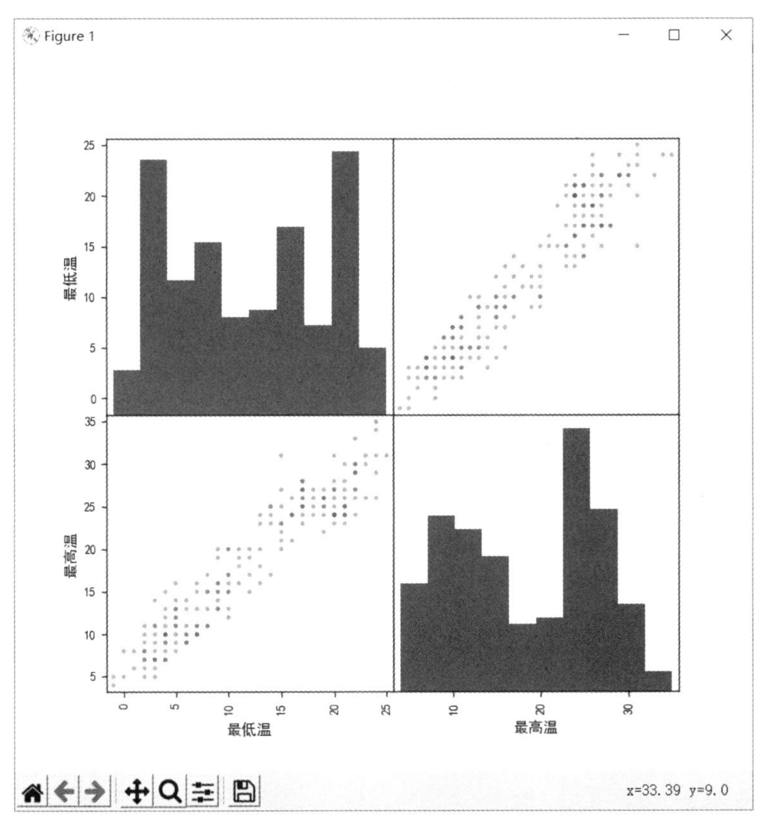

图 3-11 单个属性的直方图和散点图

散点图表示因变量随自变量变化的大致趋势，据此可以选择合适的函数对数据点进行拟合。散点图由两组数据构成多个坐标点，通过考察坐标点的分布，可以判断两个变量之间是否存在某种关联或总结坐标点的分布模式。散点图将序列显示为一组点，值由点在图中的位置表示，类别由图中的不同标记表示。散点图通常用于比较跨类别的聚合数据。当同时考察多个变量的相关关系时，一一绘制它们的简单散点图十分麻烦，此时可绘制各个变量间的散点图，这样可以快速发现多个变量间的主要相关性，这一点在进行多元线性回归分析时显得尤为重要。

以上我们就基本实现了气温数据统计分析的可视化。

拓展阅读

助力医疗——让人工智能更好地为人类服务

湖南自兴人工智能科技集团有限公司（以下简称自兴人工智能）依托首席科学家蔡自兴及其团队 30 余年的知识、资源与成果积累，秉承用“AI+”为人类服务的理念，用人工智能技术为时代添智，推动科技、产业兴国的梦想实现。

自兴人工智能研发的人类染色体智能分析云平台是基于医疗影像、运用人工智能算法完成染色体疾病智能检测、自动生成核型分析报告、实现染色体核型智能分析的辅助诊断工具，主要应用于生殖与遗传医学领域的各类医学机构，辅助医生进行染色体核型分析检测。目前该公司团队正对产品进行进一步的更新迭代，以提高染色体核型分析速度，以及分析的准确度，达到准确分析正常的核型、发现异常的核型的目标。

早在“2018 世界人工智能大会”上，湖南省自兴人工智能研究院就提出了相关项目——AlaaS 智能医疗云服务系统。该系统是蔡自兴带领的自兴人工智能团队与卢光琇带领的生殖医疗团队将人工智能技术与传统医疗行业相结合而研发的新型系统，作为湖南省唯一入选项目入围“2018 年人工智能与实体经济深度融合创新项目名单”。在当年举行的全球首次人类染色体影像处理“人机大战”中，该系统处理人类染色体影像在时间上战胜了 10 位资深医学专家。目前，自兴人工智能研发的 AI 染色体核型分析系统，经过超 400 万张染色体图片数据测试，全自动识别准确率超过 98%，将原本需要 25 天完成的工作压缩到了 1 天完成，减少了 70%以上的工作量。目前，通过 AI 染色体核型分析系统发放的辅助诊断报告超过 10 万例，在 10 余家头部标杆医院实现了业务替代。未来人工智能在医疗领域的应用必将推进医疗技术的革新和医疗服务模式的转变，促进医疗成本的降低与医疗服务效率的提高，也将促进健康公平性和可及性。

本章总结

本章主要围绕数据的类型、大数据的基本特征和作用、大数据与人工智能的相互关系等

带领读者探索人工智能的数据认知，使读者对人工智能的数据需求有初步的感性认知。最后通过任务实践，同读者一起带着问题去实际体验数据处理流程，实现基本的数据认识。

知识速览：

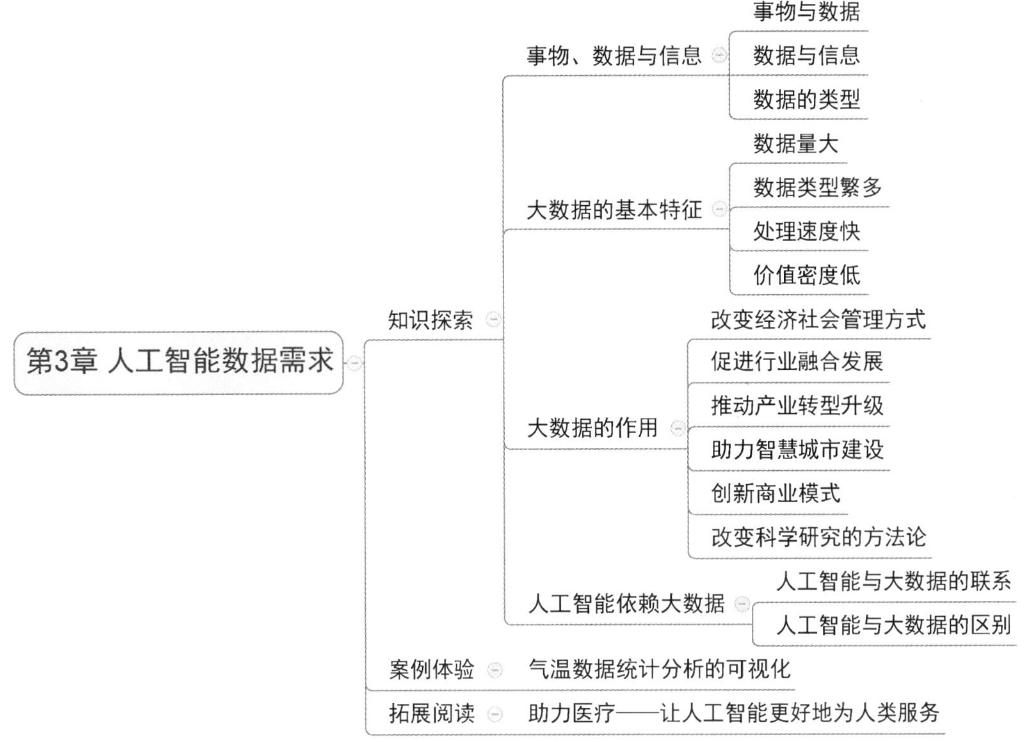

（1）事物是指客观存在于自然界的一切物体或现象。数据是一种将客观事物按照某种测度感知而获取的原始记录，是反映客观事物属性的记录，也是信息的具体表现形式。

（2）大数据具备“4V”特征，包括数据量大、数据类型繁多、处理速度快和价值密度低。

（3）大数据利用的关键在于信息共享和互通，大数据利用的核心在于分析和决策，正是基于大数据的数据规模，人工智能才得以在算法、算力提升的基础上实现重大突破，并在改变经济社会管理方式、促进行业融合发展、推动产业转型升级、助力智慧城市建设、创新商业模式和改变科学研究的方法论等方面起到极其重要的作用。

（4）人工智能与大数据之间紧密相关、相辅相成，同时又有着极大的差异性。大数据是人工智能的基石，人工智能是大数据的另一种实现方式。大数据技术是一种传统计算，它不会根据结果采取行动，只分析结果；人工智能技术是一种计算形式，它允许计算机执行认知功能。同时，二者要达成的目标和实现的手段也不同。

学习评价

通过学习本章内容，评价自己是否达成了以下学习目标，在学习评测表中标出已经完成的目标情况（A、B、C、D）。

评测标准	自我评价	小组评价	教师评价
理解事物、数据与信息的关系			
理解大数据与传统数据的区别			
理解数据的类型、大数据的基本特征和作用			
理解人工智能与大数据的联系与区别			

说明：A 为学习目标达成；B 为学习目标基本达成；C 为学习目标部分达成；D 为学习目标未达成。

思考探索

一、选择题

1.（多选题）大数据的基本特征是（　　）。

A．数据量大（Volume）　　B．数据类型繁多（Variety）

C．处理速度快（Velocity）　　D．价值密度低（Value）

2.（多选题）通过百度迁徙地图可以（　　）。

A．统计人口迁徙数据　　B．分析城市化进程

C．判读商业中心位置　　D．科学安排交通运力

3.（多选题）数据的类型主要包括（　　）。

A．文本　　B．图片

C．音频　　D．视频

4.（多选题）人工智能的三大要素包括（　　）。

A．数据　　B．算法

C．算力　　D．知识

5.（多选题）常见的图片格式主要包括（　　）。

A．JPG　　B．GIF

C．BMP　　D．PNG

6.（多选题）常见的视频格式主要包括（　　）。

A．WMV　　B．MPEG-4

C．AVI　　D．RM

7.（多选题）大数据的作用有（　　）等。

A．改变经济社会管理方式　　B．促进行业融合发展

C．推动产业转型升级　　D．助力智慧城市建设

E．创新商业模式　　F．改变科学研究的方法论

8.（多选题）Python 主要有 3 个扩展库用来进行数据分析，分别是（　　）。

A．NumPy　　B．Pandas

C．Matplotlib　　D．PyCharm

9.（多选题）箱线图是一种用于显示一组数据分散情况的统计图，又称（　　）。

A．盒须图　　B．盒式图

C．箱形图　　D．折线图

二、思考题

1．结合生活实际，请给出你身边的3个大数据应用场景。

2．试分析大数据和人工智能的区别与联系，并举例说明。

三、探索题

近年来，随着金融科技的不断创新和发展，大数据技术也被各大企业融入到互联网的经营活动中。但是，自2018年起就不断有报道指出，许多购物、打车、买票等软件出现了不同消费者购买同一个商品时价格不一样的现象，经调查得出，这种现象很可能是由大数据技术导致的，这就是“大数据杀熟”现象。

媒体曝光“大数据杀熟”现象后，各个电商平台积极发布公告向消费者解释价格不一样的原因。调查研究表明，购物软件是出现“大数据杀熟”问题最多的软件，接下来分别是买票软件和打车软件。“大数据杀熟”不仅严重损害了消费者的权益，长此以往还会引发消费者对电商平台的不信任，消耗电商平台自身的品牌价值。

在经济学中，“杀熟”更多是指商家利用熟客的信任，使熟客购买商品的价格比新客更高的行为。“大数据杀熟”在原本“杀熟”概念的基础上广泛地利用了大数据技术。这主要表现在许多电商平台通过动态地搜集、整理和分析用户在本平台的基本信息、消费习惯和消费偏好等用户数据，描述用户的个人消费特征，形成用户画像，进而在平台销售时自动调整商品的价格，对一些平台使用黏度较高的用户展示较高的价格，而对一些平台使用频率较低或无消费记录的用户则展示更为优惠的价格，最后商家便能以每个用户所能接受的最高价格成交，从而尽可能多地获得利润。请分析“大数据杀熟”现象背后的技术演变过程和隐含的社会问题。

要求：以小组为单位，通过“分解问题—查找资料—整理资料—编写报告—制作讲稿—汇报演讲”等过程，分别展示各小组观点。

【参考文献】

[1] 中国互联网络信息中心. 第49次中国互联网络发展状况统计报告[R]. 2022.

[2] 林子雨. 厦门大学数据库实验室[EB/OL]. [2022.05.29]. https://dblab.xmu.edu.cn/blog/2617/.

[3] 吴长峰. 113个光子的量子计算原型机“九章二号”研制成功[EB/OL]. [2021.10.27]. http://finance.people.com.cn/n1/2021/1027/c1004-32265230.html.

[4] 中国电子技术标准化研究院. 大数据标准化白皮书（2016）[S]. 2016.

[5] 中国电子技术标准化研究院. 大数据标准化白皮书（2020）[S]. 2020.

第 4 章

人工智能计算方法

数据、算力和算法是人工智能三大要素，其中算法是人工智能的灵魂，是人工智能系统的重要支撑之一。算法的优劣将直接影响人工智能水平的高低。目前大部分人工智能实现过程都是先编制相应软件，再由计算机进行计算，最后机器接收指令产生相应的操作。要完成这些高度智能化的操作，让机器获得智能，主要依赖于算法。算法主要利用方法和规则来解决实际问题。如果我们把一个算法嵌入机器，让这个机器拥有人所具有的基本能力，如学习、思考、观察、创造等，那么这个算法就是人工智能算法。

本章主要从人工智能计算方法的视角，围绕人工智能算法的定义、特征、实现流程、分类及人工智能算法工具的用法等进行分析和讨论，希望带领读者正确理解算法的概念，初步认识人工智能主流算法及其应用方法。

【学习目标】

- 了解算法的定义和特征。
- 理解主流人工智能算法的基本原理。
- 了解人工智能算法的实现流程。
- 了解人工智能算法工具的用法。
- 了解人工智能算法工具库应用的实现思路与流程用法。

教学资源

源代码

课件

习题解答

知识探索

4.1 数据的运算与算法

数据作为实现人工智能的首要因素，是一切智慧学习的载体，如果没有数据，那么任何智慧学习都只是空谈。当下，无时无刻不在产生数据，可能是文本、图片、音频、视频等形式的数据，这些数据需要进行大量特征化、标量化、向量化的处理才能真正为算法所用。算法是在数据转换过程中产生的，同时又产生数据，是将数据从一种形态转换成另一种形态的方法。例如，九九乘法表由1到9的数字形式来诠释乘法运算，这里的数字就是数据，乘法公式就是运算，这种乘法的法则就是算法。其实，世界上的所有事物都可以用数据和算法来描述。

算法的发展在一定程度上又反映了人类文明的发展，数字、算筹的诞生解决了先民生活中的问题，让先民得以计数。中世纪文明进步衍生出数学用来解决实际问题。工业革命之后生产力大幅提升，统计学、概率论应运而生，人类越来越重视数据所带来的便利。如今我们正处于信息化蓬勃发展的时代，随着计算机的出现，人类尝试将之前的数学方法用计算机的语言表述出来，算法就这样诞生了。

4.1.1 数据的运算方法

随着科技飞速发展，产业互联网应用变得非常普遍，它们对各种运算技术提出越来越高的要求，现代人生活在由计算和数据编织的信息之网中。人类的计算行为具有悠久的历史，自人类文明诞生以来，数据计算和信息处理始终是社会运转与发展的基本需求，不断驱动着计算工具和技术的迭代。

数据运算是根据某种模式针对数据建立起一定的关系并进行处理的过程，我们认识数据运算的过程是从最基础的算术运算，到关系运算，再到逻辑运算。其中，算术运算包括加、减、乘、除、乘方、开方、取模等；关系运算包括等于、不等于、大于、小于等；逻辑运算包括与、或、非、恒等、蕴含等。随着数据量的不断增大，基本的数据运算已经不能满足人类生活的需要，演算难度也逐渐提高，单靠人的大脑去演算基本不可能，于是陆续有了表达式运算、函数运算等。

4.1.2 算法的定义和特征

虽然计算器的诞生解决了部分运算问题，但是更复杂的运算问题尚未被解决，这时算法这个概念被提出了。在数学和计算机科学中，算法是有明确定义、步骤有限且计算机可执行的，通常用于计算、数据处理和自动推理的一组指令序列。算法作为一个复杂的体系，是数学、逻辑学和计算机科学的集合。尽管第一台计算机诞生距今不过 70 多年，但是算法思想源远流长。通俗来讲，算法是针对待解决问题之解决方案的准确而完整的描述，即解题步骤，它代表着用系统的方法描述问题的解决方案。针对不同问题，算法可能不同。

算法和计算机有着密切的联系，计算机解决任何问题都要依赖于算法，只有将解决问题的过程分解为若干明确的步骤，即算法，并用计算机能够理解的语言准确地描述出来，计算机才能够解决问题。因此，算法是计算机科学的重要基础，没有算法也就没有计算机。实际上，算法就是一系列的解题步骤，用来将输入数据转化成输出结果。

算法是为了解决某个问题产生的，一定是可以解决问题的。我们举一个例子来理解算法的概念及特征。

案例题目：输入 3 个数字，输出其中最大的数字。我们将数字依次输入到变量 A、B、C 中，设变量 MAX 存放最大的数字。

算法如下。

（1）输入 A、B、C。

（2）把 A 和 B 中大的一个放入 MAX。

（3）把 C 和 MAX 中大的一个放入 MAX。

（4）输出 MAX，MAX 即最大的数字。

通过这个例子，我们也可以看出算法的特性：有输入、有输出、有穷性、确定性、可行性。

- 有输入：算法具有 0 个或多个输入。
- 有输出：算法至少有 1 个输出。
- 有穷性：算法在有限步骤之后会自动结束而不会无限循环，并且每个步骤都可以在可接受的时间内完成。
- 确定性：算法中的每一步都有确定的含义，不会出现二义性。
- 可行性：算法中的每一步都是可行的，也就是说，每一步都能够执行有限次。

我们可以把所有的算法想象成一本菜谱，如图 4-1 所示。特定的算法就像菜谱中的鱼香肉丝的制作流程，只要按照菜谱的要求制作，谁都可以做出一道好吃的鱼香肉丝。这个做菜的步骤就可以理解为解题步骤。

图 4-1　算法类似于菜谱

4.1.3 算法的实现流程

人们解决问题的一般过程是从观察、分析问题开始的，然后收集必要的信息，根据自己已有的知识和经验进行判断与推理，最后按照一定的方法和步骤来解决问题。所谓用计算机来解决某个问题，实际上是指用计算机来处理与这个问题相关的信息。用计算机解决问题一般要经历三个阶段。

第一个阶段：分析问题，确定要用计算机做什么。

第二个阶段：寻找解决问题的基本途径和方法。

第三个阶段：用计算机进行处理。

为了有效解决问题，算法按照自顶向下的原则设计，处理实际问题的算法设计是从理解问题入手自顶向下展开的，这是对问题的理解和分析逐层深入、逐步细化的一个过程，该过程符合人们对问题的认识规律。设计算法首先要做的是准确理解问题的要求，即整理出算法的输入和输出，明确算法的具体要求，在此基础上逐步展开算法的设计工作，一般步骤如下。

（1）分析问题，建立模型。理解问题的类型，找到相关模型。

（2）设计算法，建立初步求解模型。由于运行环境和使用者的不确定性，一个算法的运行很可能会遇见一些不正常的输入，此时算法应该能够妥善处理它，从而保证算法能够正常运行。

（3）正确性分析，分析算法是否能正确求解问题。一般来说，所设计的算法越完善，算法的准确率越高。

（4）效率分析，考虑算法的时间复杂度、空间复杂度是否会超出规定值，进行综合评估。

（5）程序实现，应用算法解决问题。

4.2 人工智能算法

在人工智能领域中，算法（Algorithm）是指针对如何解决一类问题的明确规范。人工智能算法主要用于训练模型，可以执行计算、数据处理和自动推理任务，并且具有可行性、确定性、有穷性和拥有足够的情报等特征。在人们的生活中其实充满了各种算法，如搜索引擎的展示结果、歌单推荐、网文推荐等，更不用提让人类重新审视自己的围棋人工智能机器人AlphaGo家族了。

人工智能算法属于软计算，是人们受自然界规律的启迪，根据原理模拟求解问题的算法，是让机器自我学习的算法。例如，要判断一张图片中是否存在猫，那么我们首先要通过规则去定义猫，如图4-2所示。

观察姿势如图4-2所示的猫可以知道，猫有一个圆脑袋，两个三角形的耳朵，两个圆眼睛，又胖又长的身体，以及一条长尾巴等，由此可以定义一套规则在图片中寻找猫。这看起来是可行的，但是如果遇到的是图4-3、图4-4中的猫该怎么办呢？

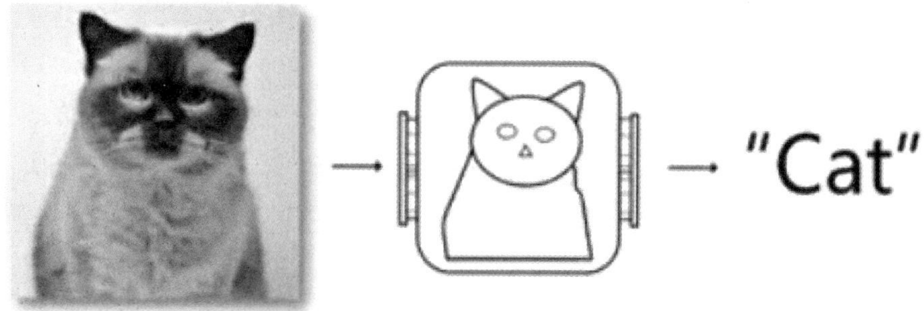

图 4-2　定义猫

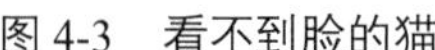
图 4-3　看不到脸的猫

图 4-4　蜷起来的猫

猫可能只露出身体的一部分，也可能会摆出奇怪的姿势，这样我们就要针对这些情况定义新的规则。从这个例子中大家应该能看得出来，即使是一种很普通的家养动物，都可能会出现无数种不同的形态。如果我们使用人为定义的规则去定义这种动物，那么可能需要设置大量的规则，并且效果也不一定会很好。仅仅一种动物就这么复杂，现实中常见的各种物体成千上万，所以使用人为定义的规则去进行识别肯定是行不通的。这就需要我们使用人工智能算法来解决问题。

4.2.1　人工智能算法的分类

人工智能算法大体上来说可以分为两类：机器学习（Machine Learning）算法和深度学习（Deep Learning）算法。

机器学习是实现人工智能的一种方法，深度学习是实现机器学习的一种方法。机器学习使计算机能够自动解析数据，从中学习，并对真实世界中的事件做出决策和预测；深度学习是利用一系列深层次的神经网络模型来解决更复杂问题的技术。从严格意义上说，人工智能和机器学习没有直接关系，只不过目前机器学习算法被大量应用于解决人工智能问题而已。目前机器学习是人工智能的一种实现方法，也是最重要的实现方法。深度学习是机器学习当前比较热门的一个发展方向，其本身是由神经网络算法衍生出来的，在图像、语音等富媒体的分类和识别上取得了非常好的效果。人工智能、机器学习和深度学习的目标其实都是让算法模拟人的智能，但层次范围不同，其关系如图 4-5 所示。

图 4-5　人工智能、机器学习和深度学习的关系

4.2.2　机器学习

机器学习根据不同的训练方式，可分为有监督学习（Supervised Learning）、无监督学习（Unsupervised Learning）、半监督学习（Semi-Supervised Learning）和强化学习（Reinforcement Learning）四大类，如图 4-6 所示。并非所有的问题都适合用机器学习算法解决，也没有一种机器学习算法可用于解决所有问题。只有当你已完成数据的采集，并且有明确的问题要解决时，机器学习算法才有用。

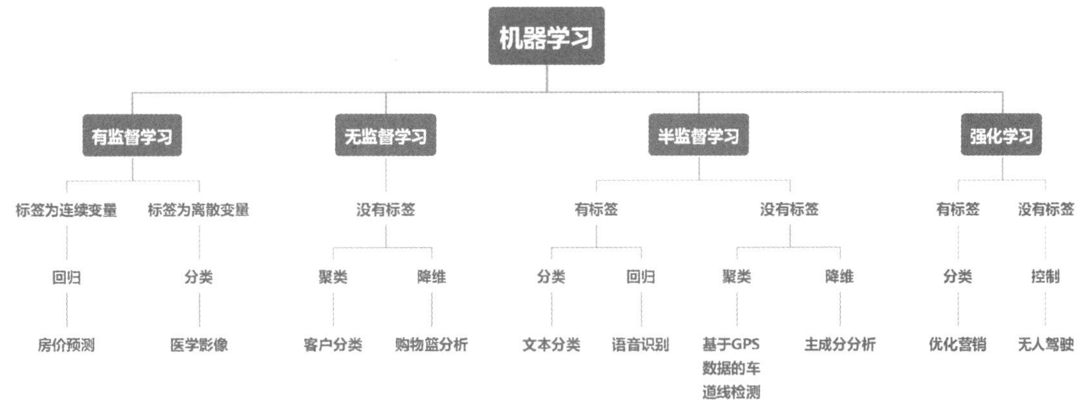

图 4-6　机器学习的分类

1. 有监督学习

有监督学习是指通过对有标签的训练数据进行学习得到一个模型，并使用这个模型对新样本进行预测。因此，有监督学习需要我们提供大量的学习样本（包括与样本相关的特征数据以及相应的标签）。简而言之就是我们提供样本“教”计算机如何学习，计算机通过这些样本来学习相关的规律或模式，并通过得到的规律或模式来判断没有标签的数据是什么样的数据。

在人工智能猜画游戏中，用户画了大量的带着标签（Label，所预测的东西是什么，也就是结论，在这里指分类）的画作，通过每幅带着标签的画作，人工智能程序就知道人类是如何画房子、船、苹果等这些东西的，在人类眼中这些东西是怎样的。它就会分析画作中的每个特征（事物的固有属性，一般作为某个判断的依据），从而进行自我学习。我们提供的这些带着标签的数据样本也被称为训练数据（Training Data）。先通过机器学习，找到每幅画作的特征，进而找到相关的规律或模式，然后通过得到的规律或模式来识别那些没有标签的画作［也被称为测试数据（Test Data）］，以此完成画作的识别。

有监督学习的主要特点是所有的数据都有与之相对应的标签。例如，我们想建立一个识别手写数字的模型，那么我们的训练集就是大量手写数字图片，并且每张图片都有对应的标签。

图 4-7 所示为手写数字 3，这张图片的标签可以设置为 3。同样地，如果是一张手写数字 8 的图片，那么该图片的标签可以设置为 8。如果我们要建立一个判别垃圾邮件的模型，那么我们先要对邮件进行标记，标记出哪些属于垃圾邮件，哪些不属于垃圾邮件，然后建立模型。

有监督学习在建模过程中会将预测结果与训练数据的实际结果（也就是标签）进行对比，如果预测结果与实际结果不符，那么将通过一些方式去调整模型的参数，直到模型的预测结果能达到比较高的准确率为止。

假设训练集给出了 3 种不同花朵的花瓣长度特征（训练集特征），我们已经知道这 3 朵花的种类 A、B、C。那么，对于一朵未知种类的花，就可以根据它的花瓣长度（测试样本特征）来判断它所属的种类（测试样本标签）。如图 4-8 所示，未知花朵判断成 B 类更合适一些。

图 4-7　手写数字 3

图 4-8　识别花

只要给出已知种类的花，对于未知种类的花根据训练集特征去比较即可。

典型的有监督学习算法包括分类算法和回归算法。类似于上述识别花的问题，就是分类问题。分类算法是一种对离散变量进行建模和预测的有监督学习算法。分类算法预测的是类别，输出的是离散值，应用案例包括动物的种类判断、植物的种类判断、物品的种类判断、邮件过滤和预测员工异动等。回归算法用来预测一个具体的数值输出，是一种对数值型连续变量进行建模和预测的有监督学习算法。回归算法预测的是连续实数值，常应用于股票价格预测、房价预测、洪水水位线预测、天气预报、寿命预测和健康风险预测等。有监督学习算法应用广泛。例如，线性回归算法可用于预测明年的房价涨幅、下一季度新产品的销量等；逻辑回归算法经常被电商平台用来预测用户对商品品类的购买偏好等。下面重点介绍常用的线性回归和逻辑回归算法。

（1）线性回归。

线性回归能够用一条直线较为精确地描述数据之间的关系。这样当出现新的数据时，就能够预测出一个或多个值。线性回归是对大量的观测数据进行处理，从而得到比较符合事物内部规律的数学表达式的方法。也就是说，找到数据之间的规律，就可以模拟出结果，即对结果进行预测。线性回归可通过已知的数据得到未知的结果，其主要功能是拟合数据。线性回归常应用于房价预测、信用评价、电影票房预估等。

如图 4-9 所示，图片上有很多个小点，通过这些小点我们很难预测当 x 等于某个值时，y 值是多少。是否能够找到一条直线来描述这些小点的趋势或者分布呢？答案是肯定的。相信大家都学过式（4-1）这样的方程，只是当时不知道这个方程在现实中是可以用来预测很多事物的。线性回归算法的建模过程就是使用数据点来寻找最佳拟合线的过程。

$$\begin{aligned} h_\theta(x) &= \sum_{i=0}^{n} \theta_i x_i = \boldsymbol{\theta}^{\mathrm{T}} \boldsymbol{x} \\ &= \theta_0 x_0 + \theta_1 x_1 + \theta_2 x_2 + \cdots + \theta_n x_n \end{aligned} \tag{4-1}$$

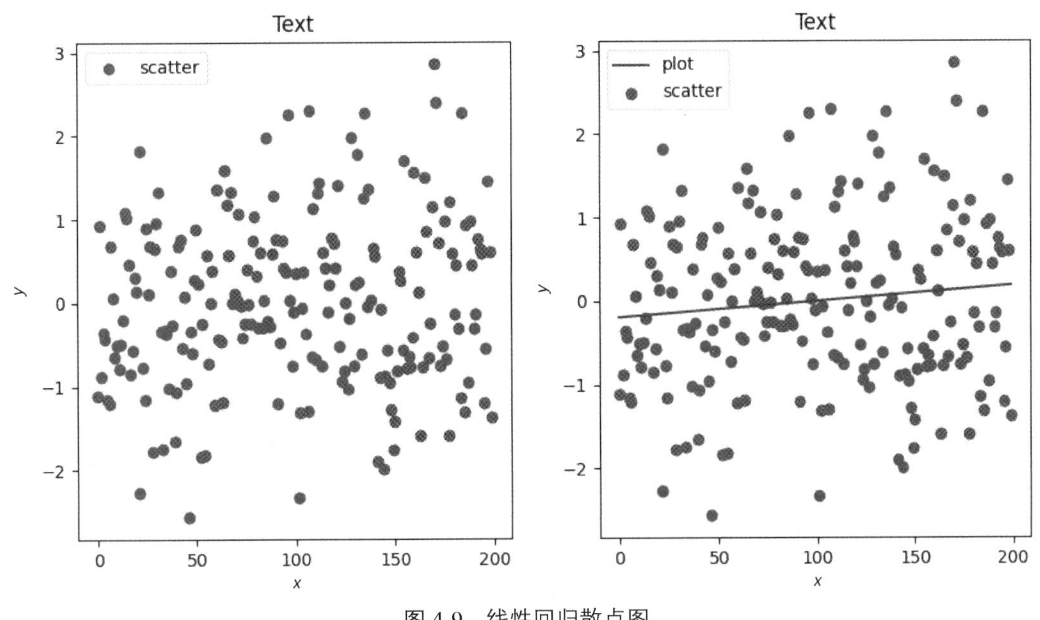

图 4-9　线性回归散点图

首先假设目标值（因变量）与特征值（自变量）之间线性相关（满足一个多元一次方程，如 $h_\theta(x) = \theta_0 x_0 + \theta_1 x_1 + \theta_2 x_2 + \cdots + \theta_n x_n$）；其次构建损失函数；最后通过令损失函数值最小来确定参数（最关键的一步）。如图 4-10 所示，采集了一些父子身高数据，先对这些数据进行建模，然后使用得到的模型根据输入的新的父亲身高去预测其儿子身高。数据预测模型如图 4-11 所示。

父亲身高x/cm	儿子身高y/cm
165	170
165	172
168	174
170	172
170	174
172	173
172	176
174	172
175	174
175	178
177	178
177	176
178	175
178	181
210	194

图 4-10　父子身高数据表

拟合线性方程：$y = ax+b$

最小二乘法，带入样本数据求解：
$a = 0.5119$ $b = 86.3246$

模型结果：$y = 0.5119x + 86.3246$

若父亲身高为177.5cm，则儿子身高为
$y = 0.5119×177.5 + 86.3246$
$= 177.18685$

图 4-11　数据预测模型

结合拟合线性方程画出散点图，从散点图中可以看出，样本数据点基本上是分布在直线附近的，呈线性分布，如图 4-12 所示。

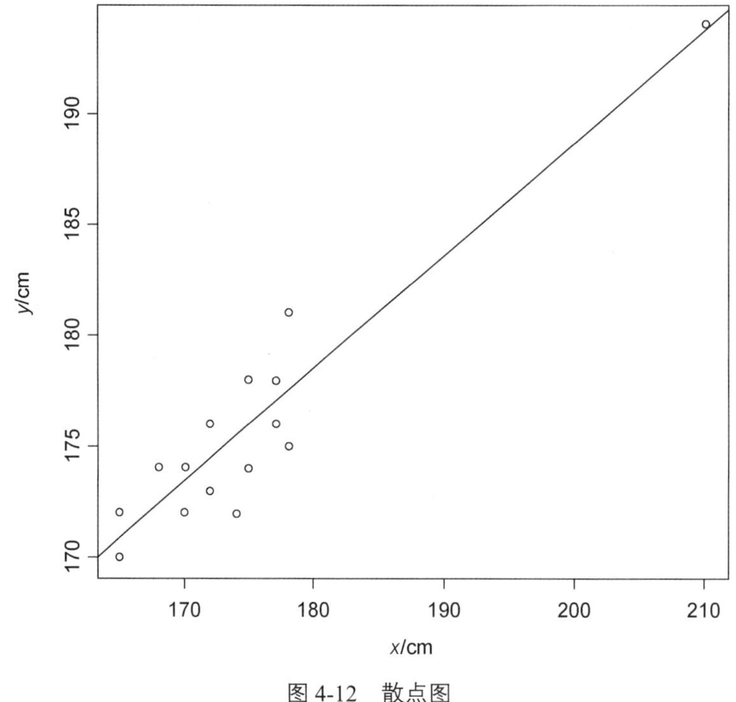

图 4-12　散点图

（2）逻辑回归。

逻辑回归是基于线性回归的，它建立模型将数据分为不同的类别，并预测某个数据的类别。逻辑回归虽然叫作回归，但是其主要解决分类问题，可用于二分类问题，也可以用于多分类问题。线性回归的预测值为连续变量，其预测值在整个实数域中，当预测值为离散变量时，可以用逻辑回归算法。逻辑回归的本质是将线性回归进行一个变换，该模型的输出变量始终在 0 和 1 之间。它通过 Logistic 函数（也称为 Sigmoid 函数）将数据特征映射为 0～1

区间内的一个概率值（样本属于正例的可能性），通过与 0.5 进行比对得出数据所属的类别。Logistic 函数公式如下：

$$f(z)=\frac{1}{1+\mathrm{e}^{-z}} \tag{4-2}$$

$$z=\boldsymbol{w}^{\mathrm{T}}\boldsymbol{x}+w_0$$

式中，$\boldsymbol{x}$ 是数据的特征向量，$\boldsymbol{x}=x_0,x_1,\cdots,x_n$；$\boldsymbol{w}$ 是参数向量（需要数据拟合）；w_0 是偏移量。Logistic 函数图像如图 4-13 所示。

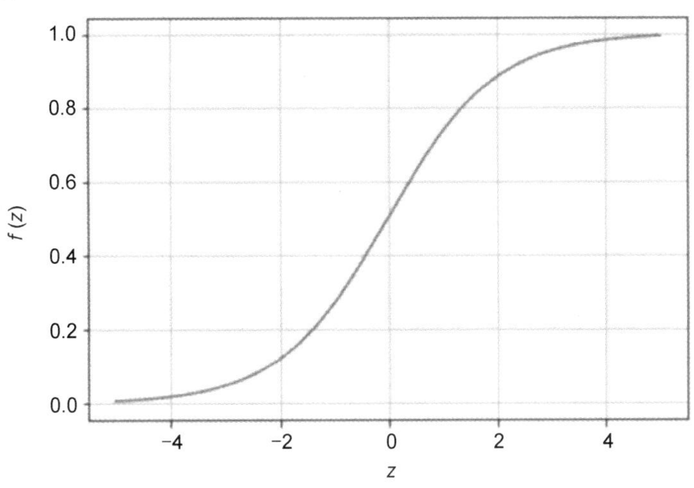

图 4-13 Logistic 函数图像

由此可以看出，在给定数据点后，通过 Logistic 函数计算得出预测值，显然一开始预测值与真实值是有偏差的，通过损失函数计算偏差，优化算法缩小偏差，最终得到模型适合的参数。

例如，去商场买衣服，如果你看见一件衣服比较喜欢，就会更仔细地打量它，并决定是否购买，你的内心经过博弈后做出最终决策：买或不买。逻辑回归就可以很好地模拟这个博弈过程。在博弈过程中，你会思考这件衣服的很多属性，如价格、质量、颜色、尺码等。当综合考虑所有因素以后，如果你还是愿意购买，则说明买这件衣服给你带来的快乐多于失望；反之，则说明买这件衣服给你带来的失望多于快乐。逻辑回归的过程就是把这些属性带给你的情感综合起来，判断你最终获得的快乐多还是失望多。用逻辑回归模型模拟这个过程，若模型输出 1，则表示快乐多，你决定买它；若模型输出 0，则表示失望多，你决定不买它。

2. 无监督学习

有别于有监督学习，无监督学习在学习时并不知道其分类结果是否正确，也就是说，没有受到监督式增强（告诉它何种学习是正确的）。其特点是仅对无监督学习网络提供输入数据，它会自动从这些数据中找出潜在类别规则。当学习完毕并经测试后，也可以将其应用到新的数据上。其输入数据（训练数据）不存在明确的标签或结果。

如图 4-14 所示，我们事先并不知道使用何种方式对这组照片进行分类，发现其中隐藏的类别有可能是年龄，也有可能是性别，这就对应无监督学习。

图 4-14 照片组

常见的两类无监督学习算法为聚类算法和降维算法。聚类算法一般应用于电影推荐、用户分类、目标营销等；降维算法一般应用于结构发现、功能发现、数据可视化等。

经典的无监督学习案例是鸢尾花识别，有未知分类的鸢尾花的测量数据，包括萼长、萼宽、瓣长、瓣宽，如图 4-15 所示。根据这些测量数据，将类似的测量记录归类（同类鸢尾花的测量数据具有类似的特征，主要分为三类：Setosa、Versicolour 和 Virginica），需要使用聚类算法实现归类。

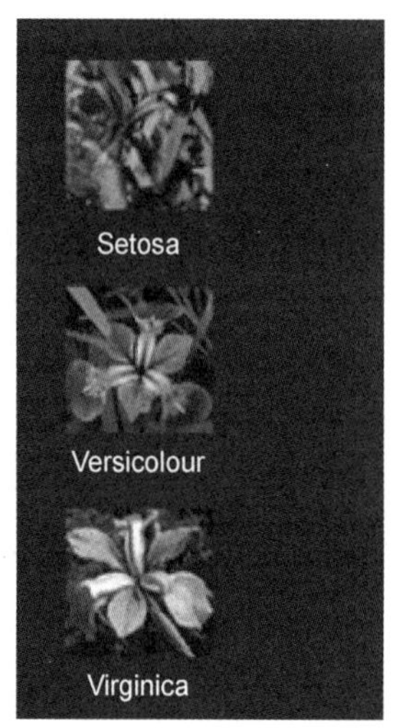

萼长/cm	萼宽/cm	瓣长/cm	瓣宽/cm
4.6	3.1	1.5	0.2
5	3.6	1.4	0.2
5.4	3.9	1.7	0.4
4.6	3.4	1.4	0.3
5	3.4	1.5	0.2
4.4	2.9	1.4	0.2
4.9	3.1	1.5	0.1
6.2	2.9	4.3	1.3
5.1	2.5	3	1.1
5.7	2.8	4.1	1.3
6.3	3.3	6	2.5
5.8	2.7	5.1	1.9
7.1	3	5.9	2.1
6.3	2.9	5.6	1.8

图 4-15 鸢尾花的测量数据

其实我们可以通过一些常见的例子来理解有监督学习和无监督学习。例如，我们平时做的习题通常都是有答案的，在做题的过程中通过将自己得出的答案同正确答案相比较，修正做题思路和方法，提高做题的准确率，这就是有监督学习；在考试时事先是不知道答案的，只能按照自己已有的知识和经验想办法把试题做正确，这就是无监督学习。

3. 半监督学习

半监督学习是有监督学习和无监督学习相结合的一种学习方式，它的输入数据部分有标签，部分没有标签。半监督学习算法首先试图对有标签的数据进行建模，然后对没有标签的数据进行预测。例如，老师给学生讲解了一两道例题的求解思路，然后给学生布置没有答案的课后习题，让学生课后自己完成。

在实际应用中，收集大量有标签的数据成本太高或者不可行，但是有大量没有标签的数据可用。对于这种情况，半监督学习是一个完美的解决方案。半监督学习可以利用有标签的数据，也可以由没有标签的数据派生结构，减轻对标签的需求，从而更好地完成总体任务。例如，找到图片并给图片上的猫打上标签很麻烦，但是可以从网络上获取各种姿势的猫图片，因此我们可以先手动标识一部分猫图片，然后进行人工智能学习训练，最后在剩下的没有标签的猫图片上进行试验。

4. 强化学习

强化学习自动进行决策，并且可以连续决策以期一段时间后获得最多的累计奖励。它区别于之前提到的学习方法。强化学习算法是一个“游戏”的过程，其目标是最大化“游戏奖励”。该算法通过反复试验来尝试不同的“走法”，并查看哪种“走法”能够最大化“游戏奖励”，相当于把学习看作一个试探评价的过程。

广为人知的强化学习例子是教计算机来解决魔方问题或下象棋，但是强化学习能解决的问题不是只有游戏问题。例如，你开始什么也不知道就直接去考试，考完后告诉你考试的分数，然后要你重新考，这时你肯定会分析前面考试时遇到的不确定的题目，重新来做，考完后再告诉你考试的分数，然后要你再重新考，通过多次考试，你不断地总结和改进前面回答的问题，就可以越考越好了，这就是强化学习。

4.2.3 深度学习

1. 认识神经网络

神经网络（Neural Network）最早由心理学家和神经学家提出，是一种模仿生物神经网络（生物的中枢神经系统，特别是大脑）的结构和功能的数学模型，由神经元、神经元之间的连接（突触）所构成，用于对函数进行估计或近似。和机器学习算法一样，神经网络已经被用于解决各种各样的问题，如计算机视觉和语音识别。

神经元模型是一个包含输入、输出与计算模块的模型，如图 4-16 所示。输入可以类比为神经元的树突，输出可以类比为神经元的轴突，计算模块可以类比为细胞核。神经元之间的每个连接都有一个权重，这个权重表示输入值的重要性。一个输入值的权重越高，说明该输入值越重要。

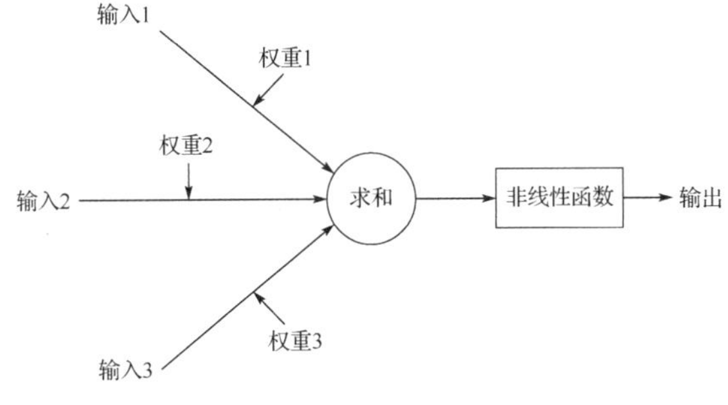

图 4-16 神经元模型

单层神经网络是最基本的神经网络形式，由有限个神经元构成，所有神经元的输入向量都是同一个向量，如图 4-17 所示。由于每个神经元都会产生一个标量结果，所以单层神经网络的输出是一个向量，该向量的维数等于神经元数目。

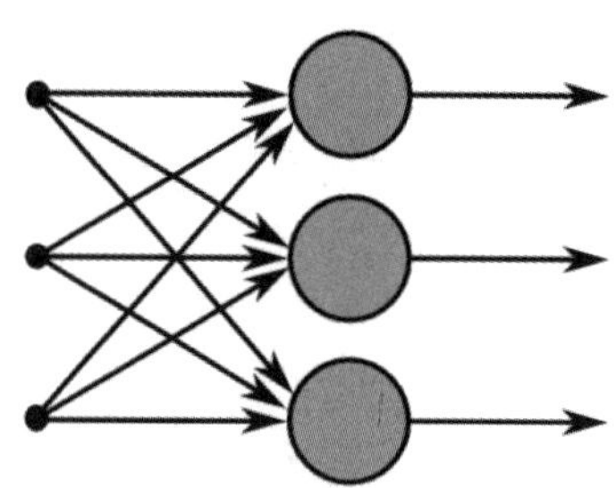

图 4-17　单层神经网络

多层神经网络是由单层神经网络叠加得到的，如图 4-18 所示，所以就形成了层的概念，常见的多层神经网络有如下结构。

- 输入层（Input Layer），众多神经元接收大量输入的信息。输入的信息称为输入向量。
- 输出层（Output Layer），信息在神经元之间的连接中传输、分析、权衡，形成输出结果。输出的信息称为输出向量。
- 隐藏层（Hidden Layer），简称隐层，是输入层和输出层之间众多神经元和连接组成的各个层。隐层可以有一层或多层。隐层的神经元数目不定，但神经元数目越多，多层神经网络的非线性越显著，稳健性（Robustness）越显著，但计算量也随之增加。

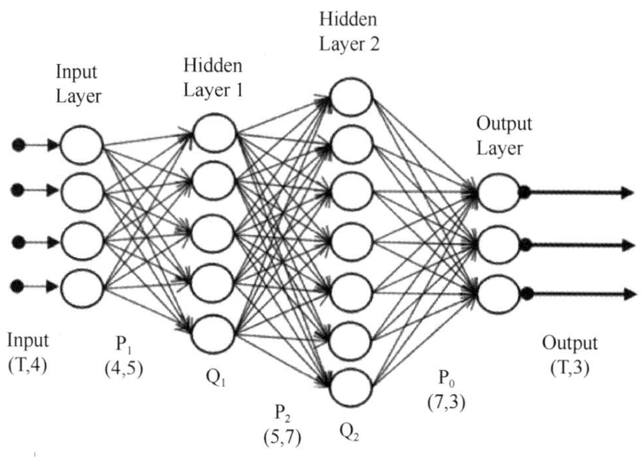

图 4-18　多层神经网络

一个神经网络的训练算法要让权重调整到最佳，以使得整个网络的预测效果最好。例如，我们希望预测巴士票价，有出发站、目的地站、出发日期和巴士公司这些信息。输入层有 4 个神经元，即出发站、目的地站、出发日期和巴士公司，输出结果是预测的巴士票价。在预测巴士票价时，出发日期是影响最终票价最为重要的因素之一，因此出发日期的神经元连接具有较大的权重，并且每个神经元都有一个激活函数，该函数是一个根据输入传递输出的函数。一组输入数据通过神经网络中的所有层后，最终通过输出层返回输出结果。

2. 揭秘深度学习

实际上深度学习（Deep Learning）的概念源于神经网络的研究，但是其并不完全等于神经网络，只不过在叫法上很多深度学习算法中都会包含“神经网络”这个词，如卷积神经网络、循环神经网络。因此，深度学习可以说是在神经网络基础上的升级。深度学习的目的在于建立模拟人脑进行分析和学习的神经网络，它可以模仿人脑的机制来解释数据。深度学习网络可以直接输入图像、文本、语音等原始数据（需进行简单的数字化处理），并进行学习。以识别水果和蔬菜为例，深度学习通过学习很多的样本，不仅能够分辨水果和蔬菜，而且能够识别具体的水果和蔬菜的种类（如图 4-19 中的白菜和蓝莓），同时能够分析它们所含的营养元素，具有更强的识别和分析能力，是一种更高级的机器学习方法。

图 4-19　通过深度学习识别水果和蔬菜

如图 4-20 所示，深度学习类似于一个水流系统，要处理的数据是水流，深度学习网络是一个由管道和阀门组成的巨大的水管网络，网络的入口是若干管道开口，网络的出口也是若干管道开口。这个水管网络有许多层，每一层有许多个可以控制水流流向与流量的调节阀。根据不同任务的需要，水管网络的层数、每一层的调节阀数量可以有不同的组合方式。对复杂任务来说，调节阀的总数可以成千上万甚至更多。在水管网络中，每一层的每个调节阀都通过水管与下一层的所有调节阀连接起来，组成一个从前到后、逐层连通的水流系统。

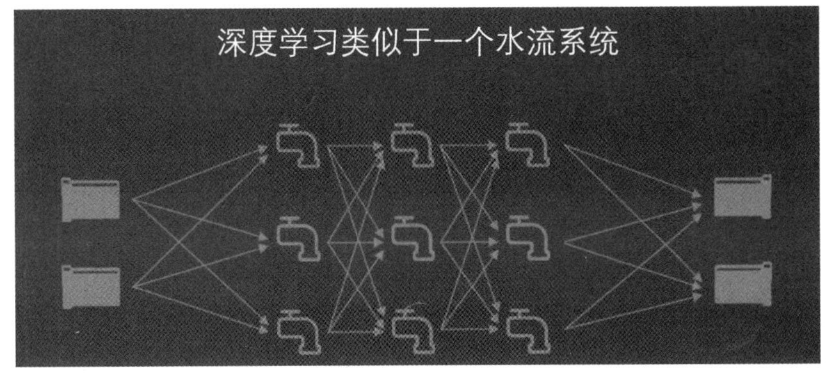

图 4-20　深度学习类似于一个水流系统

卷积神经网络（Convolutional Neural Networks，CNN）是一种深度学习模型，常用来分析图像、音频、文本等数据，完成分类、识别和检测等任务，如手机的人脸识别开锁、自动驾驶中的路况识别、美图秀秀及抖音的人脸识别、密码学攻击中利用示波器波形图进行密钥分类等。

简单的卷积神经网络主要由卷积层、降采样层（也叫池化层）、全连接层及输出层构成，如图 4-21 所示。通俗来说，其学习过程就是对输入的图像先进行卷积操作，然后进行池化操作，再进行卷积操作、池化操作，这些操作都是为了提取图片的特征用于识别，接着把池化的结果拉平成一个长向量，传入全连接层，最后输出检测结果。

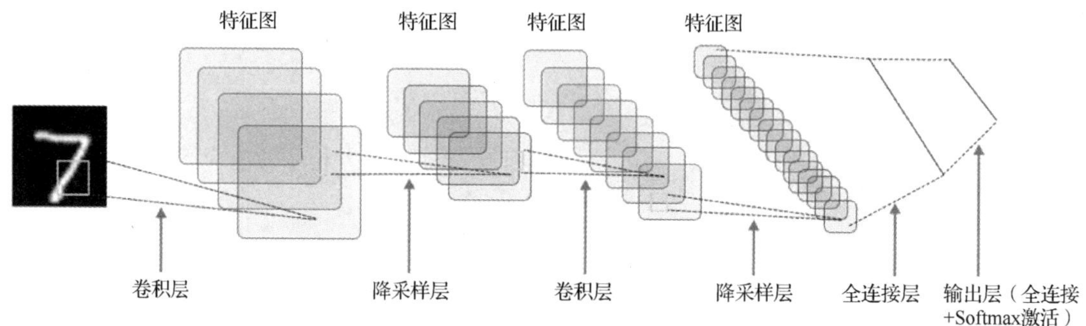

图 4-21　卷积神经网络结构

如图 4-22 所示，要自动识别一幅手写数字图像所代表的数字，假设左边有一个 9×9 的网格，有颜色填充的部分构成数字 7，把有颜色填充的部分填上 1，空白部分填上 0，就构成一个二维矩阵。传统做法是求向量距离，如果数字全部都标准地写在网格中相同的位置上，那么肯定是准确的，但是实际上数字 7 在书写的过程中，可能偏左一点、偏右一点或变形扭曲一点，这时就难以识别。另外，一幅图像上像素点的数量是巨大的，如一幅 50 像素×50 像素的图像上有 2500 个像素点，每个像素点有 R、G、B 三个维度的颜色，那么输入参数就有 7500 个，这个运算量是巨大的。

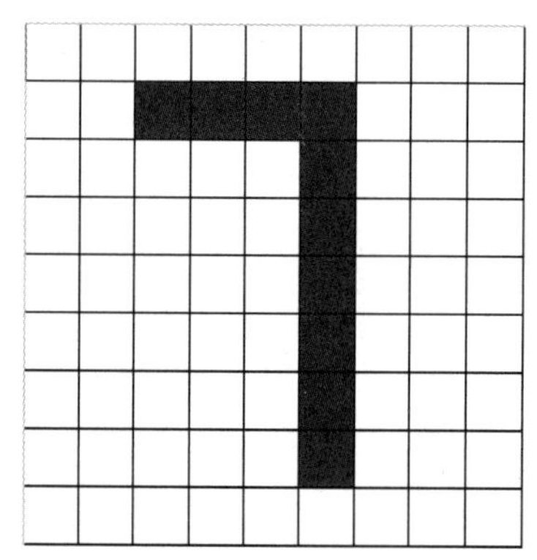

0	0	0	0	0	0	0	0	0
0	0	1	1	1	1	0	0	0
0	0	0	0	0	1	0	0	0
0	0	0	0	0	1	0	0	0
0	0	0	0	0	1	0	0	0
0	0	0	0	0	1	0	0	0
0	0	0	0	0	1	0	0	0
0	0	0	0	0	1	0	0	0
0	0	0	0	0	0	0	0	0

图 4-22　网格图

因此，需要一个抽象特征、降低数据维度的方法，这个方法就是卷积运算，用一个小于图像的卷积核扫过整幅图像求点积。卷积运算原理如图 4-23 所示。卷积运算过程如图 4-24 所示。

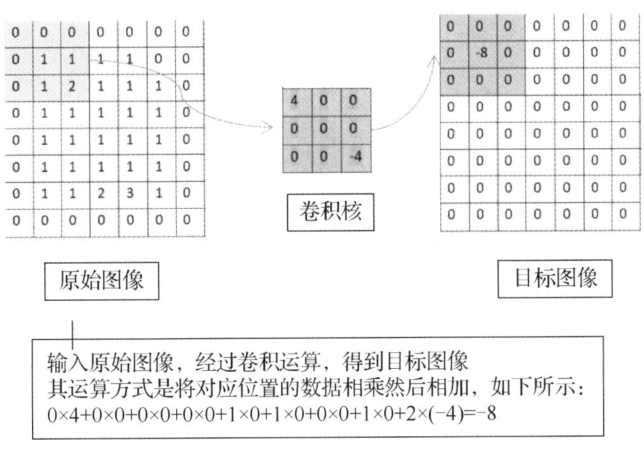

图 4-23　卷积运算原理

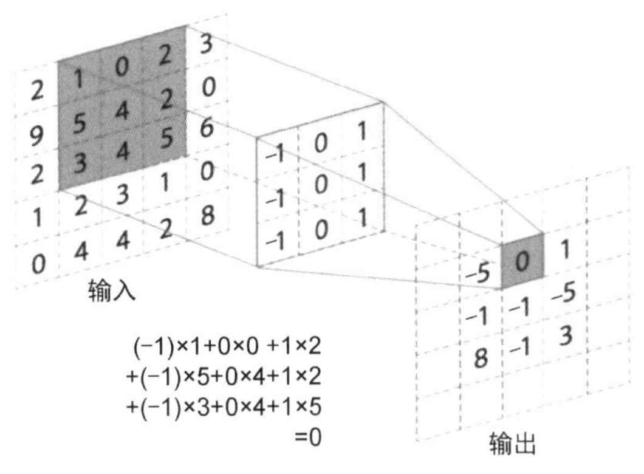

图 4-24　卷积运算过程

卷积运算过程旨在寻找图像中的显著特征，达到降维的目的，另外还可以分区块来提取特征，并且拼接特征。

为了进一步降维，引入了池化操作，池化的方法有很多，如最大值法、平均值法。图 4-25 展示了一个步长为 2 的 2×2 最大池化过程，用一个 2×2 的方块依次扫描图像，求出每次扫描区域的最大值（Max），共扫描 4 次，4 次扫描的最大值分别是 6、8、3、4。

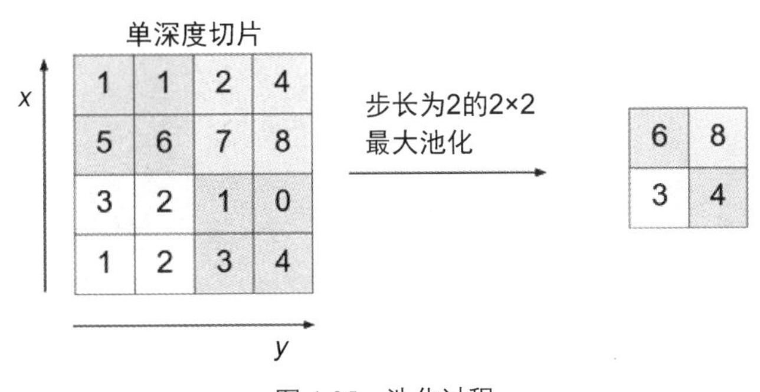

图 4-25　池化过程

经过多层卷积和池化之后会得到一个矩阵，该矩阵作为一个全连接网络的输入，据此就可以识别出图像所代表的数字。特征提取和识别过程如图 4-26 所示。

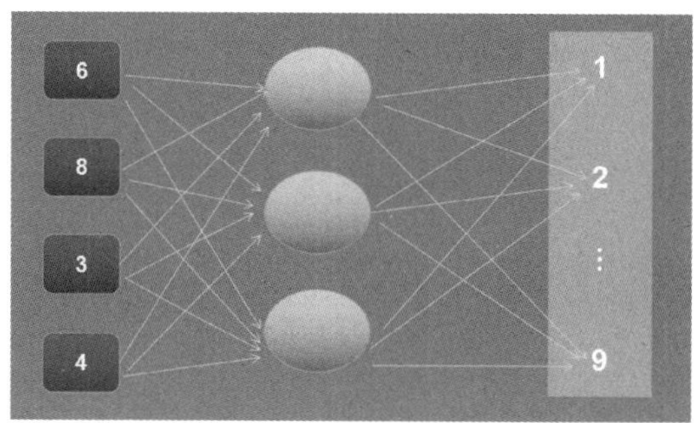

图 4-26　特征提取和识别过程

4.3　人工智能算法工具

工欲善其事，必先利其器。高效的开发工具往往能让算法开发变得更加精准。从最早被使用的 Scikit-Learn，到后面专门针对深度学习的 Theano，再到针对计算机视觉的 Caffe，随着人工智能技术在各行各业的应用逐渐深入，越来越多的特色人工智能算法工具被开发出来，如谷歌开发的 TensorFlow 和 Keras、Meta（原名为 Facebook）开发的 PyTorch、百度开发的 PaddlePaddle、华为开发的 MindSpore 等。从人工智能算法工具的发展中，我们可以窥见人工智能成规模发展的未来。

4.3.1　常用开源框架

常用开源框架如图 4-27 所示。

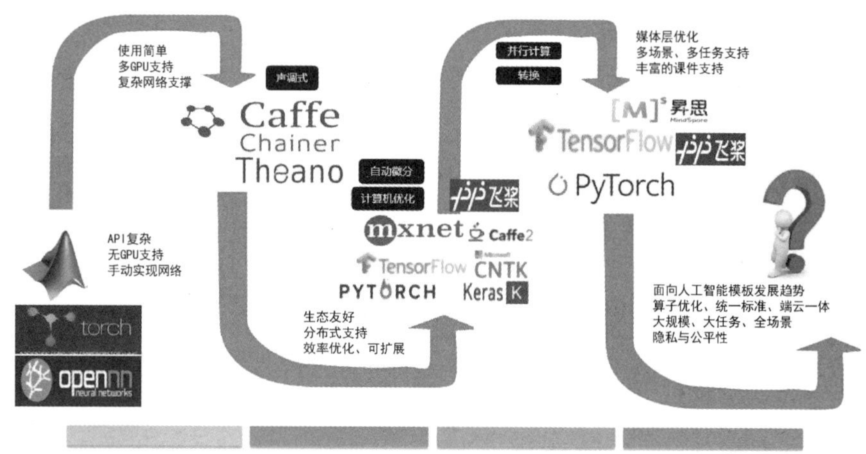

图 4-27　常用开源框架

1. TensorFlow

TensorFlow 是谷歌基于 DistBelief 开发的第二代人工智能学习系统，其名字源于其本身的运行原理。Tensor（张量）意味着 N 维数组，Flow（流）意味着基于数据流图的计算，TensorFlow 为张量从数据流图的一端流动到另一端的计算过程。TensorFlow 是将复杂的数据结构传输至人工神经网络中进行分析和处理的系统，使用的语言是 C++或 Python。这个框架具有允许在任何 CPU 或 GPU 上进行计算的架构，无论是台式机、服务器，还是移动设备。这个框架在 Python 中是可用的，具有易于学习、可使用计算图表抽象、可视化等优点。TensorFlow 框架如图 4-28 所示。

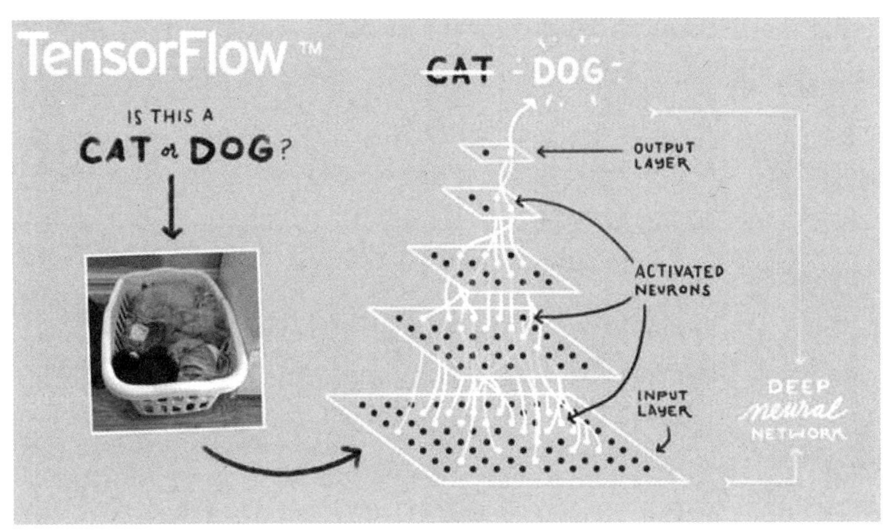

图 4-28　TensorFlow 框架

2. Keras

Keras 是一个用 Python 编写的开源人工神经网络库，可以作为 TensorFlow、CNTK 和 Theano 的高阶 API，进行深度学习模型的设计、调试、评估、应用和可视化。

Keras 在代码结构上用面向对象方法编写，完全模块化并具有可扩展性。Keras 支持现代人工智能领域的主流算法，包括前馈结构和递归结构的神经网络，也可以通过封装参与构建统计学习模型。

3. Caffe

Caffe 的全称为 Convolutional Architecture for Fast Feature Embedding，是一个被广泛使用的开源深度学习框架。Caffe 的主要优势如下。

（1）容易上手，网络结构都是以配置文件的形式定义的，不需要用代码设计网络。

（2）训练速度快，能够训练 state-of-the-art 的模型与大规模的数据。

（3）组件模块化，可以方便地拓展到新的模型和学习任务上。

Caffe 被广泛地应用于工业界和学术界，许多提供源码的深度学习论文都是使用 Caffe 来实现其模型的。在计算机视觉领域，Caffe 的应用尤其多，可以用来进行人脸识别、图片分类、位置检测、目标追踪等。因为 Caffe 的底层是基于 C++的，所以其可以在各种硬件环境下编译并且具有良好的移植性，支持 Linux、macOS 和 Windows 操作系统，也可以编译部署到移动设备系统（如 Android 和 iOS）上。和其他主流深度学习库类似，Caffe 也提供了 Python 接口 pycaffe，在接触新任务、设计新网络时可以使用其简化操作。

4. PyTorch

PyTorch 是一个由 Meta（原名为 Facebook）开源的神经网络框架，专门针对 GPU 加速的深度神经网络编程。PyTorch 是一个经典的对多维矩阵数据进行操作的张量库，在机器学习和其他数学密集型领域有广泛的应用。

PyTorch 有一个显著的特点，即它是命令式的，支持动态图模型。大多数机器学习框架都是支持静态图模型的，也就是说，在进行调试时需要先把模型定义好，再运行和计算。PyTorch 的灵活度更高，可以在运行的过程中更改图模型，这就叫作支持动态图模型。

5. PaddlePaddle

PaddlePaddle 是百度旗下的深度学习开源平台，它支持并行分布式深度学习。在 PaddlePaddle 的帮助下，深度学习模型的设计如同编写伪代码一样容易，工程师只需要关注模型的高层结构，而无须担心琐碎的底层问题。

6. MindSpore

MindSpore 是由华为于 2019 年 8 月推出的新一代全场景人工智能计算框架，2020 年 3 月 28 日，华为宣布 MindSpore 正式开源。MindSpore 是端边云全场景按需协同的华为自研人工智能计算框架，提供全场景统一 API，为全场景人工智能的模型开发、模型运行、模型部署提供端到端能力。

4.3.2 算法应用基本方法

算法的出现是为了有效解决问题，解决不同的问题可选择不同的算法，但是人工智能算法应用的基本流程大体相同，如图 4-29 所示。原始数据集是算法的原材料，决定了算法解决问题能力的上限。特征工程是把原始数据集转换为算法模型所需要的训练数据，它的目的就是获取更好的训练数据特征。通过将转换的数据集进一步划分为训练集、验证集和测试集，用于模型训练、模型评估和模型预测。算法模型的训练是一个反复迭代的过程，只有经过反复迭代才能得到理想的预测结果。

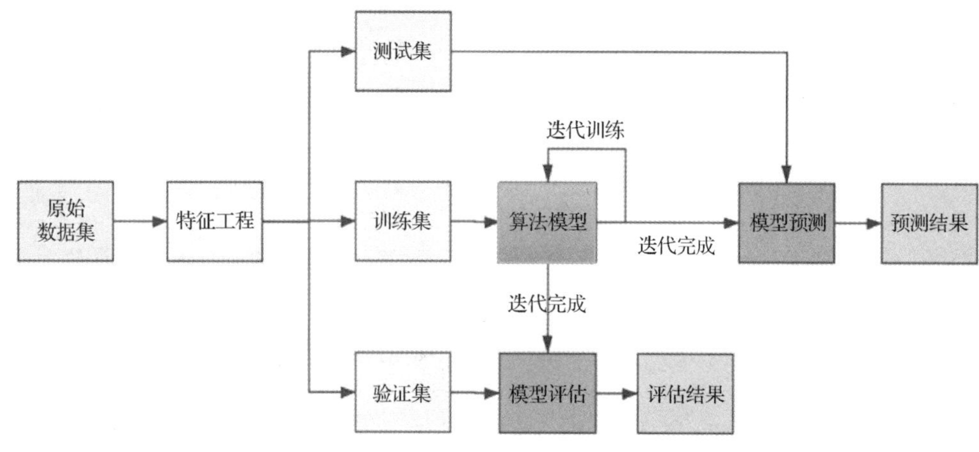

图 4-29　人工智能算法应用的基本流程

案例体验

狗狗数据集下载

基于开源框架的狗狗图像分类项目

1. 任务描述

图像识别是计算机视觉的基础，也是典型的分类问题。对于图像的分类，在神经网络出现之前难度很大，因为图像数据集中特征的结构不像鸢尾花数据集中特征的结构那么清晰，如果尝试把不同种类的狗狗区分出来，就不是一件容易的事情了。

我们可以让卷积神经网络先读入上千幅带有标签的狗狗图像，进行训练后，用学习到的知识对测试集中的狗狗图像进行分类，这是多分类的问题。本案例中用到的狗狗数据集是斯坦福大学的研究人员从 ImageNet 上整理出来的，里面共有 120 种狗狗的图像，每种 150 幅图像。模型构建使用开源人工神经网络库 Keras。

2. 任务实施

（1）数据读入。

先导入 Images 目录下的狗狗种类子目录：

```
import numpy as np # 导入 NumPy
import pandas as pd # 导入 Pandas
import os # 导入 os 工具
print(os.listdir('../images/Images/'))
```

因为狗狗的种类太多了，所以我们这次只处理前 10 个子目录：

```
# 本案例只处理 10 种狗狗
dir = '../images/Images/'
chihuahua_dir = dir+'n02085620-Chihuahua' # 吉娃娃
japanese_spaniel_dir = dir+'n02085782-Japanese_spaniel' # 日本猎犬
maltese_dir = dir+'n02085936-Maltese_dog' # 马尔济斯犬
pekinese_dir = dir+'n02086079-Pekinese' # 北京狮子狗
shitzu_dir = dir+'n02086240-Shih-Tzu' # 西施犬
blenheim_spaniel_dir = dir+'n02086646-Blenheim_spaniel' # 英国可卡犬
papillon_dir = dir+'n02086910-papillon' # 蝴蝶犬
toy_terrier_dir = dir+'n02087046-toy_terrier' # 玩具猎狐梗
afghan_hound_dir = dir+'n02088094-Afghan_hound' # 阿富汗猎犬
basset_dir = dir+'n02088238-basset' #巴吉度猎犬
```

接下来，将 10 个子目录中的狗狗图像和标签值读入变量 X、y_label，使用 OpenCV 库中的 imread 函数实现图像数据读入，使用 resize 函数把全部图像转换成大小为 150 像素×150 像素的标准格式。

```
# 导入 OpenCV 库
import cv2 X = []
```

```
y_label = []
imgsize = 150
# 定义一个函数读入狗狗图像数据
def training_data(label,data_dir):
    print ("正在读入: ", data_dir)
    for img in os.listdir(data_dir):
        path = os.path.join(data_dir,img)
        img = cv2.imread(path,cv2.IMREAD_COLOR)
        img = cv2.resize(img,(imgsize,imgsize))
        X.append(np.array(img))
        y_label.append(str(label))
# 读入 10 个子目录中的狗狗图像数据
training_data('chihuahua',chihuahua_dir)
training_data('japanese_spaniel',japanese_spaniel_dir)
training_data('maltese',maltese_dir)
training_data('pekinese',pekinese_dir)
training_data('shitzu',shitzu_dir)
training_data('blenheim_spaniel',blenheim_spaniel_dir)
training_data('papillon',papillon_dir)
training_data('toy_terrier',toy_terrier_dir)
training_data('afghan_hound',afghan_hound_dir)
training_data('basset',basset_dir)
```

输出如图 4-30 所示。

```
正在读入: ../images/Images/n02085620-Chihuahua
正在读入: ../images/Images/n02085782-Japanese_spaniel
正在读入: ../images/Images/n02085936-Maltese_dog
正在读入: ../images/Images/n02086079-Pekinese
正在读入: ../images/Images/n02086240-Shih-Tzu
正在读入: ../images/Images/n02086646-Blenheim_spaniel
正在读入: ../images/Images/n02086910-papillon
正在读入: ../images/Images/n02087046-toy_terrier
正在读入: ../images/Images/n02088094-Afghan_hound
正在读入: ../images/Images/n02088238-basset
```

图 4-30 输出

（2）数据标准化处理。

```
from sklearn.preprocessing import LabelEncoder # 导入标签编码工具
from keras.utils.np_utils import to_categorical # 导入 One-hot 编码工具
label_encoder = LabelEncoder()
y = label_encoder.fit_transform(y_label) # 标签编码
y = to_categorical(y,10) # 将标签转换为 One-hot 编码
X = np.array(X) # 将 X 从列表转换为张量数组
X = X/255 # 将 X 张量归一化
```

其中，X=X/255 这条语句表示对图像的像素值进行压缩，也就是将 X 张量归一化，以利于神经网络处理它。

（3）输出初步处理之后的图像数据。

首先，输出 X 张量的形状和内容：

```
print ('X 张量的形状：', X.shape)
print ('X 张量的第一个数据：', X[1])
```

图像数据如图 4-31 所示。

```
X张量的形状：（1922, 150, 150, 3）
X张量的第一个数据： [[[0.22352941 0.21176471 0.60392157]
  [0.19215686 0.16862745 0.58823529]
  [0.27058824 0.21176471 0.67843137]
  ...
  [0.64705882 0.73333333 0.97254902]
  [0.56078431 0.65490196 0.90980392]
  [0.49411765 0.58823529 0.86666667]]

 [[0.47058824 0.40784314 0.8       ]
  [0.39215686 0.3254902  0.75294118]
  [0.4        0.31764706 0.79607843]
  ...
  [0.56470588 0.68627451 0.9372549 ]
  [0.49411765 0.63529412 0.89019608]
  [0.36078431 0.51764706 0.77647059]]

 [[0.67058824 0.57647059 0.94901961]
  [0.58823529 0.49803922 0.90588235]
  [0.45882353 0.36470588 0.83137255]
  ...
  [0.43921569 0.58039216 0.81176471]
  [0.36470588 0.54509804 0.77647059]
  [0.14117647 0.35294118 0.58039216]]

 ...

 [[0.2627451  0.43529412 0.38431373]
  [0.3254902  0.47058824 0.41176471]
  [0.29411765 0.36862745 0.30980392]
  ...
  [0.32156863 0.4627451  0.44313725]
  [0.60392157 0.78431373 0.78431373]
  [0.28235294 0.5254902  0.58431373]]

 [[0.34509804 0.56078431 0.56078431]
  [0.18039216 0.36862745 0.35686275]
  [0.05882353 0.18039216 0.14901961]
  ...
  [0.38431373 0.55294118 0.45882353]
  [0.43921569 0.64705882 0.55686275]
  [0.18039216 0.44705882 0.41176471]]
```

图 4-31　图像数据

其次，输出 y 张量的形状和内容：

```
print ('y 张量的形状：', y.shape)
print ('y 张量的第一个数据：', y[1])
```

标签数据如图 4-32 所示。

y张量的形状：（1922，10）
y张量的第一个数据：[0. 0. 0. 1. 0. 0. 0. 0. 0. 0.]

图 4-32　标签数据

将处理后的图像数据重新以图像的形式显示出来：

```
# 导入Matplotlib库
import matplotlib.pyplot as plt
# 导入随机数模块
import random as rdm
# 随机显示几幅狗狗图像
fig,ax = plt.subplots(5,2)
fig.set_size_inches(15,15)
for i in range(5):
    for j in range (2):
        r = rdm.randint(0,len(X))
        ax[i,j].imshow(X[r])
        ax[i,j].set_title('Dog: '+y_label[r])
plt.tight_layout()
plt.show()
```

显示图像如图 4-33 所示。

图 4-33　显示图像

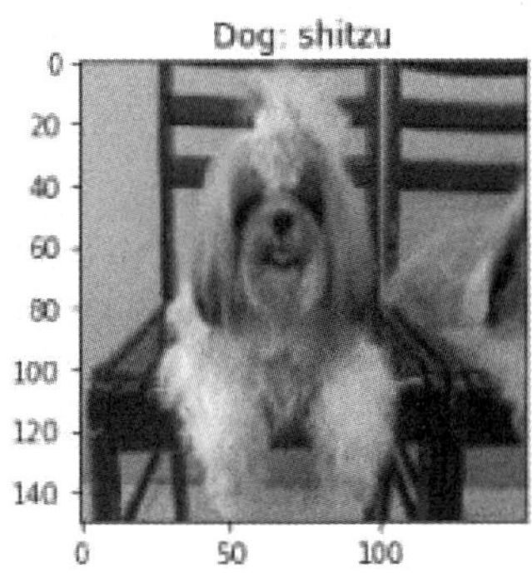

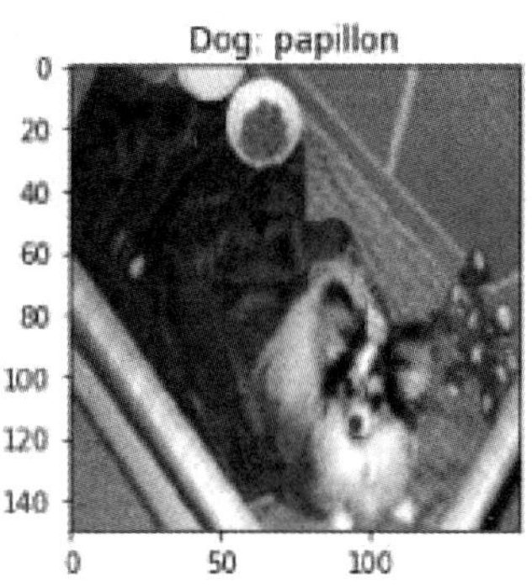

图 4-33　显示图像（续）

（4）拆分数据集。

```
from sklearn.model_selection import train_test_split # 导入拆分工具
x_train,x_test,y_train,y_test = train_test_split(X,y,test_size=0.2, random_state=0)
```

（5）使用 Keras 构建简单的卷积神经网络模型。

```
from keras import layers # 导入所有层
from keras import models # 导入所有模型
cnn = models.Sequential() # 序列模型
cnn.add(layers.Conv2D(32, (3, 3), activation='relu', # 卷积
                    input_shape=(150, 150, 3)))
cnn.add(layers.MaxPooling2D((2, 2))) # 最大池化
cnn.add(layers.Conv2D(64, (3, 3), activation='relu')) # 卷积
cnn.add(layers.MaxPooling2D((2, 2))) # 最大池化
cnn.add(layers.Conv2D(128, (3, 3), activation='relu')) # 卷积
cnn.add(layers.MaxPooling2D((2, 2))) # 最大池化
cnn.add(layers.Conv2D(128, (3, 3), activation='relu')) # 卷积
cnn.add(layers.MaxPooling2D((2, 2))) # 最大池化
cnn.add(layers.Flatten()) # 展平
cnn.add(layers.Dense(512, activation='relu')) # 全连接
cnn.add(layers.Dense(10, activation='softmax')) # 分类输出
cnn.compile(loss='categorical_crossentropy', # 损失函数
          optimizer='RMSprop', # 优化器
          metrics=['acc']) # 评估指标
```

（6）训练网络并显示误差和准确率。

```
history = cnn.fit(x_train,y_train, # 指定训练集
                  epochs=50,     # 指定轮次
                  batch_size=256, # 指定批量大小
                  validation_data=(x_test,y_test)) # 指定验证集
```

训练网络如图 4-34 所示。

```
l_loss: 2.3083 - val_acc: 0.0883
Epoch 2/50
7/7 [==============================] - 73s 9s/step - loss: 2.2974 - acc: 0.1282 - va
l_loss: 2.3046 - val_acc: 0.1065
Epoch 3/50
7/7 [==============================] - 58s 8s/step - loss: 2.2881 - acc: 0.1412 - va
l_loss: 3.2675 - val_acc: 0.0935
Epoch 4/50
7/7 [==============================] - 61s 9s/step - loss: 2.4464 - acc: 0.1431 - va
l_loss: 2.5694 - val_acc: 0.0883
Epoch 5/50
7/7 [==============================] - 58s 8s/step - loss: 2.2880 - acc: 0.1496 - va
l_loss: 2.5215 - val_acc: 0.0857
Epoch 6/50
7/7 [==============================] - 66s 10s/step - loss: 2.3291 - acc: 0.1230 - v
al_loss: 2.8631 - val_acc: 0.1351
Epoch 7/50
7/7 [==============================] - 58s 8s/step - loss: 2.3272 - acc: 0.1750 - va
l_loss: 2.3775 - val_acc: 0.1377
Epoch 8/50
7/7 [==============================] - 62s 8s/step - loss: 2.2642 - acc: 0.1731 - va
l_loss: 2.8060 - val_acc: 0.0857
Epoch 9/50
7/7 [==============================] - 51s 7s/step - loss: 2.2754 - acc: 0.1919 - va
l_loss: 2.4125 - val_acc: 0.1013
Epoch 10/50
7/7 [==============================] - 56s 8s/step - loss: 2.2097 - acc: 0.2036 - va
l_loss: 4.9022 - val_acc: 0.1195
Epoch 11/50
7/7 [==============================] - 53s 8s/step - loss: 2.5565 - acc: 0.2485 - va
l_loss: 2.5003 - val_acc: 0.1013
Epoch 12/50
7/7 [==============================] - 64s 9s/step - loss: 2.1313 - acc: 0.2238 - va
l_loss: 5.4172 - val_acc: 0.1351
Epoch 13/50
7/7 [==============================] - 53s 8s/step - loss: 2.6939 - acc: 0.1854 - va
l_loss: 3.2987 - val_acc: 0.1377
Epoch 14/50
7/7 [==============================] - 48s 7s/step - loss: 2.2491 - acc: 0.2726 - va
l_loss: 2.2566 - val_acc: 0.1558
Epoch 15/50
7/7 [==============================] - 48s 7s/step - loss: 2.0289 - acc: 0.2837 - va
l_loss: 2.1837 - val_acc: 0.1896
Epoch 16/50
7/7 [==============================] - 52s 7s/step - loss: 2.0230 - acc: 0.2941 - va
l_loss: 3.8140 - val_acc: 0.0987
```

图 4-34 训练网络

绘制训练集和验证集上的损失函数和准确率曲线：

```
def show_history(history): # 显示训练过程中的学习曲线
    loss = history.history['loss']
    val_loss = history.history['val_loss']
    epochs = range(1, len(loss) + 1)
    plt.figure(figsize=(12,4))
    plt.subplot(1, 2, 1)
    plt.plot(epochs, loss, 'bo', label='Training loss')
    plt.plot(epochs, val_loss, 'b', label='Validation loss')
    plt.title('Training and validation loss')
    plt.xlabel('Epochs')
    plt.ylabel('Loss')
    plt.legend()
```

```
    acc = history.history['acc']
    val_acc = history.history['val_acc']
    plt.subplot(1, 2, 2)
    plt.plot(epochs, acc, 'bo', label='Training acc')
    plt.plot(epochs, val_acc, 'b', label='Validation acc')
    plt.title('Training and validation accuracy')
    plt.xlabel('Epochs')
    plt.ylabel('Accuracy')
    plt.legend()
    plt.show()
show_history(history) # 调用这个函数，并将神经网络训练历史数据作为参数输入
```

训练结果可视化如图 4-35 所示。

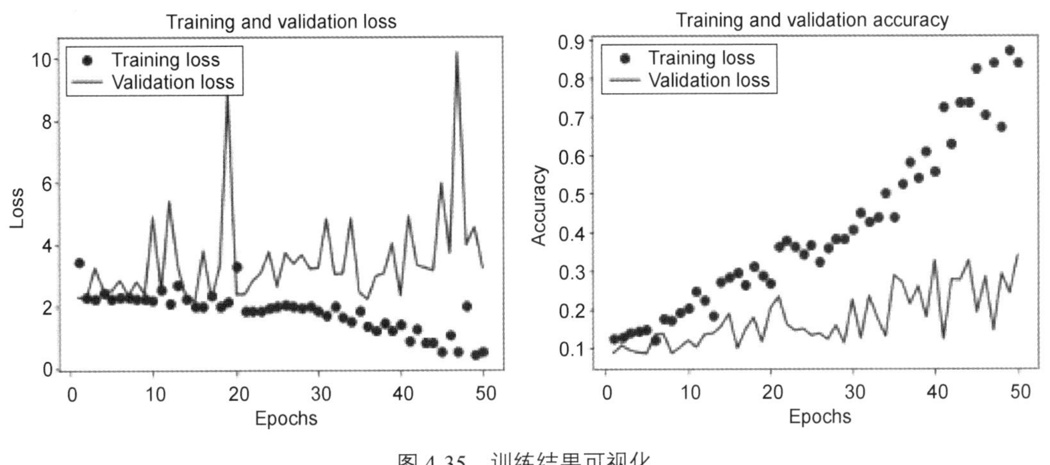

图 4-35 训练结果可视化

从图 4-35 中可以看出，训练集上的损失逐渐减小，准确率在几轮之后提升到 99%以上，然而从验证集的损失和准确率来看，模型效果不太理想，因为目前训练次数还太少，神经网络还可以优化。请大家尝试修改 epochs 和 batch_size 两个值，进一步提升模型效果。

拓展阅读

人工智能的科技强国之路

随着科技的快速发展，以百度为首的企业在新基建政策的拉动下，用人工智能赋能百业，为我国经济发展做出了重大贡献，也为民族振兴提供了力量。

以百度飞桨为例，作为中国首个开源且功能完备的端到端深度学习平台，百度飞桨在核心框架、基础模型库、端到端开发套件、工具组件和服务平台上都有完备的建设，无论是模型开发、训练、部署，还是产业的生态建构，都处于一流水平，可以媲美 TensorFlow，堪称我国深度学习框架领域的“正规军”，为我国突破技术封锁注入了框架强心剂。

百度飞桨已开源 70 多个经过真实业务场景验证的官方模型，涵盖计算机视觉、自然语言处理、智能推荐等人工智能核心技术领域，成为官方支持模型最多的深度学习平台。其 2.0 版本代码开发更加简洁，迁移成本更低，同时为深度概率编程、量子机器学习等前沿学术研究提供了更好的支持。此外，针对各种场景，百度飞桨提供大规模分布式训练能力，推出了支持万亿规模参数模型的实时更新能力和训练能力。它还提供完备的支持各种硬件的部署能力，以便让开发者顺利推理、预测。在移动端部署的模型体积上，百度飞桨可以压缩到极致，以便开发者把模型灵活地应用在各种复杂场景的终端设备上。

目前百度飞桨凝聚了超过 265 万个开发者，累计提交 16 万次，开源贡献者超过 5000 位，发展百度飞桨开发者技术专家（PPDE）97 位，基于百度飞桨训练 34 万个模型，服务 10 万家企业。在工业、电力、通信等很多关乎国计民生的领域，百度飞桨都在发挥价值。

截至目前，百度大脑共计开放了 273 项人工智能能力，已培养出 100 万个人工智能领域的从业者，为我国人工智能在技术应用中的安全做出了不可忽视的贡献，如防御黑客侵犯、保护人脸隐私识别等。

本章总结

人工智能是指利用智能学习算法，将大量数据中的经验用来改善系统自身的性能，从而实现人类智慧的模拟。尤其是在数据量爆炸式增长的人工智能时代，更需要优秀的算法来迎接挑战。本章主要从数据的运算与算法出发，由基本的数据运算到算法，由常见算法到人工智能算法，由算法工具到算法的调用，循序渐进，逐层深入地带领大家探索人工智能算法内涵，了解人工智能不同算法的知识和应用，帮助读者对人工智能计算方法相关内容形成感性认识。最后通过案例体验，鼓励读者带着问题去查找资料，体验算法的魅力，达到认识的升华。

知识速览：

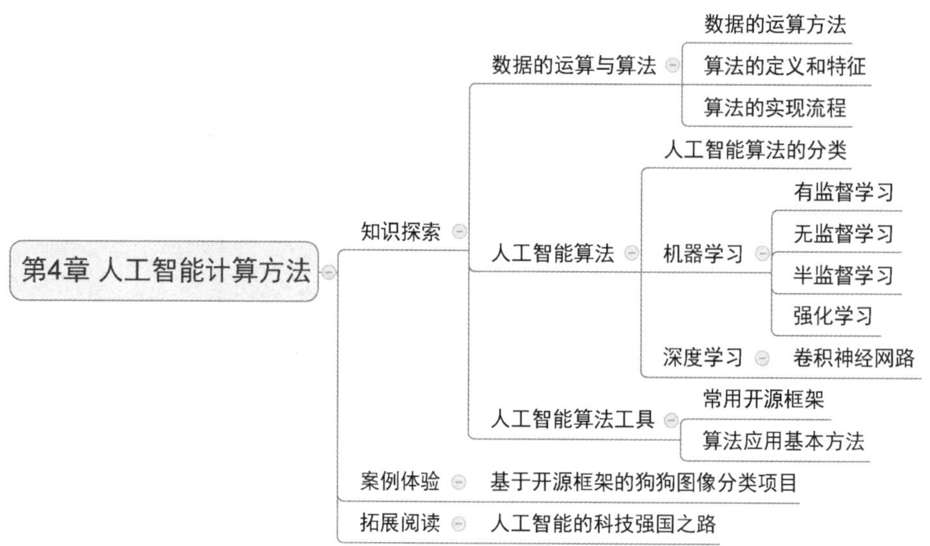

（1）数据运算是根据某种模式针对数据建立起一定的关系并进行处理的过程。算法是有明确定义、步骤有限且计算机可执行的，通常用于计算、数据处理和自动推理的一组指令序列。算法按照自顶向下的原则设计，处理实际问题的算法设计是从理解问题入手自顶向下展开的，这是对问题的理解和分析逐层深入、逐步细化的一个过程。

（2）机器学习是实现人工智能的一种方法，深度学习是实现机器学习的一种方法。机器学习根据不同的训练方式，可分为有监督学习、无监督学习、半监督学习和强化学习四大类。

（3）常用开源框架有 TensorFlow、Keras、Caffe、PyTorch、PaddlePaddle、MindSpore 等，可以用开源框架快速搭建一个人工智能应用（如实现狗狗图像分类的模型）。

（4）算法作为人工智能系统的重要支撑之一，其优劣将直接影响人工智能水平的高低。人工智能技术的进步离不开众多科技工作者的辛勤付出。深度学习框架的开源，不但让人工智能技术逐步走向了"实用化"，也给人类带来了更多的便捷。

通过学习本章内容，评价自己是否达成了以下学习目标，在学习评测表中标出已经完成的目标情况（A、B、C、D）。

评测标准	自我评价	小组评价	教师评价
了解算法的定义和特征			
理解主流人工智能算法的基本原理			
了解人工智能算法的实现流程			
了解人工智能算法工具的用法			
了解人工智能算法工具库应用的实现思路与流程用法			

说明：A 为学习目标达成；B 为学习目标基本达成；C 为学习目标部分达成；D 为学习目标未达成。

思考探索

一、选择题

1. 机器学习真正用来学习的数据集是（　　）。

A. 训练集　　B. 测试集

C. 验证集　　D. 超参数集

2.（多选题）机器学习的任务类型包括（　　）。

A. 有监督学习　　B. 半监督学习

C. 人工智能　　D. 强化学习

E. 无监督学习

3．（　　）有跟环境进行交互，从反馈中不断进行学习的过程。

A．有监督学习　　B．无监督学习

C．线性回归　　D．强化学习

4．在自动驾驶中，人工智能不断通过地面信息来调整开车的决策，这种处理模式适合用（　　）来训练出合理的策略。

A．有监督学习　　B．无监督学习

C．强化学习　　D．弱化学习

5．机器学习的流程包括分析案例、获取数据、（　　）和模型验证这四个过程。

A．数据清洗　　B．数据分析

C．模型训练　　D．模型搭建

6．传统的机器学习包括有监督学习、无监督学习和半监督学习，其中有监督学习是指学习带有给定标签的数据集。标签为离散变量的类型，叫作分类；标签为连续变量的类型，叫作（　　）。

A．给定标签　　B．回归

C．分类　　D．离散

7．机器学习研究的是如何通过计算的手段，利用经验来改善系统自身的性能，机器学习利用数据训练出（　　）。

A．模型　　B．表结构

C．结果　　D．报表

8．不属于人工智能算法的学习方法是（　　）。

A．对抗学习　　B．强化学习

C．迁移学习　　D．自由学习

9．给人脸图像打上标签再让模型进行学习训练的方法，属于（　　）。

A．强化学习　　B．半监督学习

C．监督学习　　D．无监督学习

10．（　　）的分类，完全不需要人工标注数据。

A．半监督学习　　B．强化学习

C．无监督学习　　D．有监督学习

二、思考题

1．根据自己的理解给出人工神经网络的定义，并指出其特征。

2．回归和分类有什么相同点和不同点？

3．简述人工智能、机器学习和深度学习三者的关系。

三、探索题

1．人工智能涉及的领域很广，算法涉及感知、学习及决策的应用，其实从实际应用的角度来说，人工智能就是根据给定的输入做出判断或预测的。比如：

- 根据输入的照片，判断照片上的人是谁。
- 根据人说话的音频信号，判断说话的内容。

- 根据一个地区房子过去的价格和交易细节，预测它未来的价格走势。
- 根据用户过去的购买信息，预测这位用户对哪些商品感兴趣，从而进行推荐。

那么你在日常生活中接触到的人工智能技术是根据什么输入做出什么样的预测和判断的呢？

要求：以小组为单位，通过“分解问题—查找资料—整理资料—编写报告—制作讲稿—汇报演讲”等过程，分别展示各小组观点。

2. 机器学习研究什么问题？构建一个完整的机器学习算法需要哪些要素？请列举现实中的案例详细说明。

要求：以小组为单位，通过“分解问题—查找资料—整理资料—编写报告—制作讲稿—汇报演讲”等过程，分别展示各小组观点。

【参考文献】

[1] 黄佳. 零基础学机器学习[M]. 北京：人民邮电出版社，2021.

[2] 弗朗索瓦·肖莱. Python 深度学习[M]. 张亮译. 北京：人民邮电出版社，2018.

第 5 章

人工智能关键技术

在人工智能出现之前，机器只能处理结构化的数据（如 Excel 里的数据），但是在大数据时代，网络中大部分数据都是以非结构化的形式存在的，如图像、视频、文本、音频等。当要处理这些非结构化数据时，人工智能技术是关键，如计算机视觉技术可用于处理图像或视频数据，智能语音技术可用于处理音频数据，自然语言处理技术可用于处理文本数据，知识图谱技术可抽取不同类型的数据源并用图形化的方式显示不同知识之间的逻辑关系等。

人类的智能主要体现为人的基本行为能力，如“视”“听”“说”等，以及高级行为能力，如“理解”“学习”“推理”“决策”等。人工智能的研究目标是机器的智能化，主要围绕如何使机器具备人类的某些智能行为进行，主要体现在使机器具备人类的“视”“听”“说”“理解”“学习”“推理”“决策”等能力。

本章主要从人工智能关键技术的视角，围绕人工智能中的计算机视觉技术、智能语音技术、自然语言处理技术、知识图谱技术等进行分析和讨论，希望带领读者正确理解人工智能关键技术的概念，初步认识人工智能系统的视、听、说、做实现方法。

【学习目标】

- 理解计算机视觉技术。
- 理解智能语音技术。
- 理解自然语言处理技术。
- 理解知识图谱技术。

教学资源

源代码

课件

习题解答

知识探索

人工智能的本质是研究、开发用于模拟、延伸和扩展人类智能的理论、方法、技术及应用系统的一门技术科学，具体来说就是通过人工智能技术来模仿人类的“视”“听”“说”“理解”“推理”等能力。人类智能和人工智能的关系如图5-1所示。

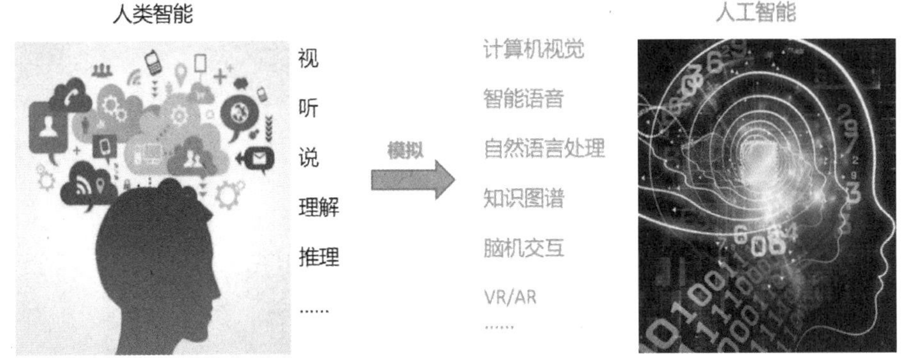

图5-1 人类智能和人工智能的关系

计算机视觉技术使用计算机实现或模拟人类的“视”能力；智能语音技术旨在使机器识别和理解说话人的语音信号内容，主要模拟人类的“听”“说”能力；自然语言处理技术旨在使计算机能够理解、生成、检索自然语言（包括语音和文本），最终实现人类与计算机之间通过自然语言进行有效交流，主要模拟人类的“理解”能力；知识图谱是以让机器使用专家知识及推理能力解决实际问题为主要目标的人工智能子领域，主要模拟人类的“推理”能力；脑机交互又称为脑机接口，是指不依赖外围神经和肌肉等神经通道，直接实现大脑与外界信息传递的通路；虚拟现实（VR）/增强现实（AR）是以计算机为核心的新型视听技术，在一定范围内可生成与真实环境在视觉、听觉、触觉等方面高度近似的数字化环境，用户借助必要的装备与数字化环境中的对象进行交互，相互影响，获得近似真实环境的感受和体验。

本章主要介绍计算机视觉技术、智能语音技术、自然语言处理技术和知识图谱技术，关于脑机交互技术和VR/AR技术，请读者自行查阅相关资料进行学习和研究。

5.1 计算机视觉技术

我们常说“百闻不如一见”“眼睛是心灵的窗户”，对人类而言，眼睛是感官中最重要的器官，大脑中大约有80%的知识和记忆都是通过眼睛获取的。眼睛是人类视觉系统的第一入口，视觉信号进入大脑后还会进行重组与处理，以实现人类用视觉认知外部世界的基本功能。

计算机视觉（Computer Vision，CV）技术是研究使用计算机实现或模拟人类的“视”能力的技术，使用计算机模仿人类视觉系统，可以让计算机拥有类似人类提取、处理、理解和分析图像及图像序列的能力。确切地说，计算机视觉技术是利用摄像机及计算机替代人类的眼睛，使得计算机拥有人类的眼睛所具有的分类、识别、分割、跟踪、判别等能力的技术，如图 5-2 所示。

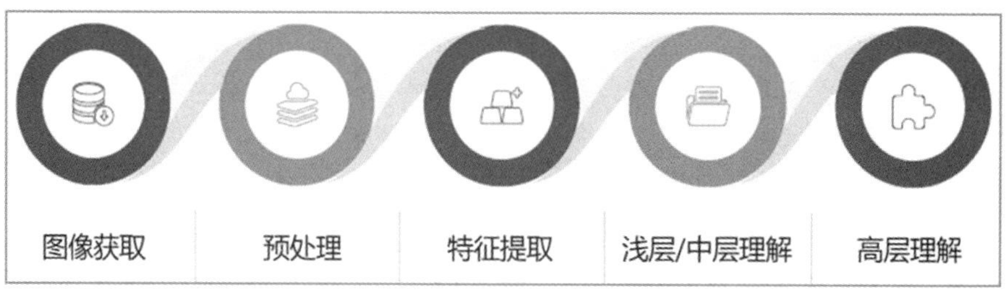

图 5-2　计算机视觉技术

通过图像获取技术可提取二维平面图像、三维立体图像等原始数据，图 5-3 展示了人类看到的“冰墩墩”图像和机器获取到的“冰墩墩”数据［图 5-3（b）为了清晰呈现，只截取了部分数据］。

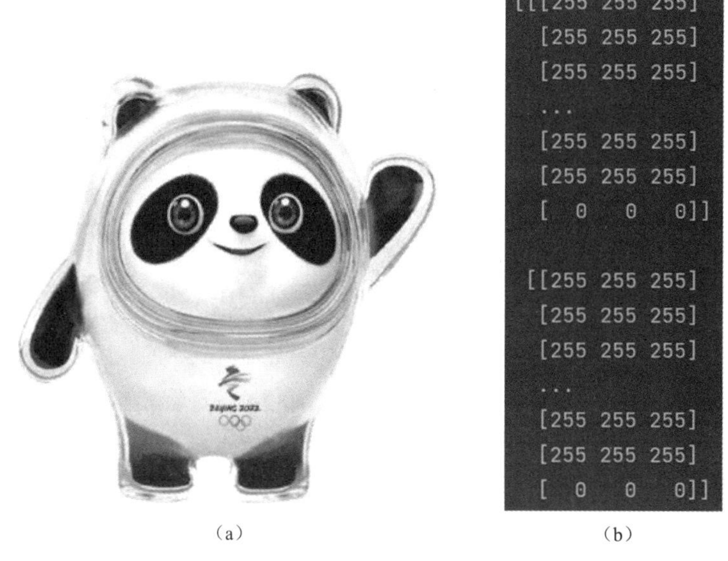

（a）　（b）

图 5-3　人类看到的“冰墩墩”图像和机器获取到的“冰墩墩”数据

原始数据一般是在受限条件下获取到的，可能无法满足后续处理的需要，因此要对图像进行一种或一些预处理，如图像去噪、去模糊、暗光增强、去雾霾等，从而使得在受限条件下获取到的原始数据更加完善。为了进一步理解图像，需要从图像中提取各种复杂度的特征，如线提取、边缘提取、边角检测、斑点检测等局部化的特征点检测。后续过程与人类视觉系统理解外部世界的过程类似，通常根据理解信息的抽象程度可分为三个层次：浅层理解，包括图像边缘、图像特征点、纹理元素等；中层理解，包括物体边界、区域与平面等；高层理解，即根据需要抽取高层语义信息，可大致分为图像分类、目标检测、图像分割等。目前图像高层理解算法已广泛应用于人工智能系统。总之，计算机视觉系统就是能够从二维平面图像或三维立体图像的数据中获取所需要的信息的一个完整的人工智能系统。自动驾驶、智能机器人等均需要通过计算机视觉技术从视觉信号中提取并处理信息，如图 5-4 所示。

自动驾驶

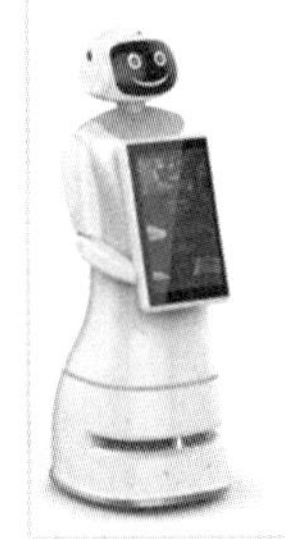

智能机器人

图 5-4　计算机视觉技术应用

5.1.1　图像处理基础

图像是人类视觉的基础，是自然景物的客观反映，是人类认识自身和世界的源泉。计算机视觉旨在让机器具有智慧的“眼睛”，图像处理是其重要的研究内容。对于图像，有一个重要的概念——**图像分辨率**。**图像分辨率**又分为**空间分辨率**和**灰度分辨率**。

空间分辨率是指每英寸图像内有多少个像素点被采样，单位为 PPI（Pixels Per Inch，像素每英寸）。采样过程实质上是将一幅图像等间距划分成多个网格，每个网格表示一个像素点。采样间隔越大，所得图像像素点数越少，空间分辨率越低，图像质量越差（严重时会出现马赛克现象），数据量越小；采样间隔越小，所得图像像素点数越多，空间分辨率越高，图像质量越好，数据量越大。高空间分辨率与低空间分辨率的对比如图 5-5 所示。

图 5-5　高空间分辨率与低空间分辨率的对比

灰度分辨率是指用于量化灰度的比特数，通常用 2 的整数次幂来表示，如 8bit，它表示的灰度范围是 0 到 255。量化实质上是颜色值数字化的过程。量化等级越多，所得图像层次越丰富，灰度分辨率越高，图像质量越好，数据量越大；量化等级越少，图像层次越欠丰富，灰度分辨率越低（严重时会出现假轮廓现象），图像质量越差，数据量越小。

根据图像的灰度级数，可将图像分为黑白图像（二值图像）、灰度图像和彩色图像。

黑白图像（二值图像）是指图像中每个像素点的灰度值只能是黑或白，没有中间的过渡值，黑白图像像素点的灰度值为 0 或 1，0 表示黑，1 表示白，如图 5-6 所示。黑白图像一般用来描述字符图像，其优点是占用空间少，其缺点是当表示人物或风景时，黑白图像只能展示其边缘轮廓信息，图像内部的细节和纹理特征表现不明显。

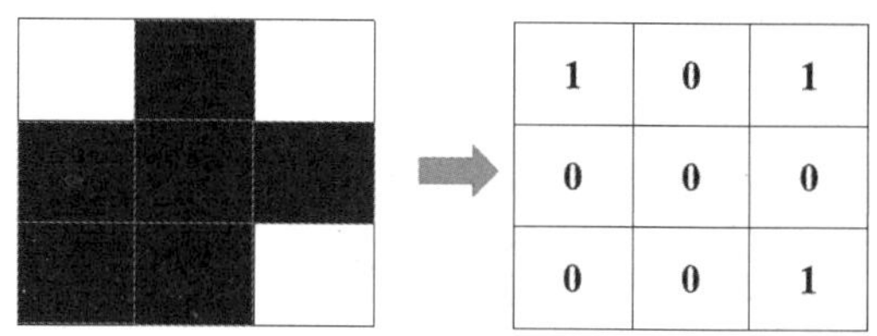

图 5-6　黑白图像

灰度图像是黑白图像的进化版本，每个像素点由一个量化的灰度值来描述，不包含彩色信息。灰度图像中的灰度级数取值通常有 256 个（0～255），从最暗的黑色（0）到最亮的白色（255），不同灰度值代表不同颜色深度，如图 5-7 所示。

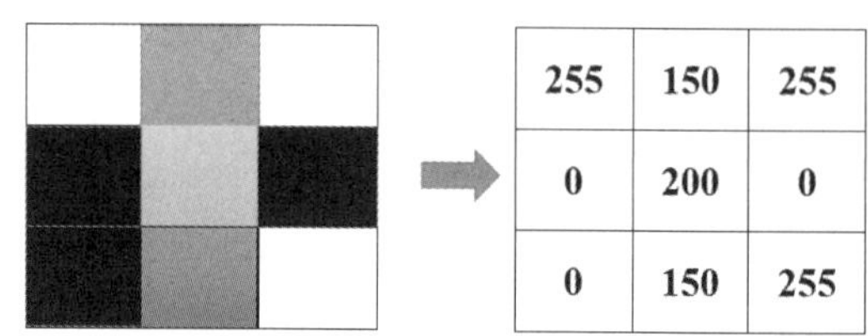

图 5-7　灰度图像

彩色图像中每个像素点均由红色（R）、绿色（G）、蓝色（B）三原色像素构成。其中，R、G、B 分别是由不同的灰度值来描述的，如图 5-8 所示。

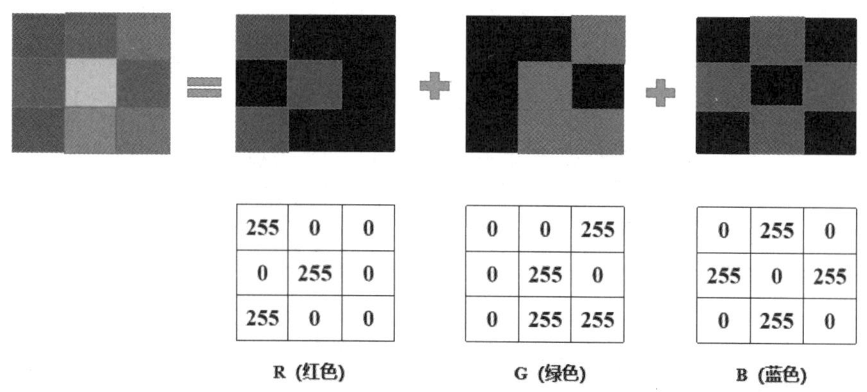

图 5-8　彩色图像

计算机视觉技术是一种让计算机学会视物及识物的技术，跟人类观察世界一样，要实现从粗粒度的“归类”到精细粒度的“理解”。计算机视觉技术的主要任务有图像分类（What）、目标检测（What&Where）、图像分割（What&Where），其中图像分割不但能检测位置，还能精细地将位置轮廓勾勒出来。

5.1.2　图像分类

图像分类（Image Classification），顾名思义是指通过算法对其中的对象进行分类。图像分类一直是计算机视觉领域中非常基础且重要的一个任务，也是几乎所有的深度学习模型进行评价和预测的方向。从最开始比较简单的灰度图像 10 分类的 MNIST 数据集识别任务，到大一点的彩色图像 10 分类的 CIFAR-10 数据集和 100 分类的 CIFAR-100 数据集识别任务，到更大规模的 ImageNet 数据集识别任务，伴随着数据集的增大，图像分类模型一步一步提升到了今天的水平。

MNIST 数据集来自美国国家标准与技术研究所（National Institute of Standards and Technology，NIST），主要包含手写数字图像，图像为 28 像素×28 像素的灰度图像。该数据集具有 60 000 个示例的训练集和 10 000 个示例的测试集，可以用该数据集训练及测试所构建的神经网络，被用作计算机视觉机器学习程序的“Hello, World”，非常适合初学者入门学习。MNIST 数据集如图 5-9 所示。

```
train-images-idx3-ubyte.gz:   training set images (9912422 bytes)
train-labels-idx1-ubyte.gz:   training set labels (28881 bytes)
t10k-images-idx3-ubyte.gz:    test set images (1648877 bytes)
t10k-labels-idx1-ubyte.gz:    test set labels (4542 bytes)
```

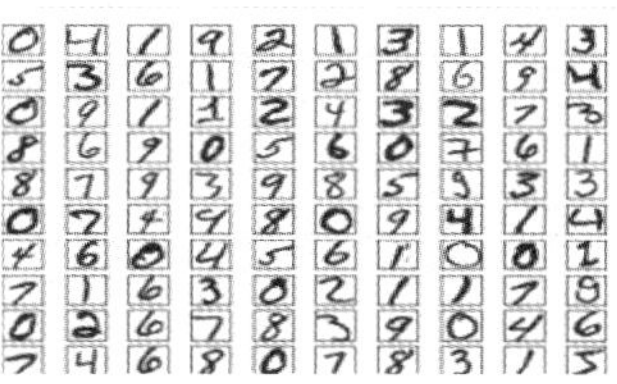

图 5-9　MNIST 数据集

CIFAR-10 数据集是由 Alex Krizhevsky 和 Ilya Sutskever 整理的一个用于识别普通物体的小型数据集，它是一个更接近普适物体的彩色图像数据集。CIFAR-10 数据集共有 60 000 幅彩色图像，每幅图像的大小是 32 像素×32 像素，分为 10 个类别，每个类别有 6000 幅图像。CIFAR-10 数据集将 50 000 幅图像用于训练，构成 5 个训练批次，每个训练批次有 10 000 幅图像；另外 10 000 幅图像构成 1 个测试批次。CIFAR-10 数据集如图 5-10 所示。CIFAR-100 数据集也有 50 000 幅训练图像和 10 000 幅测试图像，但包含 100 个类别，图像大小仍然为 32 像素×32 像素。

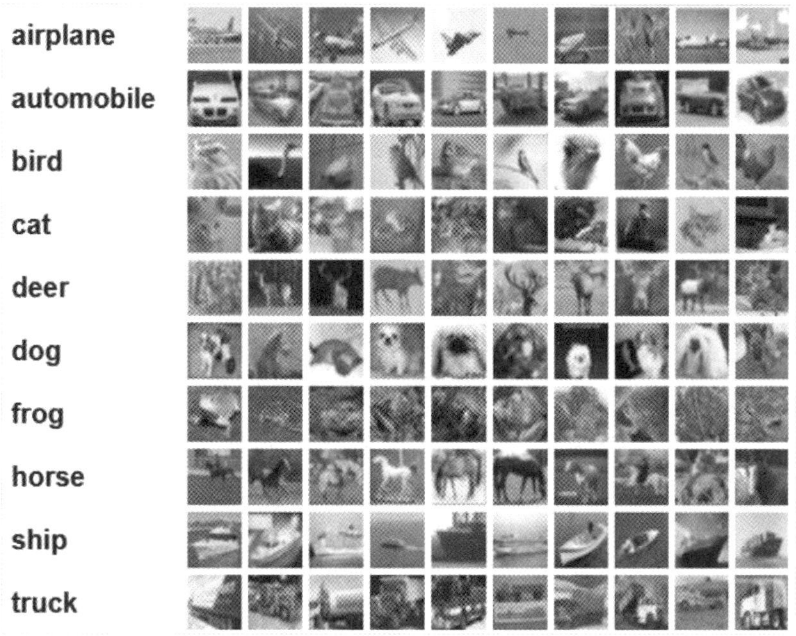

图 5-10　CIFAR-10 数据集

ImageNet 数据集是 ILSVRC（ImageNet Large Scale Visual Recognition Challenge）使用的数据集，由美籍华裔教授李飞飞主导创建，包含超过 1500 万幅全尺寸的有标记图像，以及 22 000 个类别的数据，目的就是教会计算机“认识”这个世界的多样性。ImageNet 数据集如图 5-11 所示。ILSVRC 是计算机视觉领域最受追捧、最权威的学术竞赛之一，代表了图像分类的最高水平，竞赛从 2010 年开始，到 2017 年截止，竞赛选择了 ImageNet 数据集中一个子集，共计 1000 个类别。

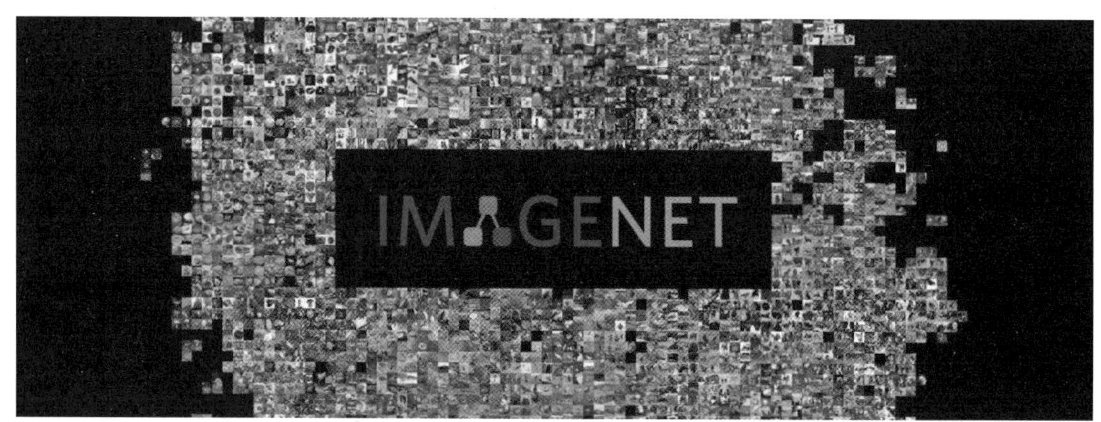

图 5-11　ImageNet 数据集

通过 ILSVRC，每年基于 ImageNet 数据集都有新的算法涌现，一次次突破历史，创下新的纪录，这些新的算法或网络结构很快就会成为这一年的热点，并被改进应用到计算机视觉领域的其他应用中。目前，计算机的图像分类水平已经逐步接近甚至超过了人类。如图 5-12 所示，通过 ILSVRC 2012 年冠军模型 AlexNet，可以准确预测出输入的图像为“tabby cat”。

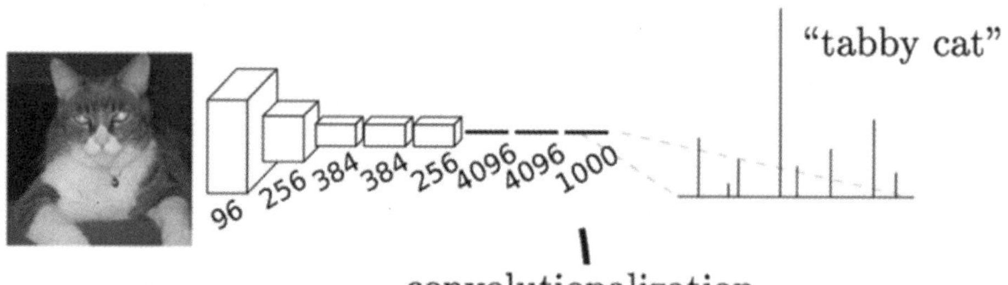

图 5-12　图像分类模型应用

总体来说，图像分类是指识别一幅图像中是否为某类物体/状态/场景，适用于图像内容单一、需要给整幅图像分类的场景。图像分类常见的应用场景有果蔬自动识别、图片内容检索、制造业分拣、工业视觉质检等，其利用计算机视觉技术大大提高了识别效率。以百度人工智能果蔬自动识别为例，如图 5-13 所示，这是一张胡萝卜的图片，通过算法识别得出的结果是一些可能的类别及概率值，我们可以看到这张图片中是胡萝卜的概率为 0.989，是红萝卜的概率为 0.011，是牛蒡的概率为 0.001，是山药的概率为 0.001，是萝卜的概率为 0.001。最终可以判定，这是一张胡萝卜的图片。

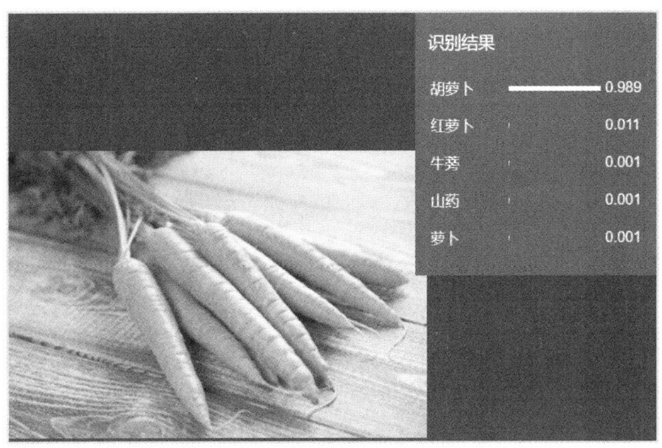

图 5-13　图片分类结果

5.1.3　目标检测

图像分类的任务是通过算法对其中的对象进行分类，而目标检测（Object Detection）的任务主要是从图像中分离出感兴趣的目标，不仅要用算法判断图像中目标的类别，还要对图像中的目标进行定位，即在图像中确定其位置，并用矩形检测框把目标标识出来，以百度人工智能开放能力平台车辆检测功能为例，如图 5-14 所示，检测模型的输出是右侧的列表，列表中的每一项使用一个数组给出目标的类别和位置（常用矩形检测框的坐标表示），可以识别图像中所有车辆的类别和位置。

图 5-14　车辆检测效果

随着深度学习的兴起，出现了基于深度学习的一系列目标检测算法，按照实现原理不同大致可以分为两大类。

（1）两步走（Two-Stage）目标检测算法：首先对样本集生成一定数量的候选框，每个候选框的大小和位置不同；其次通过卷积神经网络对每个目标进行分类。常用的算法有RCNN、Fast RCNN 和 Faster RCNN 等。

（2）一步走（One-Stage）目标检测算法：不需要产生候选框，直接对输入图像应用算法并输出类别和相应的位置。常用的算法有 SSD 和 YOLO 系列等。

两步走目标检测算法检测准确率越来越高，但检测速度存在瓶颈；一步走目标检测算法检测速度相对较快，适用于实时检测的场景，但是在定位上可能存在一些偏差。无论是两步走目标检测算法还是一步走目标检测算法，都要在检测速度和检测准确率上寻找一个平衡点或极端点。随着深度学习和计算机视觉技术的发展，既快又准的算法也在逐渐实现。

根据检测任务的不同，目标检测技术逐步衍生出了人脸检测（Face Detection）、车辆检测（Vehicle Detection）等细分类的检测技术。人脸检测技术将在后续章节重点介绍。车辆检测技术可用于智能停车场的管理，实时监控室外停车场的车位状态，代替人工计数的方式，自动识别、统计停放车辆的位置、数目，显著减少人工巡查的工作量，提升停车调度效率；还可用于违章停车检测，监控分析城市道路、园区/厂区等公共场所的车辆停放情况，结合区域围栏等，判断核心区域是否存在违章停车情况，以及进一步分析违停车辆的类型、数量等。智慧停车（左）与违章停车检测（右）如图 5-15 所示。

图 5-15　智慧停车（左）与违章停车检测（右）

5.1.4　图像分割

图像分割用于预测图像中每个像素点所属的类别或实体，是计算机视觉中非常重要的任务。按照分割任务不同，图像分割主要分为两大类。

（1）语义分割（Semantic Segmentation）：对图像中的每个像素点都划分出对应的类别，即实现像素级别的分类。对比目标检测，图像分割支持用多边形标注训练数据，模型可实现像素级目标识别。语义分割的目标是为图像中的每个像素点分类。

（2）实例分割（Instance Segmentation）：不但要进行像素级别的分类，还要在具体的类别基础上区分不同的实例，一般用不同的颜色标识。

目标检测、语义分割及实例分割的不同效果如图 5-16 所示。

目标检测

语义分割

实例分割

图 5-16　目标检测、语义分割及实例分割的不同效果

下面以语义分割为例进行重点介绍。简单来说，语义分割其实可以看作一种特殊的分类，即对输入图像的每个像素点进行分类，用一幅图像就可以很清晰地描述出来。目标检测和识别通常是指将物体在原图像上框出，该物体可以说是“宏观”上的物体，而语义分割是指对每个像素点进行分类，图像中的每个像素点都有属于自己的类别。语义分割适用于图像中有多个主体，需要识别其位置或轮廓的场景。

语义分割的目标一般是将一幅彩色图像或灰度图像作为输入，输出分割图像，其中每个像素点包含其类别的语义标签，如图 5-17 所示。图 5-17 为了清晰地表达，使用了低分辨率的图像矩阵数据，但实际上分割图像的分辨率应与原始输入图像的分辨率相匹配，这样会复杂很多。

输入图像　　语义标签

图 5-17　语义分割

接下来，通过对不同类别的语义标签进行处理，为每个可能的类别创建相应的输出通道，图 5-17 中有 5 个类别，输出通道有 5 个，如图 5-18 所示。

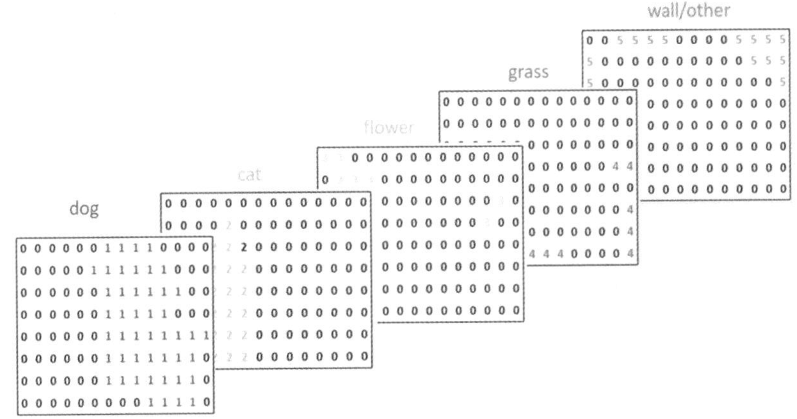

图 5-18　语义分割的输出通道

通过将不同类别输出通道的分割图像覆盖在原图像上，照亮图像中对应类别的区域，这样便可观测到分割后的效果，如图 5-19 所示。

0-background/unknown
1-dog
2-cat
3-flower
4-grass
5-wall/other

图 5-19　图像分割效果

图像分割的应用领域包括自动驾驶汽车、医学图像诊断等。

（1）自动驾驶汽车：为汽车增加必要的感知功能，以了解它们所处的环境，使自动驾驶汽车可以安全行驶。图 5-20 所示为自动驾驶过程中的实时道路分割场景。

图 5-20　自动驾驶过程中的实时道路分割场景

（2）医学图像诊断：图像分割可以辅助放射医生的分析，大大减少运行诊断测试所需的时间。图 5-21 所示为胸部 X 光片的分割，分割后可清晰地辨别心脏（红色）、肺部（绿色）及锁骨（蓝色）。

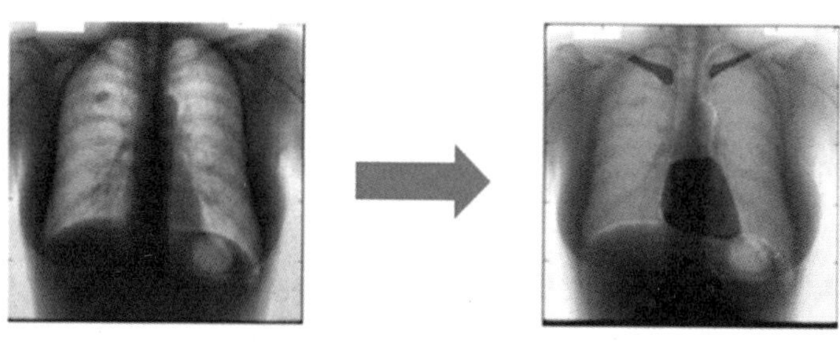

输入图像　　　　分割图像

图 5-21　胸部 X 光片的分割

目前，计算机视觉技术发展迅速，已具备初步的产业规模，除了常见的图像处理领域，还涉及遥感图像处理、红外测温、地理位置监测、卫星云图等重要领域。未来计算机视觉技术的发展主要面临以下挑战：一是如何在不同的应用领域和其他技术更好地结合。计算机视觉技术在用于解决某些问题时可以广泛利用大数据，相关方法已经逐渐成熟，而在另一些问题上却无法达到很高的精度。二是如何降低计算机视觉算法开发所耗费的时间和人力成本。目前计算机视觉算法开发需要大量的数据，并且要进行人工标注，因此需要较长的研发周期以达到应用领域所要求的精度。三是如何加快新型算法的设计及开发。随着新的成像硬件与人工智能芯片的出现，需要针对不同数据采集设备与芯片进行计算机视觉算法的设计及开发。

5.2 智能语音技术

人工智能以实现机器的智能化和自动化为目标，机器要实现智能化就需要具备“视”“听”“说”“推理”“理解”等能力。实现智能语音就是指让机器具备“听”“说”能力，赋予机器灵敏的“双耳”和能言善辩的“嘴”。因此，智能语音是实现人与机器进行交流通信的中间桥梁。

5.2.1 智能语音系统构成

智能语音把语音作为研究对象，是语音信号处理的一个重要研究方向，涉及心理学、语言学、计算机科学及信号处理等诸多领域，甚至涉及人的体态语言，最终目标是实现人与机器的自然语言对话。智能语音技术又称为自动语音识别（Automatic Speech Recognition，ASR）技术，是让机器通过识别和理解把语音信号转变为相应的文本或命令的技术。智能语音识别过程如图5-22所示。

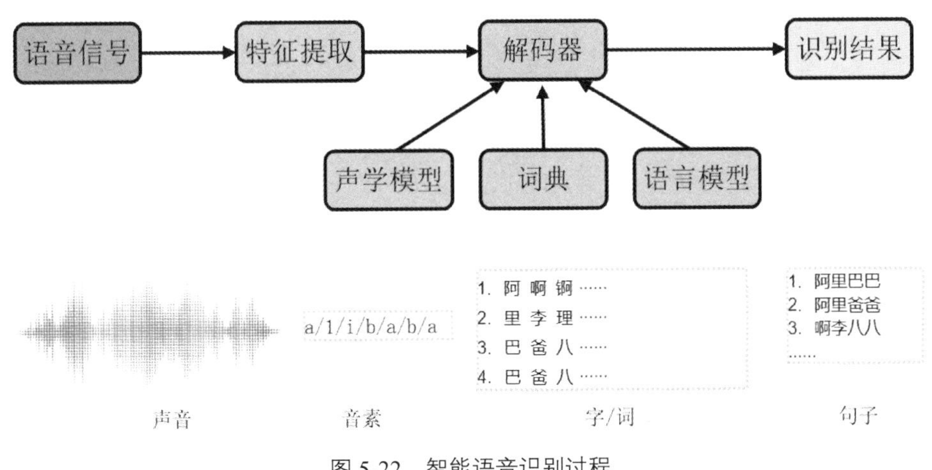

图5-22 智能语音识别过程

为了实现机器与人类的正常对话、交流，智能语音系统需要完成“识别”“听清”“理解”“行动”“播报”这一串连贯的任务。因此，智能语音系统至少包含5个基本的子模块：语音唤醒、语音增强、声纹识别、语种识别和语音合成。图5-23所示为智能语音系统构成。

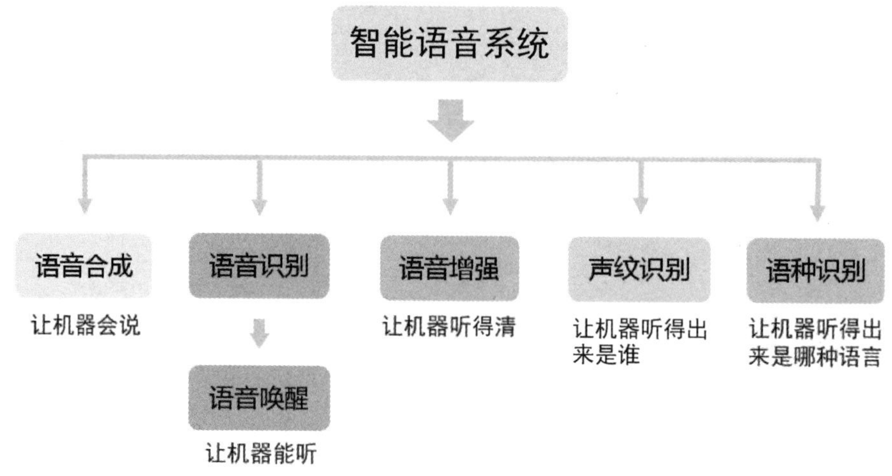

图5-23　智能语音系统构成

1. 语音唤醒

语音唤醒的目标就是让机器能听。在使用智能语音助手时，人们常常会呼唤它们的名字，如“嘿，Siri”“小爱同学”，让它们来帮助人们完成一些指令。这个叫名字的过程指的就是语音唤醒。在进行语音交互前，设备需要先被唤醒，从休眠状态进入工作状态，这样才能正常地处理用户的指令。图5-24所示为小爱同学的唤醒词。

图5-24　小爱同学的唤醒词

语音唤醒能力主要依赖于语音唤醒模型，该模型是整个语音唤醒子模块的核心。语音唤醒模型主要负责在听到唤醒词后马上切换为工作状态，所以必须实时监测，这样才能在听到唤醒词后及时反馈。一般建立语音唤醒模型大概需要 4 个步骤，包括定义唤醒词、收集发音数据、训练语音唤醒模型及测试与迭代。

2. 语音增强

语音增强的目标是让机器听得清，是指当语音信号被各种各样的噪声干扰甚至淹没后，从噪声背景中提取有用的语音信号，从而抑制、降低噪声干扰，如图 5-25 所示。简而言之，语音增强就是指从含噪声的语音中提取尽可能纯净的原始语音。

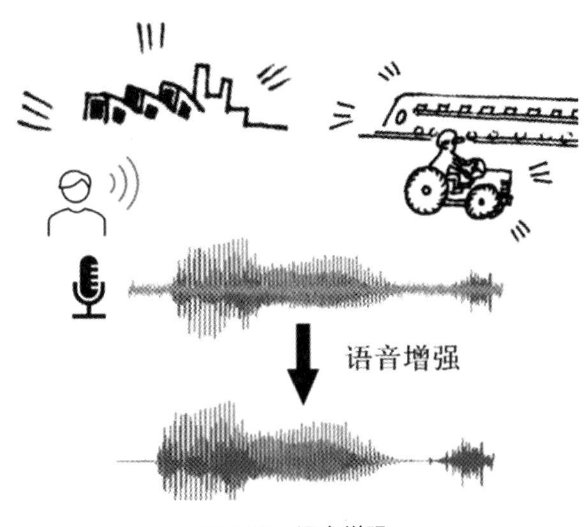

图 5-25 语音增强

语音增强具体包含两个步骤：消除环境噪声和实时定向增强说话人的声音。首先根据声音频谱段消除环境噪声，提取有效人声，以提升语音识别的准确率。其次通过由各个麦克风接收到的声音相位差，计算得出声源（说话人）位置，并实时指向性地接收某个方向（说话人）的声音，抑制其他方向的声音。

语音增强涉及的应用领域十分广泛，包括语音通话、电话会议、场景录音、助听器和语音识别设备等。对于用于特殊环境的智能语音系统，一般都要在不同程度上采取一些语音增强措施。在日常生活中，人们也经常会遇到在噪声干扰下进行语音通信的问题，如在汽车、火车上使用移动电话等。

3. 声纹识别

声纹识别的目标是让机器听得出来是谁，它是生物识别技术的一种，也称为说话人识别。声纹识别能够提取每个人独一无二的语音特征，实现听音辨人，在涉及说话人身份识别的场景中具有重要的应用价值。

声纹识别技术分为两类，即说话人辨认和说话人确认。前者用于判断某段语音是哪个人所说的，后者用于确认某段语音是不是指定的某个人所说的。不同的任务和应用需要使用不同的声纹识别技术，如在刑侦领域可以通过说话人辨认技术判断监听的电话中是否有嫌疑人的声音出现，而在银行交易时则需要使用说话人确认技术。音频数据中包含的信息内容如图 5-26 所示。

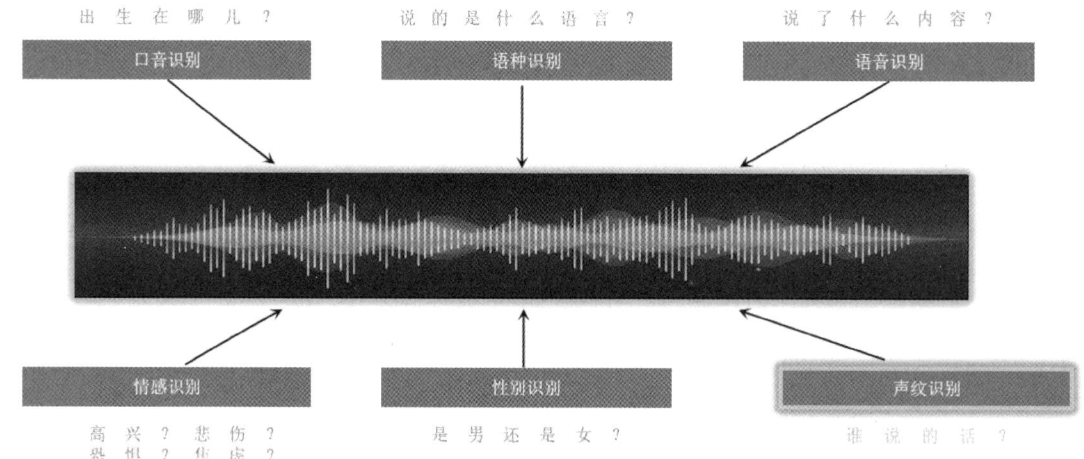

图 5-26　音频数据中包含的信息内容

4．语种识别

语种识别的目标是让机器听得出来是哪种语言，即让机器判断某段音频是汉语还是英语或法语等，又称判断音频的语种。在百度智能语音开发平台提供的实时语音识别接口功能中，就具备语种识别功能，支持中文普通话、粤语、四川话和英语等语种的识别。但是需要用户手动设置语种参数，不支持自动语种识别。

致力于智能语音研究的科大讯飞推出了方言识别功能，目前讯飞输入法支持 23 种方言的识别，其中粤语、闽南语、湖南话、四川话、东北话、河南话等方言的识别率均已超过 90%。

目前世界上的语言有 6000～10 000 种，据语言学家预测，大部分语言将于 21 世纪末消失。语种识别技术在实现方言的“复制”、保护濒危语种方面具有重要作用。语种识别如图 5-27 所示。

图 5-27　语种识别

5．语音合成

语音合成又称为文本转语音（Text To Speech，TTS），目标是让机器会说，是指通过机械的、电子的方法产生人造语音，将任意文字信息转化为标准流畅的语音朗读出来。通俗地讲，语音合成技术就是赋予计算机像人一样开口说话的能力的技术。

一个完整的语音合成流程包括输入文本、文本分析、韵律处理、声学处理和合成语音输出，如图 5-28 所示。文本分析主要是指对输入文本进行分析，以输出尽可能多的语言学信息（如拼音、节奏等），为后端的语言合成器提供必要的信息。韵律是指实际语言交流中的抑扬顿挫和轻重缓急，韵律处理是语音合成的核心内容，会极大地影响最终合成的语音的自然度。声学处理模块用来生成自然的语音波形。

图 5-28　语音合成流程

语音合成技术的应用可以分为单向语音输出类和交互类。在导航技术、阅读、配音、语音播报等场景下，单向语音输出类语音合成技术应用较多。在智能客服、智能机器人、泛娱乐产业、教育等场景下，交互类语音合成技术应用较多。

5.2.2　智能语音的应用

随着人工智能技术的不断发展，人工智能的各种应用及产品在社会各方面都有渗透，人们已经接触到越来越多的人脸识别产品、智能语音产品等。智能语音产品分为软件产品和硬件产品两类。

常见的智能语音软件产品，如淘宝和京东的智能客服、智能语音助手（小爱同学、小艺、Siri 等）、微信的语音转文字功能等都是人们熟知且经常接触的智能语音软件产品，这些产品给人们的生活不仅带来了便利，也带来了乐趣。

在智能家居领域，常见的智能语音硬件产品有智能音箱（天猫精灵）、智能电视等；面向儿童的智能语音硬件产品有聊天机器人、智能故事机等；在方便人们出行和办公等方面出现了车载智能导航仪、智能录音笔等。图 5-29 所示为部分智能语音硬件产品。

图 5-29　部分智能语音硬件产品

人类对于人工智能的探索已经进行了大半个世纪，从 1952 年世界上第一个能识别 10 个英文数字发音的实验系统诞生到现在已经有 70 多年的时间。在 2010 年之前的漫长岁月里，人类对于智能语音的探索大都停留在实验室里。近年来，人工智能的迅速发展带动了智能语音的快速崛起及技术的快速升级，使智能语音技术成果迅速落地。今天社会的各个角落里都有智能语音的影子。国内领先的人工智能开放平台，如百度智能云平台、讯飞开放平台等提供了智能语音的开发接口，其中的实时语音识别功能模块可应用于以下实际生活场景。

实时语音转写，可以将会议记录、笔记、总结等音频实时转写为文字，进行内容记录、实时展示；视频直播字幕，可以直接将主播说话内容实时转写为字幕展示在屏幕上，还可以进行二次字幕编辑；演讲字幕同屏，可以在屏幕上实时展示嘉宾演讲字幕，逐字展示并智能纠错。

智能语音还可以用于语音导视机器人，以帮助患者分析病情，推荐就诊，实现电子病历的语音输入等。在手机应用中，智能语音可用于语音聊天、语音输入、语音搜索、语音下单、语音指令、语音问答等多种场景。此外，智能语音在智能家居领域也有诸多应用。图 5-30 所示为讯飞输入法及实时语音转文字功能展示。

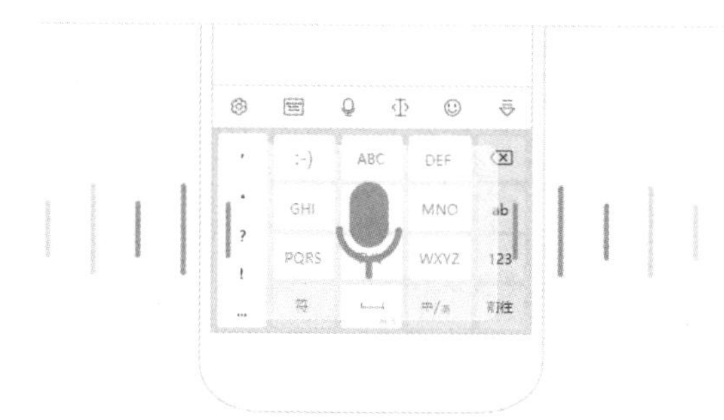

图 5-30　讯飞输入法及实时语音转文字功能展示

智能语音的目标是实现人与机器之间以自然语言为纽带的通信，长期目标是促进机器像人一样自由沟通，像人一样进行智能应答交互。思考人与人进行对话时的特征，类比到人与机器的交互过程中，是智能语音进一步发展的方向。智能语音在智能家居领域的应用如图 5-31 所示。

图 5-31　智能语音在智能家居领域的应用

5.3　自然语言处理技术

语言是人类进行沟通和交流的表达方式，也指人类沟通所使用的指令。自然语言通常是指一种自然地随文化演化的语言，特指人类语言，如汉语、英语、日语等都属于自然语言。与计算机处理的编程语言不同，自然语言有大量词汇，一个词在不同语境中有不同的意思，语言的表达方式也多种多样，因此诞生了自然语言处理技术。

自然语言处理（Natural Language Processing，NLP）是研究人与计算机交互语言问题的一门学科，是计算机科学和人工智能结合的一个子领域。自然语言处理的主要任务是将机器学习算法应用于处理文本，将自然语言（主要是指以文本形式呈现的语言）作为计算机程序的输入和（或）输出，它的关键任务是使计算机理解人类语言，代替人类执行语言翻译和问题回答等任务。

从技术层面来看，自然语言处理技术是用计算机对自然语言的形、音、义等信息进行处理，即对字、词、句、篇章的输入、输出、识别、分析、理解、生成等进行操作和加工的技术。自然语言处理的具体表现形式包括机器翻译、文本摘要、文本分类、文本校对、信息抽取、语音合成、语音识别等。可以说，自然语言处理的目标就是使计算机理解自然语言。

5.3.1 自然语言处理任务层级

自然语言处理按任务层级可分为底层资源建设、基础任务、中层应用分析任务和上层应用系统任务，如图 5-32 所示。

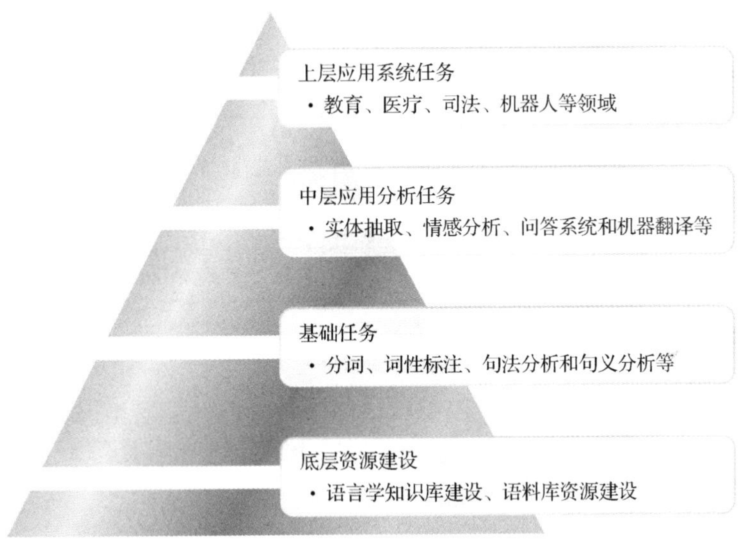

图 5-32 自然语言处理任务层级图

各个层级的具体任务又有以下细分。

（1）底层资源建设。自然语言处理的底层资源建设包括语言学知识库建设和语料库资源建设，常用于学习和训练自然语言处理模型，大多来自影响面较大的大众媒体和书籍文献等，具有广泛性和代表性。

（2）基础任务。自然语言处理的基础任务包括分词、词性标注、句法分析和句义分析等，完成这些基础任务是完成上层任务的基础。

（3）中层应用分析任务。自然语言处理的中层应用分析任务包括实体抽取、情感分析、问答系统和机器翻译等。

（4）上层应用系统任务。自然语言处理的上层应用系统任务主要体现在自然语言处理技术在教育、医疗、司法、机器人等领域的应用。

5.3.2 自然语言处理技术体系

自然语言处理的目标是让计算机理解人类语言并生成相应的结果，并且为了达到这个目标，自然语言处理需要对文本进行预处理，包括分词、词性标注及文本表示等基础工作。分词是指将原始文本数据(实际上是一个大字符串)利用文本切分的方式得到子字符串。图 5-33 和图 5-34 分别给出了中文文本分词效果图和英文文本分词效果图。

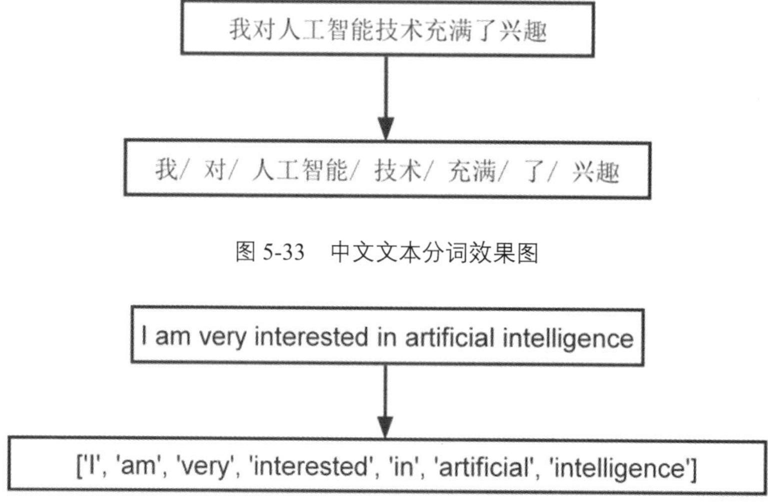

图 5-33 中文文本分词效果图

图 5-34 英文文本分词效果图

为了让计算机能处理文本数据，还需要将切分之后的文本进行数值化表示，即文本向量化。目前文本表示通常采用向量空间模型。图 5-35 给出了文本表示结果图例。

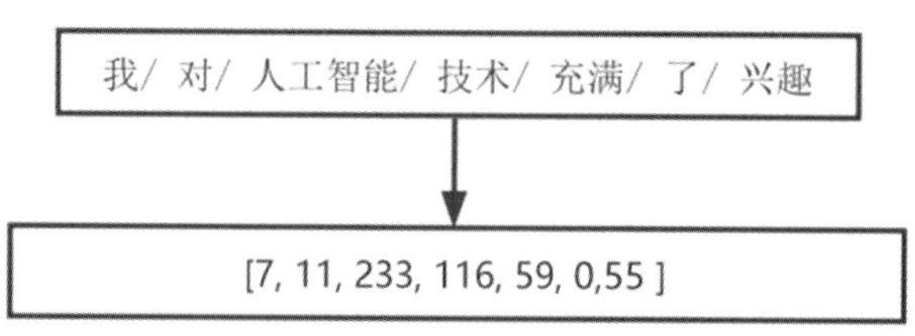

图 5-35 文本表示结果图例

实现人类与计算机之间的自然语言通信，意味着要使计算机既能理解自然语言文本的意义，又能以自然语言文本来表达给定的意图、思想等。前者称为自然语言理解（Natural Language Understanding，NLU），后者称为自然语言生成(Natural Language Generation，NLG)。因此，自然语言处理技术体系大体上包括自然语言理解和自然语言生成两大方向，如图 5-36 所示。

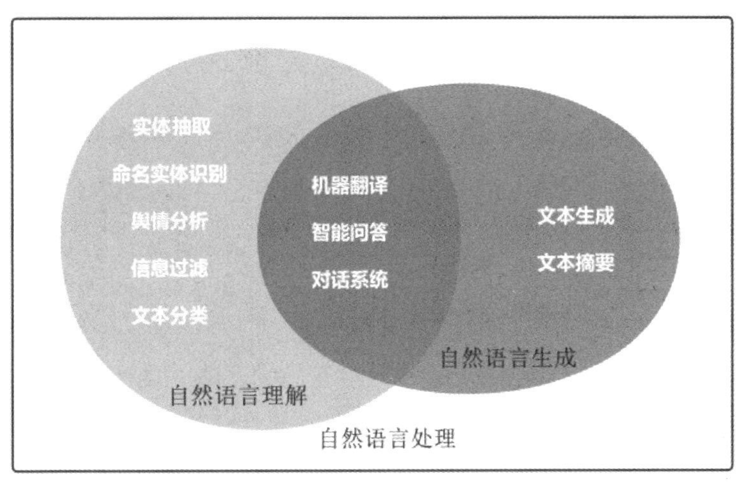

图 5-36　自然语言处理技术体系两大方向

自然语言理解，顾名思义是指让计算机理解人类语言，是所有支持计算机理解文本内容的方法模型或任务的总称。自然语言理解在文本信息处理系统中扮演着非常重要的角色，是推荐、问答、搜索等系统的必备模块。

自然语言生成，就像写文章创作一样，涉及构词、构句、构造上下文、构造意境等，整体上比自然语言理解难度更大、成熟度更低。目前自然语言生成的应用多见于垂直领域，如文本摘要、文本生成、机器翻译、新闻通稿生成等，文本格式相对单一。

在自然语言处理中，由于自然语言生成需要建立在自然语言理解的基础之上，因此自然语言理解的整体成熟度要优于自然语言生成。图 5-37 所示为自然语言处理技术体系两大方向的关系。

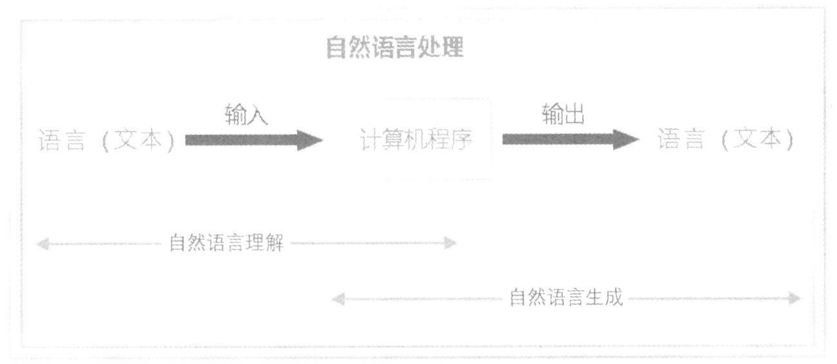

图 5-37　自然语言处理技术体系两大方向的关系

5.3.3　自然语言处理应用

自然语言处理相当于机器语言和人类语言之间的翻译，通过搭建沟通的桥梁，实现人与机器交流的目的。自然语言处理的研究内容包括机器翻译、信息检索、实体抽取、文本分类、智能问答、情感分析、文本摘要、舆情分析等。文本分类的应用和情感分析的应用如图 5-38 所示。

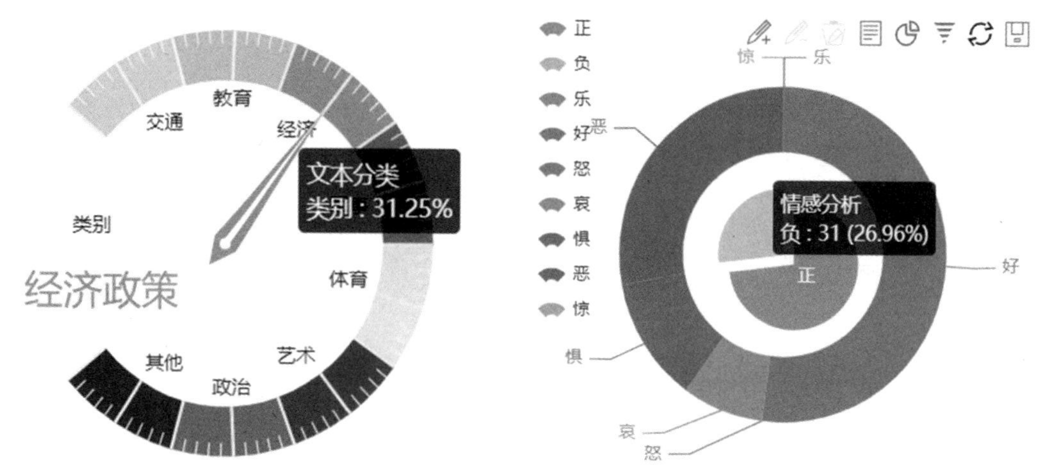

图 5-38　文本分类的应用和情感分析的应用

在人们的日常生活中，自然语言处理的应用场景也很广泛，如搜索推荐、自动翻译软件、智能客服、用户评论过滤、电商评论分类、话题推荐、语音自动转文字、新闻自动分类、文本内容鉴别等。图 5-39 所示为有道自动语种识别及翻译系统。

图 5-39　有道自动语种识别及翻译系统

自然语言处理在人们日常生活和社会各个领域都有较多的应用，给人们的生活带来了便利，同时促进了社会与科技的进步。但是，人类语言的本质使得一些自然语言处理任务变得有些困难，这是因为人类语言本身的抽象性使规律不能有效地形式化。图 5-40 所示为中文文本分词的**歧义现象**，对文本“乒乓球拍卖完了”进行分词，无论是按第一种方式进行分词还是按第二种方式进行分词都是合理的，这就是歧义切分问题。

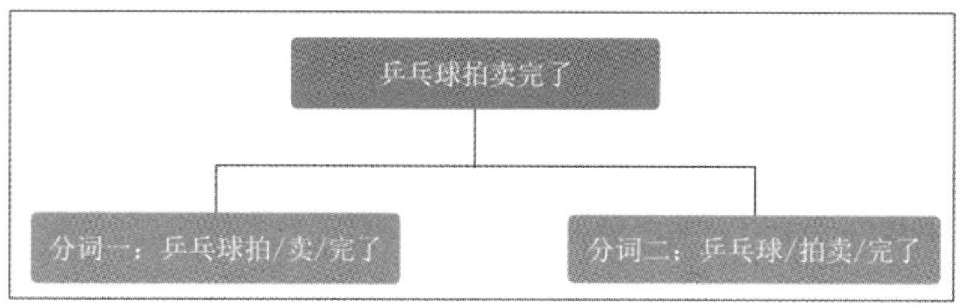

图 5-40　中文文本分词的歧义现象

自然语言处理与语言元素（如明喻、暗喻、歧义）存在的固有的复杂性做斗争。但是，事物的发展总是螺旋式上升和波浪式前进的，我们不应该从一开始就苛求完美的结果。今天，基于自然语言处理的智能客服能帮助我们解决退换货问题，自动语言转文字功能能帮助我们在较短的时间内打出一长串文字，智能音箱能根据人类语音播放相应的歌曲，这些都给人们的生活带来了极大的便利。

5.4　知识图谱技术

2012 年，谷歌提出了知识图谱（Knowledge Graph，KG），最初特指谷歌为了支撑其语义搜索而建立的知识库。随着知识图谱技术应用的深化，知识图谱已经成为大数据时代最重要的知识表示形式之一，以开发专家系统（Expert System，又称为 Knowledge-Based System）为主要内容，以让机器使用专家知识及推理能力解决实际问题为主要目标，主要模拟人类的推理能力。知识图谱的概念演化如图 5-41 所示。

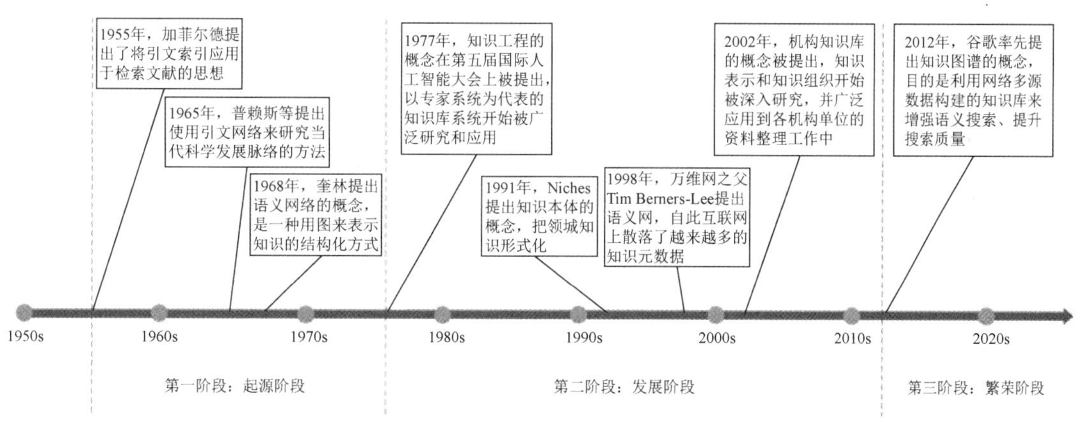

图 5-41　知识图谱的概念演化

5.4.1　知识图谱认知

知识图谱在图书情报界被称为知识域可视化或知识领域映射地图，是显示知识发展进程与结构关系的一系列不同的图形，用可视化技术描述知识资源及其载体，挖掘、分析、构建、绘制和显示知识及它们之间的相互关系。在现实世界中，知识都是交叉在一起的，组成一个复杂的关系网络，知识图谱就是用于表示知识之间结构关系的一种可视化图形。图 5-42 所示为 pyecharts 提供的微博转发关系知识图谱示例。

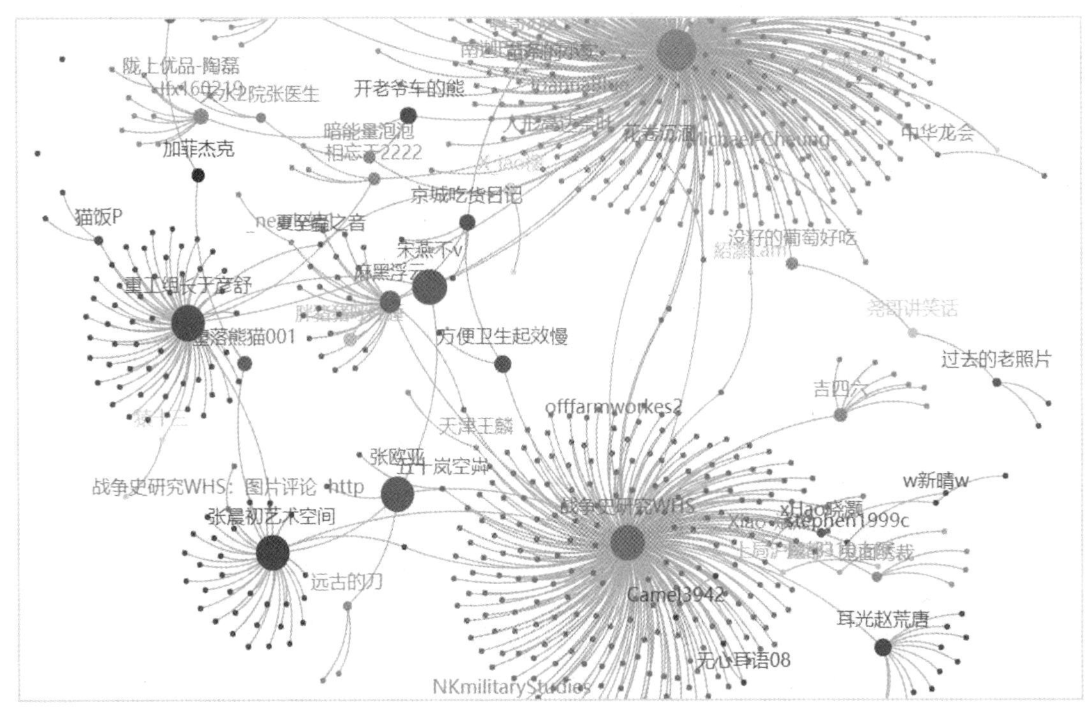

图 5-42　pyecharts 提供的微博转发关系知识图谱示例

如今，在更多实际场景下，知识图谱作为一种技术体系，代指大数据时代知识工程的一系列代表性技术的总和。知识工程是指以开发专家系统为主要内容，以让机器使用专家知识及推理能力解决实际问题为主要目标的人工智能子领域。知识图谱的诞生宣告了知识工程进入大数据时代。

2017 年，我国对学科目录做了调整，首次出现了知识图谱学科方向，教育部对于知识图谱这一学科的定位是大规模知识工程。需要指出的是，知识图谱技术的发展是一个循序渐进的过程，其学科内涵也在不断发生变化。知识图谱的学科地位如图 5-43 所示。

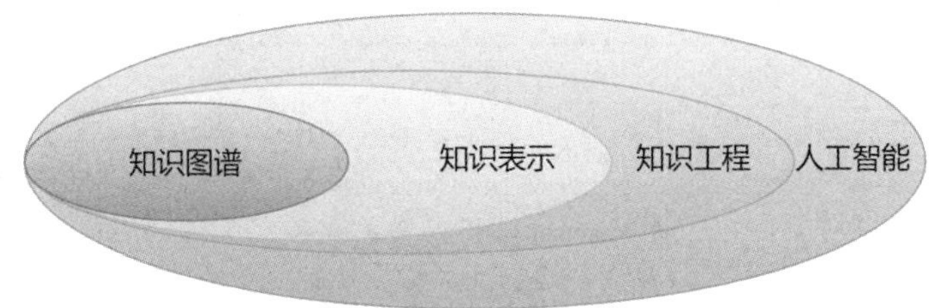

图 5-43　知识图谱的学科地位

近年来，随着互联网应用需求日益增加，越来越多的知识图谱应运而生。知识图谱按照应用的深度主要可以分为两大类。一是通用知识图谱（General-purpose Knowledge Graph，GKG），通俗地讲就是大众版知识图谱，没有特别深的行业知识及专业内容，一般用于解决科普类、常识类等问题。以中文开放知识图谱应用为例，输入“人工智能”将会出现科普类的知识，如图 5-44 所示。

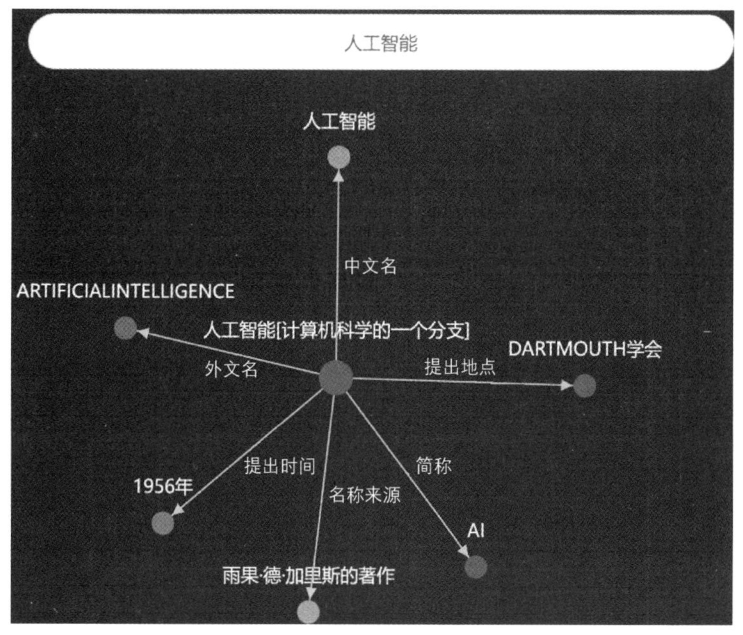

图 5-44　通用知识图谱

二是行业知识图谱（Domain-specific Knowledge Graph，DKG），通俗地讲就是专业版知识图谱，是根据对某个行业或细分领域的深入研究而定制的版本，主要用于解决当前行业或细分领域的专业问题。以中国知网的中医药知识资源总库为例，其用到了行业知识图谱，如图 5-45 所示。

图 5-45　行业知识图谱

5.4.2 知识图谱构建流程

知识图谱构建流程主要包括知识建模、知识获取、知识融合、知识存储、知识计算及知识应用，如图 5-46 所示。

1. 知识建模

知识是人类认识世界的结果，因此知识与认知是密不可分的。知识必须是经过验证的，这意味着只有人类才需要为知识的对错负责，同时也意味着知识的对错往往是相对的，是随着时间、环境的变化而动态变化的。作为一种知识表示形式，知识图谱是一种大规模语义网络，包含实体（Entity）、概念（Concept）、值（Value）及其之间的各种语义关系（Relationship），如图 5-47 所示。需要注意的是，知识图谱中的边可以分为属性（Property）与关系（Relation）两类。属性描述实体某方面的特性，属性是人们认知世界、描述世界的基础。关系是一类特殊的属性，当实体的某个属性值也是一个实体时，这个属性实质上就是关系。实体与概念之间是实例（instanceOf）关系。概念之间是子类（SubclassOf）关系。实体与实体之间的关系多种多样，因篇幅有限，此处不再介绍。

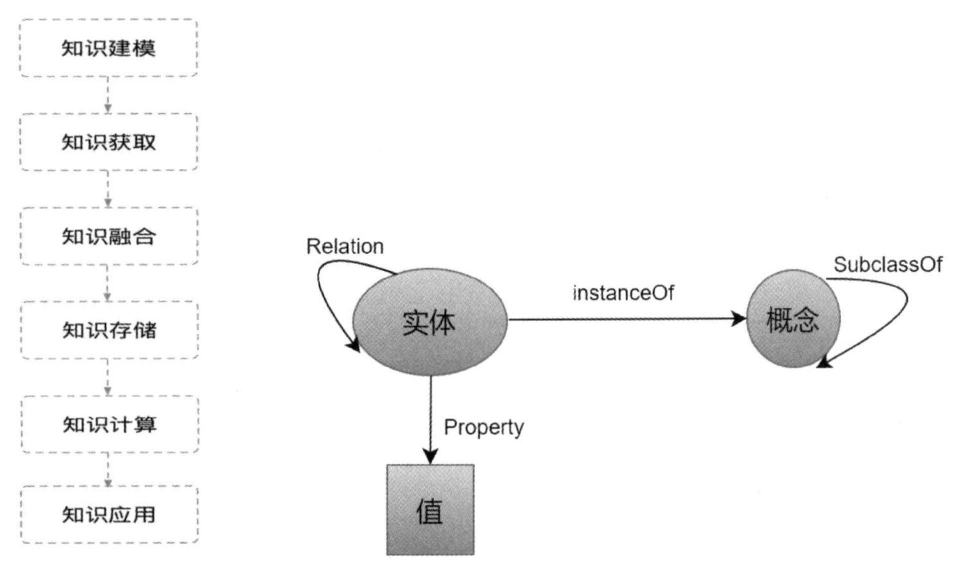

图 5-46 知识图谱构建流程　　　　图 5-47 知识图谱

知识建模，也叫作业务建模，是指构建多层级的知识体系，将知识、属性、关联关系等信息转化为数据库。构建知识图谱其实是一个系统性的工程，不是依靠单一的算法能够完成的。知识图谱有自顶向下和自底向上两种构建方式。

① 自顶向下构建：借助百科类网站等的结构化数据源，从高质量数据中提取实体和关系信息，加入知识库。

② 自底向上构建：从公开采集的数据中提取资源，选择其中置信度较高的知识，经人工审核之后，加入知识库。

2. 知识获取

知识获取是实现自动化构建大规模知识图谱的重要技术，其目的在于从不同来源、不同结构的数据中进行知识提取并将其存入知识图谱。知识获取主要是指对需要建模的数据通过各种方式进行提取并将其整理成知识建模所需要的格式。这一步工作的质量可以说直接影响整个知识图谱最终的质量。在这一步中，通用知识图谱与行业知识图谱侧重点有所不同，通用知识图谱主要通过爬虫技术获取各种公共数据，而行业知识图谱为了保障数据质量，有一部分是通过领域专家手动构建的。

如图 5-48 所示，给定一段关于“华为技术有限公司”的文字描述，通过知识获取方法可以自动提取关于该公司的结构化信息，包括其成立时间、总部地址及主营业务。

华为技术有限公司，成立于1987年，总部位于广东省深圳市龙岗区。华为是全球领先的信息与通信技术(ICT)解决方案供应商，专注于ICT领域，坚持稳健经营、持续创新、开放合作，在电信运营商、企业、终端和云计算等领域构筑了端到端的解决方案优势，为运营商客户、企业客户和消费者提供有竞争力的ICT解决方案、产品和服务，并致力于实现未来信息社会、构建更美好的全联接世界。

华为技术有限公司	成立时间	1987年
华为技术有限公司	总部地址	广东省深圳市龙岗区
华为技术有限公司	主营业务	信息与通信技术(ICT)解决方案供应商

图 5-48 知识获取示意图

3. 知识融合

知识融合又分为模式层的融合和数据层的融合，模式层的融合主要包括概念、概念的上下位、概念的属性的统一；数据层的融合主要是指对不同来源数据的相同实体的不同表示形式进行融合，包括实体的合并、实体属性与关系的合并等。

4. 知识存储

知识存储主要是指根据业务特点及数据规模选择合适的存储方式，对融合后的数据进行保存。成熟的图形数据库，如 Neo4j 等，可以用来存储知识图谱。

5. 知识计算

知识计算主要是指在结构化的知识库中发现隐含关系及知识，由给定的知识图谱推导出新的实体与实体之间的关系。

6. 知识应用

知识应用是知识图谱落地的最后一步，很重要但是却很容易被忽视，主要是指如何将上述环节中构建的“知识”以最合适的方式呈现给用户，包括结合各种技术构建语义搜索、知识问答等各种系统。这一步需要充分结合自身的业务系统及已有的信息系统设施。以中国知网的知识图谱应用为例，如图 5-49 所示，人力资源和社会保障政策法规库是典型的行业知识图谱应用。

图 5-49　典型的行业知识图谱应用

基于 EasyDL 的果蔬自动分类应用实践

1. 任务描述

图像分类是计算机视觉非常重要的一项任务。本任务要求利用计算机视觉技术实现果蔬自动分类，提高果蔬分拣效率。果蔬自动分类要求为每种果蔬预测一个得分最高的分类标签，如图 5-50 所示，预测为苹果的概率为 93.70%，所以可以判定该图像为苹果。

图 5-50　果蔬自动分类

接下来主要实现基于 EasyDL 的果蔬自动分类，使读者通过完成该任务，体验人工智能系统开发流程，进一步理解计算机视觉技术。

2. 任务实施

（1）分析业务需求，创建模型。

① 分析业务需求。

这是一个计算机视觉领域的图像分类任务，为了加快开发进度，采用的技术平台是百度 EasyDL，主要分类对象是水果和蔬菜，下面以两种水果分类为例进行介绍。

② 创建模型。

第一步：进入 EasyDL 官网，选择任务类型。EasyDL 支持在线使用，也支持本地离线使用。为了提高速度，这里推荐采用在线使用方式，选择项目类型“图像分类”，单击“在线使用”，如图 5-51 所示。

图 5-51　图像分类任务

第二步：在“图像分类模型”页面中，单击“我的模型”→“创建模型”，按照要求填写模型相关信息，如模型名称、模型归属、邮箱地址、联系方式、功能描述等，如图 5-52、图 5-53 所示。

图 5-52 “图像分类模型”页面

图 5-53 填写模型相关信息

（2）采集/收集数据。

人工智能的模型训练离不开数据，采集/收集数据的主要原则为尽可能采集/收集与真实业务场景一致的数据，并覆盖可能有的各种情况。采集/收集数据的方式有现场拍照采集、网络爬虫和开源数据集等。

① 准备数据。

由于 EasyDL 预训练了一些模型，所以对数据集数量要求并不高。这里我们采集到了 45 张 apple（苹果）的图片和 45 张 pear（梨）的图片，图片大小为 150 像素×150 像素，如图 5-54 所示。

图 5-54 部分数据集展示

果蔬数据集下载

图 5-54　部分数据集展示（续）

② 划分数据集。

为了最后校验模型，要建立 train 和 test 文件夹，分别存放训练集和测试集，apple 和 pear 的训练集中的图片均为 40 张，其余的为测试集，如图 5-55 所示。

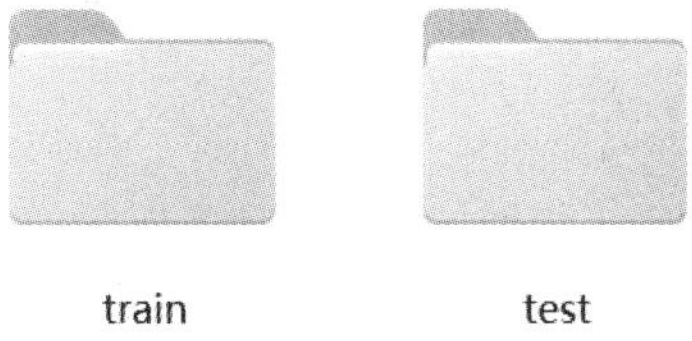

图 5-55　train 和 test 文件夹

③ 导入数据集。

第一步：在 EasyDL 中创建数据集。在“模型列表”页面中，按照图 5-56 中的提示，单击“创建”，创建数据集，并填写数据集相关信息，如数据集名称等，如图 5-57 所示。

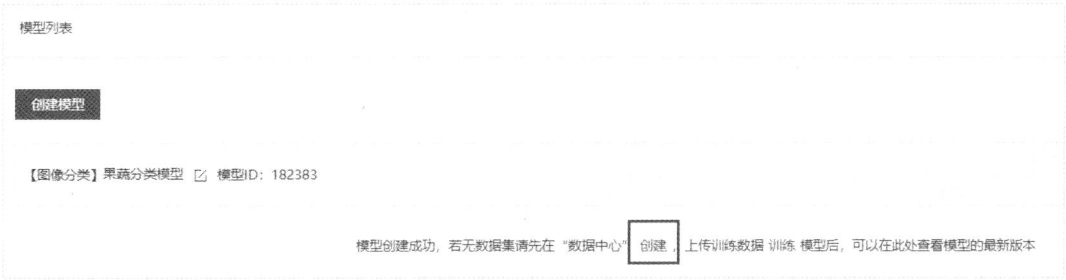

模型列表

创建模型

【图像分类】果蔬分类模型　模型ID：182383

模型创建成功，若无数据集请先在“数据中心”创建，上传训练数据 训练 模型后，可以在此处查看模型的最新版本

图 5-56　创建数据集

图 5-57　填写数据集相关信息

第二步：在数据集中导入数据。在“我的数据总览”页面中，在第一步创建的数据集中单击“导入”按钮，按照提示操作，选择“本地导入”，将本地的 train 文件数据导入即可，如图 5-58、图 5-59、图 5-60 所示。

图 5-58　单击“导入”按钮

图 5-59　选择“本地导入”

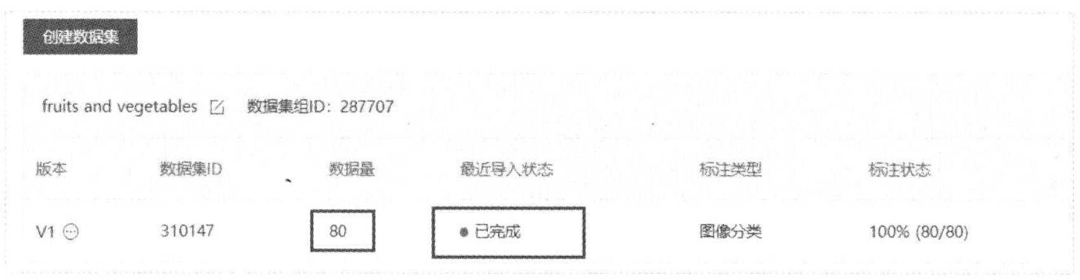

图 5-60　导入后的数据效果

（3）标注数据。

① 查看标注情况。

在“我的数据总览”页面中，选择创建好的数据集，单击“查看与标注”按钮，按照上述步骤导入的数据是没有标注的数据，即所有图片的名字都是“无标签”。

② 创建标签并对数据进行标注。

所谓标注，是指给每张图片命名，可以按照 EasyDL 批量标注示例的规范完成标注，如图 5-61 所示。我们按照图像数据的类别，分别建立标签“apple”和“pear”，有几个类别就要建立几个标签，标注完的效果如图 5-62 所示。

图 5-61 EasyDL 批量标注示例

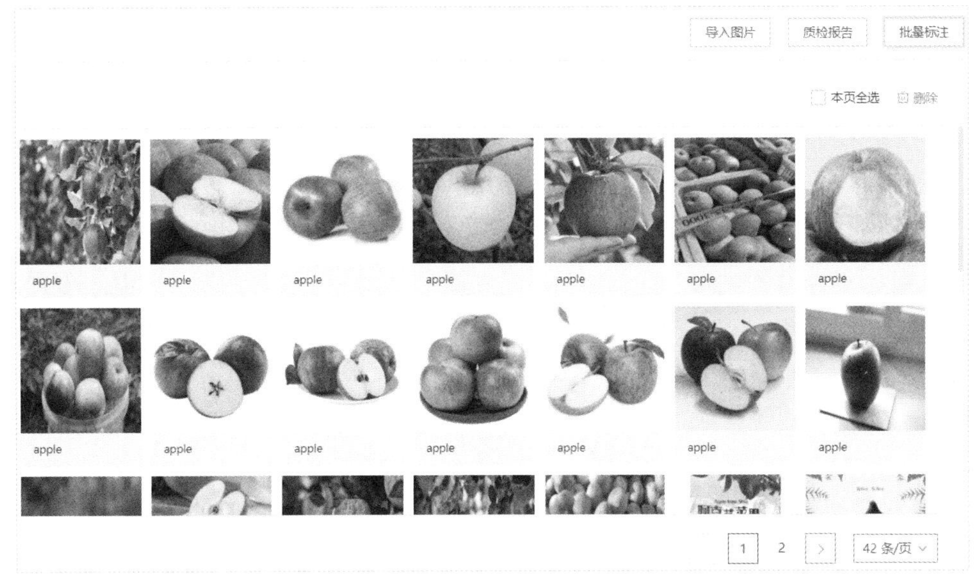

图 5-62 标注完的效果

（4）训练模型。

在“图像分类模型”页面中，单击“训练模型”，填写训练配置信息，单击“开始训练”按钮，模型开始训练，并变成“训练中”状态，如图 5-63、图 5-64 所示。这里的模型就是神经网络模型，由 EasyDL 提供，用户不用去关心复杂的模型细节。同时，对于在线使用方式，EasyDL 也提供了基于 GPU P4 的基础训练硬件环境，比我们的个人计算机配置高一些，速度也会更快一些。

图 5-63　模型训练配置

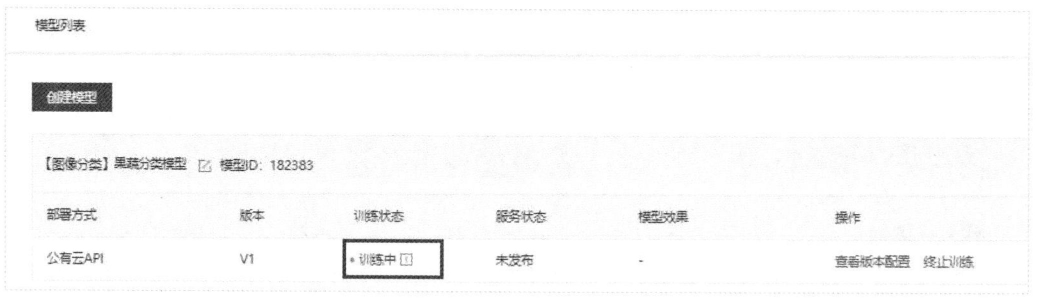

图 5-64　模型“训练中”状态

（5）评估模型效果。

待模型训练完成后，我们就可以通过查看“完整评估结果”及使用测试集的图像“校验”功能来评估模型效果了，如图 5-65、图 5-66 所示。

通过上面的过程可以看出，当前模型准确率为 91.67%，在当前少量数据集的情况下，效果还不错。此外，还可以通过增加数据集、优化模型参数的方式提高模型准确率。

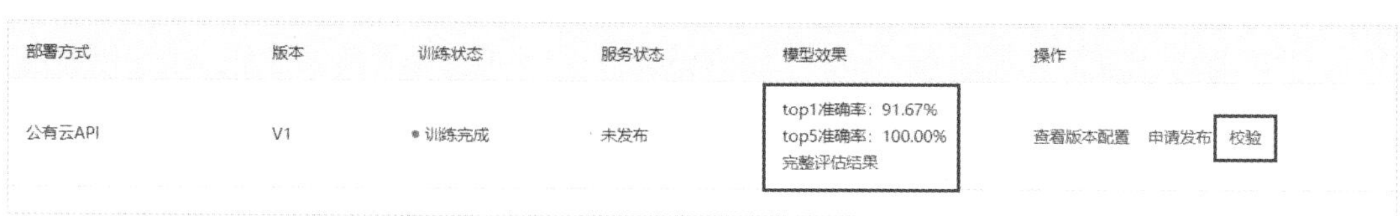

图 5-65　模型效果评估方式

校验模型
操作文档 常见问题 新手教程
选择模型 果蔬分类识别
部署方式 公有云API
选择版本 V1
当前模型准确率 91.67% 评估报告
识别结果 如何优化效果?
调整阈值 0.03
预测分类 置信度 > 3.00%
apple 93.70%
pear 6.30%
识别结果:
apple
pear

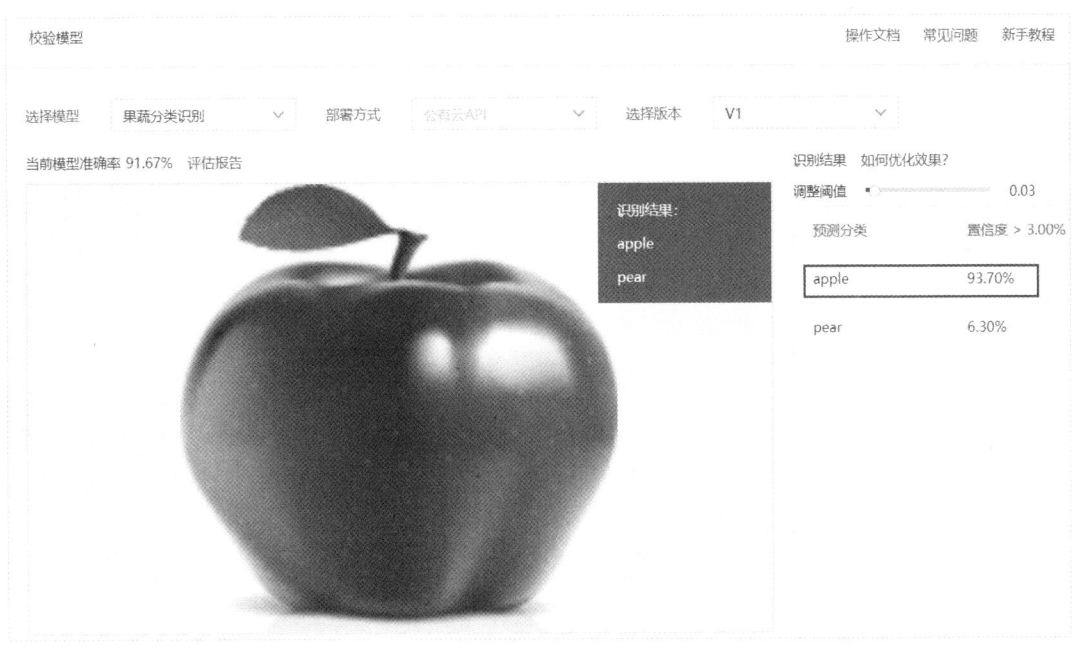

图 5-66 校验模型

（6）模型发布。

当模型达到理想的效果后，就可以申请发布模型，如图 5-67 所示，填写“服务名称”和“接口地址”等信息，单击“提交申请”按钮。模型发布以后，在“我的模型”中，可以看到“已发布”状态，如图 5-68 所示。接下来可以通过远程调用的方式使用自己创建的模型，并将模型嵌入实际业务应用。

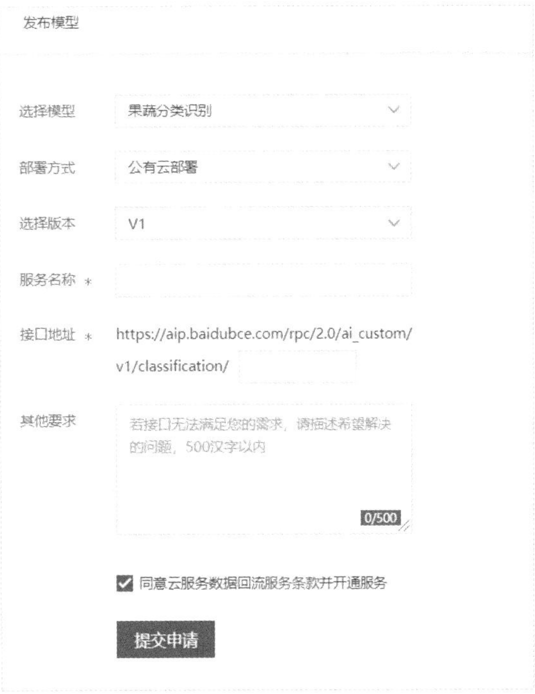

发布模型
选择模型 果蔬分类识别
部署方式 公有云部署
选择版本 V1
服务名称 *
接口地址 * https://aip.baidubce.com/rpc/2.0/ai_custom/
v1/classification/
其他要求
若接口无法满足您的需求，请描述希望解决的问题，500汉字以内
0/500
同意云服务数据回流服务条款并开通服务
提交申请

图 5-67 发布模型

（7）模型应用。

① 查看服务详情。

在“我的模型”页面中，选择已发布的模型，如图 5-69 所示，单击“服务详情”按钮，可查看服务详情，重点关注“接口地址”，在实际开发中会用到。

② 创建新应用，获取 AppID。

进入百度智能云平台，在“公有云部署”的“应用列表”中创建新应用，如图 5-70 所示，获得由一串数字组成的 AppID，并获得 API Key（AK）和 Secret Key（SK），然后就可以参考接口文档正式使用了。

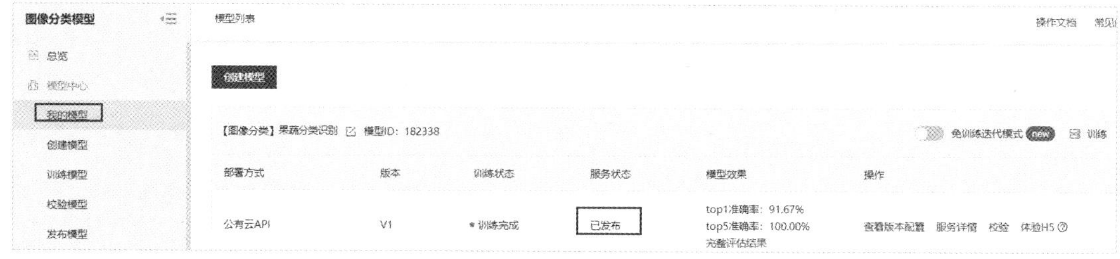

图 5-68 模型发布成功

图 5-69 查看服务详情

图 5-70 创建新应用

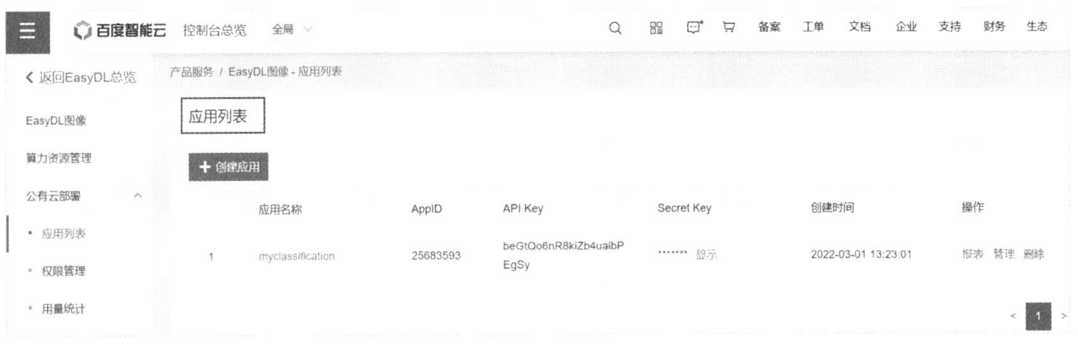

图 5-70　创建新应用（续）

③ 调用应用，查看结果。

在 PyCharm 中创建项目及 Python 文件，输入应用代码（注意加粗字体的提示信息，并补充修改加粗字体的代码）：

```
# 提示一：在使用示例代码前，请记得替换其中的示例 Token、图片地址或 Base64 信息。
# 提示二：部分语言依赖的类或库，请在代码注释中查看下载地址。
"""
EasyDL 图像分类 调用模型公有云 API Python3 实现
"""
import json
import base64
import requests
"""
使用 requests 库发送请求
使用 pip（或者 pip3）检查我的 Python3 环境是否安装了该库，执行命令
  pip freeze | grep requests
若返回值为空，则安装该库
  pip install requests
"""
# 目标图片的本地文件路径，支持 JPG/PNG/BMP 格式
IMAGE_FILEPATH = "【您的测试图片地址，例如：./example.jpg】"
# 可选的请求参数
# top_num: 返回的分类数量，不声明的话默认为 6 个
PARAMS = {"top_num": 2}
# 服务详情中的接口地址
MODEL_API_URL = "【您的 API 地址】"
# 调用 API 需要 ACCESS_TOKEN。若已有 ACCESS_TOKEN，则于下方填入该字符串；否则，留空 ACCESS_TOKEN，
# 于下方填入该模型部署的 API_KEY 及 SECRET_KEY，会自动申请并显示新 ACCESS_TOKEN
ACCESS_TOKEN = "【您的 ACCESS_TOKEN】"
API_KEY = "【您的 API_KEY】"
SECRET_KEY = "【您的 SECRET_KEY】"
print("1. 读取目标图片 '{}'".format(IMAGE_FILEPATH))
with open(IMAGE_FILEPATH, 'rb') as f:
```

```
    base64_data = base64.b64encode(f.read())
    base64_str = base64_data.decode('UTF8')
print("将 BASE64 编码后图片的字符串填入 PARAMS 的 'image' 字段")
PARAMS["image"] = base64_str
if not ACCESS_TOKEN:
    print("2. ACCESS_TOKEN 为空，调用鉴权接口获取 TOKEN")
    auth_url = "https://aip.baidubce.com/oauth/2.0/token?grant_type=client_credentials"\
               "&client_id={}&client_secret={}".format(API_KEY, SECRET_KEY)
    auth_resp = requests.get(auth_url)
    auth_resp_json = auth_resp.json()
    ACCESS_TOKEN = auth_resp_json["access_token"]
    print("新 ACCESS_TOKEN: {}".format(ACCESS_TOKEN))
else:
    print("2. 使用已有 ACCESS_TOKEN")
print("3. 向模型接口 'MODEL_API_URL' 发送请求")
request_url = "{}?access_token={}".format(MODEL_API_URL, ACCESS_TOKEN)
response = requests.post(url=request_url, json=PARAMS)
response_json = response.json()
response_str = json.dumps(response_json, indent=4, ensure_ascii=False)
print("结果:\n{}".format(response_str))
```

运行代码后，返回应用调用结果，如图 5-71 所示。

```
1. 读取目标图片 'apple/test/apple48.jpg'
将 BASE64 编码后图片的字符串填入 PARAMS 的 'image' 字段
2. ACCESS_TOKEN 为空，调用鉴权接口获取TOKEN
新 ACCESS_TOKEN: 24.80c3b26f1910d677ed74371e2483a387.2592000.1648705939.282335-25683593
3. 向模型接口 'MODEL_API_URL' 发送请求
结果:
{
    "log_id": 7425803441675455650,
    "results": [
        {
            "name": "apple",
            "score": 0.9983478784561157
        },
        {
            "name": "pear",
            "score": 0.0016521012876182795
        }
    ]
}
```

图 5-71　运行结果

在代码中，输入了一张 apple 的测试图片，预测为 apple 的概率值最大，约为 0.9983，由此判断，最终的结果为 apple，预测正确。返回结果说明如表 5-1 所示。

表 5-1 返回结果说明

字 段	是否必选	类 型	说 明
log_id	是	number	唯一的 log id，用于问题定位
results	否	array(object)	分类结果数组
+name	否	string	分类名称
+score	否	number	置信度

以上就基于 EasyDL 完成了的果蔬自动分类，并涵盖完整的人工智能系统开发流程，关于 EasyDL 接口调用更加详细的介绍读者可自行查阅相关资料。

拓展阅读

人工智能技术的“得”与“失”

随着人工智能理论和技术的日益成熟，其应用领域也不断扩大。2016 年 3 月，以 AlphaGo 4∶1 战胜了人类棋手为标志，人工智能研究开始逐步升温，并成为各国政府、科研机构、产业界及消费市场竞相追逐的对象。我国人工智能的应用范围极广，从行业应用的角度来看，人工智能在制造、物流、医疗、教育、安防等行业都有广泛应用。以制造行业为例，当前的制造行业不论是生产、流通还是销售，都正趋于数据化、智能化，其背后的技术逻辑离不开大数据和人工智能技术的支撑。通过大数据和人工智能技术可以协助企业分析生产过程中的全链路数据，实现生产效率、库存周转率、设备使用效率的提升等目标。

2019 年，国家人工智能标准化总体组在《人工智能伦理风险分析报告》中指出，通过图像识别、语音识别、语义理解等人工智能认知技术实现海量非结构化数据的便捷采集，进而通过深度学习等技术提供智能化决策服务。例如，家用机器人、智能冰箱、智能音箱等各种智能家居设备走进人们的客厅、卧室，实时地收集人们的生活习惯、消费偏好、语音交互、视频影像等信息；各类智能语言助手在为用户提供更加便捷的服务的同时，也在全方位地获取和分析用户的浏览、搜索、位置、行程、邮件、语音交互等信息；支持面部识别的监控摄像头可以在公共场合且在个人毫不知情的情况下识别个人身份并实现对个人的持续跟踪。

目前，人工智能研究高度开放，附带源代码的海量论文可免费下载，实现各种复杂的算法应用可能只需几天时间。人工智能既有多学科综合、高度复杂等特性，又带有天然的技术壁垒，给监管部门的监督管理和风险防范提出了不小的挑战。人工智能系统开发的最初目标是模拟、延伸和扩展人类智能。随着信息技术的发展，人工智能系统会体现人类的主观意志和愿望，要避免技术伤人、恶意操控等问题的发生，合理运用人工智能技术，让人工智能系统服务于人类，而不是偏离人类的设计初衷和脱离人类的控制。

当前，国内外各界都非常重视人工智能伦理和社会影响研究，希望人们在发展和应用人工智能这一技术造福社会和人类的同时，也能意识到其可能带来的负面影响和伦理问题，确保人工智能安全、可靠、可控发展。

本章总结

本章主要从不同的机器智能行为出发，围绕人工智能中的计算机视觉技术、智能语音技术、自然语言处理技术、知识图谱技术及其原理进行讨论，探索机器如何实现“视”“听”“说”“理解”“学习”“推理”“决策”等智能行为，帮助读者对人工智能关键技术形成初步的感性认知。最后通过案例体验，鼓励读者带着问题去查找资料、实际体验，以达到基本的理性认识。

知识速览：

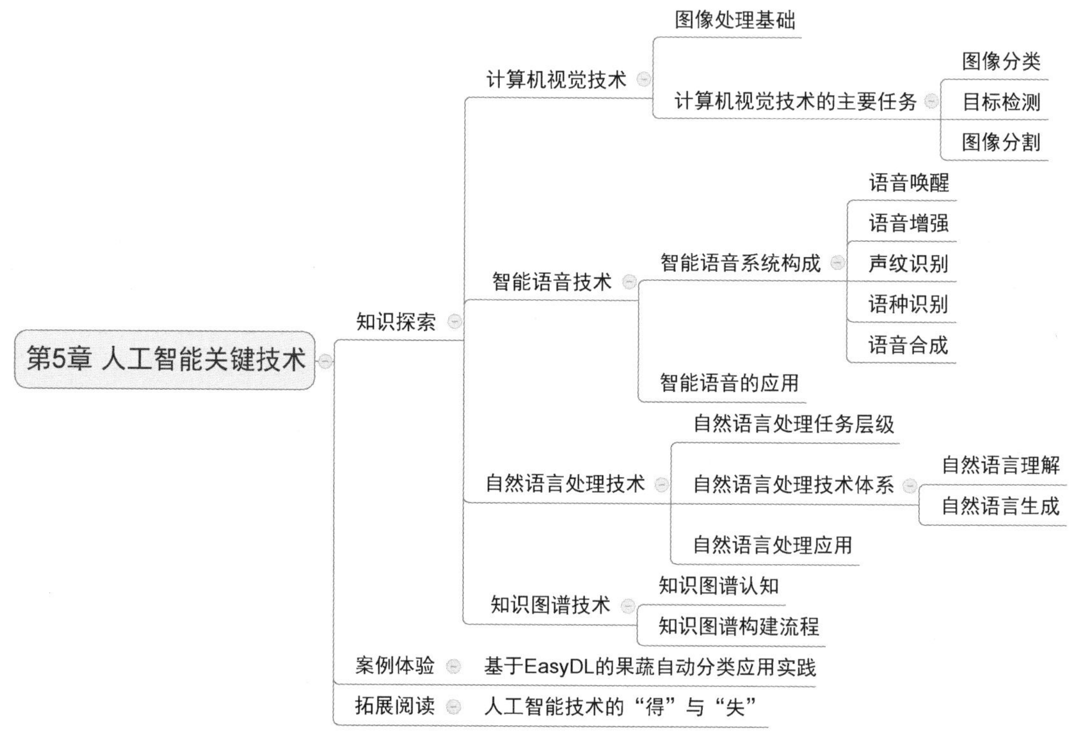

（1）计算机视觉技术——实现机器的“视”能力。计算机“视”的对象是图像，所以图像是计算机视觉的数据基础。图像的类别有黑白图像、灰度图像、彩色图像。计算机视觉技术的主要任务有图像分类、目标检测和图像分割。

（2）智能语言识别技术——实现机器的“听”“说”能力。智能语音的处理对象及数据基础是音频文件，因此智能语音系统需要完成“识别”“听清”“理解”“行动”“播报”这一串连贯的任务。

（3）自然语言处理技术——实现机器对文本语言的“理解”能力。文本形式的自然语言是机器处理的对象及数据基础。自然语言处理技术体系包括文本预处理、自然语言理解、自然语言生成等。

（4）知识图谱——实现机器模拟人类的“推理”能力。知识图谱构建流程包括知识建模、知识获取、知识融合、知识存储、知识计算和知识应用。

学习评价

通过学习本章内容，评价自己是否达成了以下学习目标，在学习评测表中标出已经完成的目标情况（A、B、C、D）。

评 测 标 准	自 我 评 价	小 组 评 价	教 师 评 价
理解计算机视觉技术			
理解智能语音技术			
理解自然语言处理技术			
理解知识图谱技术			

说明：A 为学习目标达成；B 为学习目标基本达成；C 为学习目标部分达成；D 为学习目标未达成。

思考探索

一、选择题

1．根据图像的灰度级数，可将图像分为（　　）。

A．灰度图像和彩色图像

B．黑白图像和彩色图像

C．黑白图像、灰度图像和彩色图像

D．灰度图像和黑白图像

2．下列属于计算机视觉技术的主要任务的是（　　）。

A．图像分类　　B．目标检测

C．图像分割　　D．以上都是

3．（多选题）常见的一步走目标检测算法有（　　）。

A．RCNN　　B．SSD

C．YOLO　　D．Faster RCNN

4．（多选题）图像分割通常可以分为哪两类？（　　）

A．语义分割　　B．物理分割

C．实例分割　　D．背景分割

5．人工智能技术可处理不同类型的非结构化数据，其中智能语音技术是利用计算机处理（　　）数据的技术。

A．文本　　B．音频

C．图像　　D．视频

6．下列不属于智能语音产品的是（　　）。

A．天猫精灵　　B．无人机

C．聊天机器人　　D．智能语音助手

7．关于自然语言处理的定义，下列说法错误的是（　　）。

A．自然语言处理是计算机科学领域与人工智能领域中的一个重要方向。

B．自然语言处理是一门融语言学、计算机科学、数学于一体的学科。

C．自然语言处理研究能实现人与计算机之间用自然语言进行有效通信的各种理论和方法。

D．自然语言处理的本质就是研究自然语言，与语言学的研究区别不大。

8．以下（　　）属于自然语言处理技术的应用。

A．出入校园的人脸闸机识别

B．“嘿，Siri”的手机智能语音助手自动唤醒

C．有道翻译软件的中英文自动翻译

D．网购平台的自动人物画像

9．知识图谱按照应用的深度主要可以分为两大类，分别为（　　）。

A．连续知识图谱和离散知识图谱

B．通用知识图谱和行业知识图谱

C．概念知识图谱和词汇知识图谱

D．事实知识图谱和概念知识图谱

二、思考题

1．试分析图像分类和目标检测的区别与联系，并举例说明。

2．结合生活实际，请给出你身边的 3 个智能语音技术的应用场景。

三、探索题

随着计算能力的不断提高，人工智能可以大量计算的可能性也在不断提高，其选择空间往往大于人类的选择空间，它们能够轻易地去尝试人类从未思考过的解决方案。换言之，尽管人们设计了某人工智能产品，但受限于人类自身的认知能力，研发者无法预见其所研发的人工智能产品做出的决策及产生的效果。以谷歌 DeepMind 团队开发的 AlphaGo 与多位人类围棋高手的“人机大战”为例，AlphaGo 在 2016 年 3 月对战李世石时为第 18 代（AlphaGo Lee），在 2017 年 5 月对战柯洁时已经迭代为第 60 代（AlphaGo Master）。2017 年 10 月，谷歌 DeepMind 团队开发的 AlphaGo Zero 仅训练了 3 天就以 100∶0 战胜了 AlphaGo Lee；经过 40 天训练后，AlphaGo Zero 又以 89∶11 战胜了 AlphaGo Master。快速迭代的背后是 AlphaGo 全新的深度学习逻辑，这种经历迭代的深度学习逻辑强大的进化速度让人类难以追赶。请分析 AlphaGo 背后的技术演变过程和隐含的风险问题。

要求：以小组为单位，通过“分解问题—查找资料—整理资料—编写报告—制作讲稿—汇报演讲”等过程，分别展示各小组观点。

【参考文献】

[1] 国家人工智能标准化总体组. 人工智能伦理风险分析报告（2019）[R]. 2019.

[2] 国家人工智能标准化总体组. 人工智能标准化白皮书（2018）[R]. 2019.

第 6 章

人工智能产品形态

近年来，我国陆续出台多项政策推动人工智能产业发展，多角度促进人工智能与经济社会深度融合发展。工业和信息化部印发了《促进新一代人工智能产业发展三年行动计划（2018-2020 年）》，中央全面深化改革委员会第七次会议审议通过了《关于促进人工智能和实体经济深度融合的指导意见》，科技部印发了《国家新一代人工智能创新发展试验区建设工作指引》等，在国家和地方政策扶持、数据资源丰富等多因素的驱动下，我国人工智能产品市场呈现遍地开花的趋势，涌现出不同的人工智能产品。人工智能正处于从“不能用”到“可以用”的阶段，但是距离“很好用”还存在可解释性、泛化、能耗、可靠性等诸多瓶颈。

本章主要从人工智能产品形态的视角，围绕人工智能应用系统中人脸识别类产品、智能机器人产品、智能推荐类产品、智能语音类产品等进行分析和讨论，希望带领读者正确认识人工智能产品的基本功能和用途，初步探索人工智能产品背后的结构逻辑。

【学习目标】

- 理解人脸识别系统的构成和技术实现方法。
- 理解智能机器人的构成和技术实现方法。
- 理解智能推荐系统的基本思想和应用方法。
- 理解智能语音助手的关键技术和应用领域。

教学资源

源代码

课件

习题解答

知识探索

人工智能产品是指具有实用价值的人工智能系统和应用，是对人工智能技术进行封装，将人工智能领域的技术成果集成化、产品化的产物，产品形态可能是软件或软硬件结合的形式。

随着制造强国、质量强国、网络强国、数字中国建设进程的加快，制造、家居、金融、教育、交通、安防、医疗、物流等领域对人工智能技术和产品的需求将进一步释放，人工智能产品的种类和形态也将越来越丰富。人工智能主要产品包括智能机器人、智能运载工具、智能终端、智能感知交互系统和行业智能应用服务系统等，如表 6-1 所示。

表 6-1 人工智能主要产品

分　类		典型产品示例
智能机器人	工业机器人	搬运机器人、装配机器人、清洁机器人、焊接机器人等
	服务机器人	养老服务机器人、扫地机器人、教育娱乐服务机器人、酒店服务机器人、银行自助服务机器人、餐饮服务机器人等
	特种机器人	水下作业机器人、物流机器人、安防机器人、医疗服务机器人、军用机器人、特种极限机器人等
智能运载工具		自动驾驶汽车
		轨道交通系统
		无人船
		无人机（无人直升机、固定翼机、多旋翼飞行器、无人飞艇、无人伞翼机等）
智能终端		智能手机
		车载智能终端
		可穿戴终端（智能手表、智能耳机、智能眼镜等）
智能感知交互系统	计算机视觉系统	图像分析仪、视频监控系统等
	自然语言处理系统	机器翻译、机器阅读理解、问答系统、智能搜索等
	生物识别系统	人脸识别系统、指纹识别系统、虹膜识别系统、指静脉识别系统、其他识别系统（DNA、步态、掌纹、声纹识别系统等）
	AR/VR	PC 端 VR、一体机 VR、移动端头显等
	人机交互系统	个人助理、智能语音助手、智能客服、情感交互、体感交互、脑机交互等
行业智能应用服务系统		智能推荐系统、智能导航系统、智能决策系统、智能生产系统等

下面重点介绍人脸识别类产品、智能机器人产品、智能推荐类产品和智能语音类产品这 4 类典型的人工智能产品。

6.1 人脸识别类产品

随着社会的不断进步，视频监控、远程教育、人机交互等技术的不断发展，更快、更准确地进行身份识别已经成为迫切需要解决的问题，而传统的身份识别多为钥匙、各类证件、各种卡等识别方式，而这些用于标识身份的东西容易遗失且容易被用于冒名顶替。因此，传统的身份识别已远远不能满足人类生活的需求。

人们希望用一种更安全、更可靠的技术来进行身份识别，生物识别技术正好能满足这一要求。生物识别技术由于其内在属性，所以具有很强的稳定性和个体差异性，是理想的身份识别手段。生物识别技术是利用人类所固有且每个人所特有的一些物理特征（如人脸、指纹、虹膜、声纹等），通过模式识别技术手段来进行身份识别的一种技术，包括人脸识别、指纹识别、虹膜识别、声纹识别等，如图 6-1 所示。生物识别技术是一门交叉性学科，涉及数字图像处理、模式识别、机器学习、心理学等多门学科。

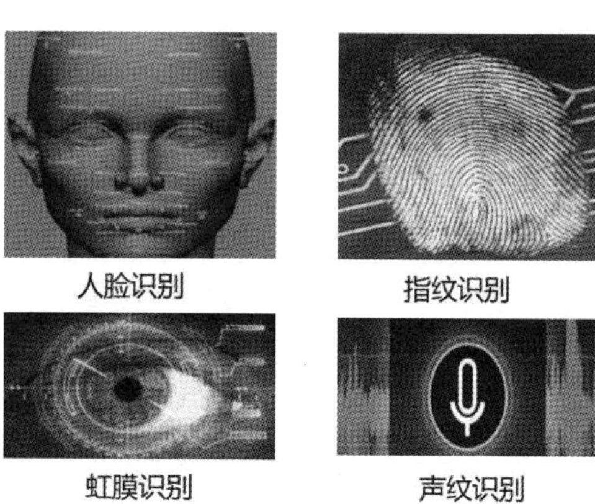

图 6-1　生物识别技术

6.1.1　人脸识别发展现状

人脸识别是模式识别与计算机视觉领域中一个非常重要的研究方向，无论在学术界还是工业界都受到极大的关注。人脸识别是一项基于人脸特征来进行身份识别的技术，其首先通过计算机分析采集到的人脸图像信息，其次采用一定的特征提取算法提取出有效的人脸特征，最后利用提取到的人脸特征进行身份识别。例如，在疫情期间，公共场所安装人脸识别测温闸机，以提高安全检疫的效果，如图 6-2 所示。

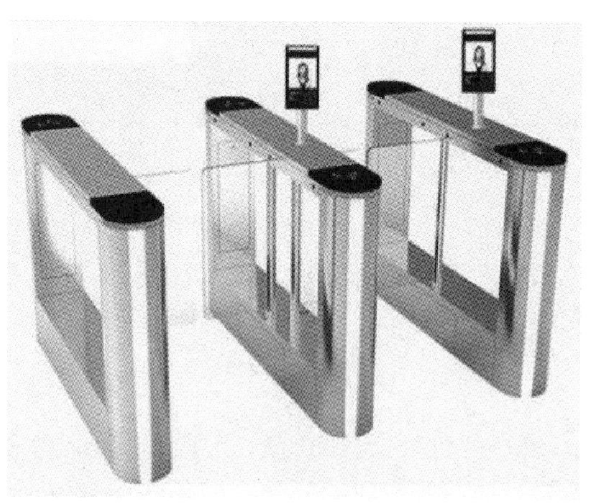

图 6-2　人脸识别测温闸机

人脸识别相对于其他生物识别技术（如指纹识别、虹膜识别、声纹识别等）具有以下优点。

（1）**非接触性**：人脸识别可以不接触人体，直接通过摄像头在一定距离内识别人脸特征，达到辨别的目的，从而可以实现更大范围、更多方位的信息采集。

（2）**非侵扰性**：人脸识别的非接触性也为被采集者带来了非侵扰性的体验。一方面对人脸图像的采集无须被采集者配合也无须工作人员干预；另一方面人脸特征属于暴露在外的生物特征，对人脸图像的采集更容易被大众接受。

（3）**硬件基础完善**：人脸识别对硬件的需求主要体现在摄像头上，当前普及的智能手机均带有高像素的摄像头，同时伴随国内视频监控体系建立的逐渐完善，城市中高清晰度摄像头的密度逐渐增大，相比需要特定采集芯片的指纹识别等生物识别技术，人脸识别的硬件基础优势明显。

（4）**采集快捷简便，可扩展性好**：人脸识别对硬件基础设施的低要求及非接触的采集方式很明显地缩短了信息采集时间，提供了方便的采集方式，同时也为人脸识别后台系统的拓展性带来了明显优势，基于现有的视频监控体系，可以在后台系统中加入出入控制、人脸搜索等多种功能。

人脸识别在20世纪60年代就已经有研究人员开始研究，真正进入初级应用阶段是在20世纪90年代后期，发展至今其技术成熟度已经达到较高的水平。人脸识别的整个发展过程可以分为机器识别、半自动化识别、非接触式识别及互联网应用4个阶段，如图6-3所示。

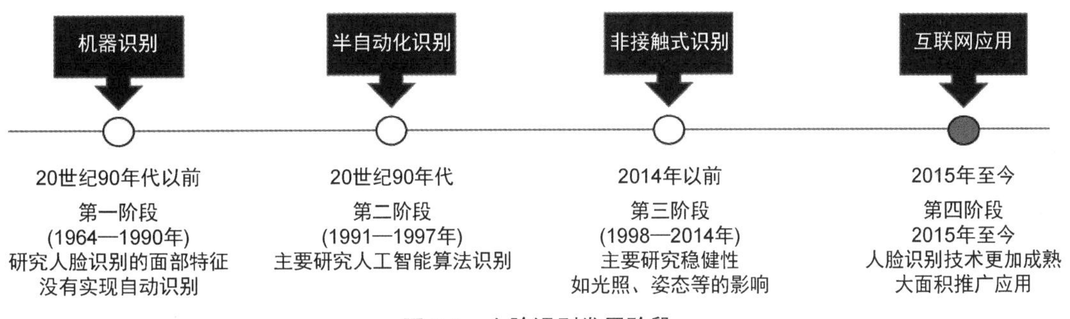

图6-3　人脸识别发展阶段

6.1.2　人脸识别关键技术

人脸识别技术还处于不断发展之中，但其商业化性质特别明显。例如，某精准营销项目需要通过线下门店的摄像头采集人脸图像，同时构建该门店的人脸数据库及该门店的人群画像，如图6-4所示。某人进入该店后在进行人脸图像采集的同时进行人脸识别，在识别出这个人后弹出这个人的相关信息，从而达到精准营销的目的。

从人脸识别的应用过程来看，可将人脸识别关键技术划分为**人脸图像采集录入、人脸关键点检测、人脸配准对齐、人脸特征提取、人脸特征比对**，如图6-5所示。人脸识别技术的应用主要受到光照、拍摄角度、图像遮挡、年龄等多个因素的影响，在约束条件下人脸识别技术相对成熟，在自由条件下人脸识别技术还在不断改进。

图 6-4　人群画像

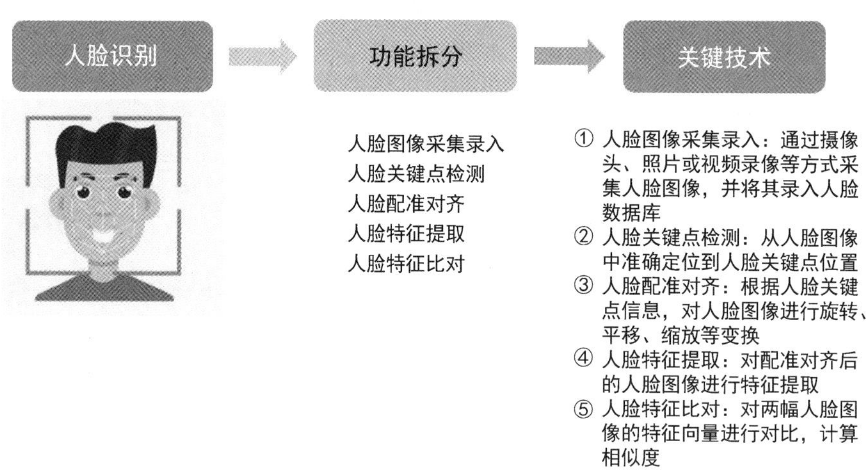

图 6-5　人脸识别关键技术

1. 人脸图像采集录入

人脸图像采集录入是人脸识别系统的前置步骤，可以通过摄像头、照片或视频录像等方式采集人脸图像，并将其录入人脸数据库。

2. 人脸关键点检测

人脸关键点检测的目的在于对输入的人脸图像或视频帧图像中的人脸进行关键点定位，人脸关键点包括人脸轮廓，以及眼睛、眉毛、嘴唇、鼻子轮廓等。人脸关键点检测可应用于美颜拍摄、视频贴纸等场景，丰富用户玩法。图 6-6 所示为部分人脸关键点检测效果，目前更加稠密的关键点还有 98 个、106 个及 186 个等。**依赖于不同的模型能力，能够检测到的关键点数量不同，**能够检测到的关键点越多，人脸识别就越准确。

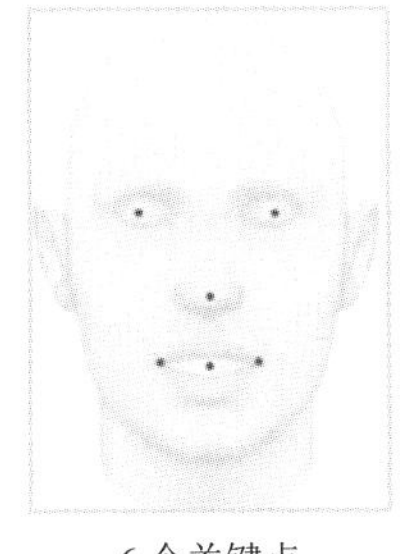
6 个关键点
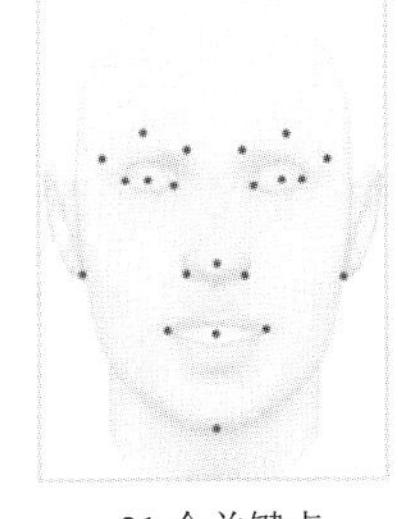
21 个关键点
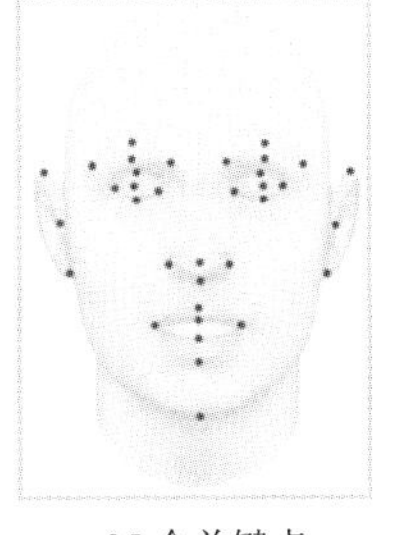
35 个关键点
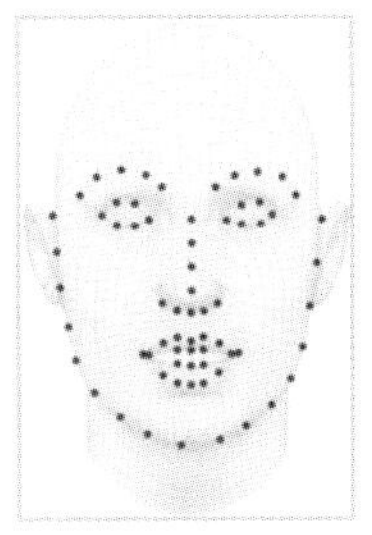
68 个关键点

图 6-6 部分人脸关键点检测效果

3. 人脸配准对齐

根据人脸关键点信息，对人脸图像进行旋转、平移、缩放等变换。是否进行人脸配准对齐会影响到后续的人脸特征提取，因为人脸配准对齐前后提取到的人脸特征是有差别的。图 6-7 所示为人脸配准对齐前后的效果。

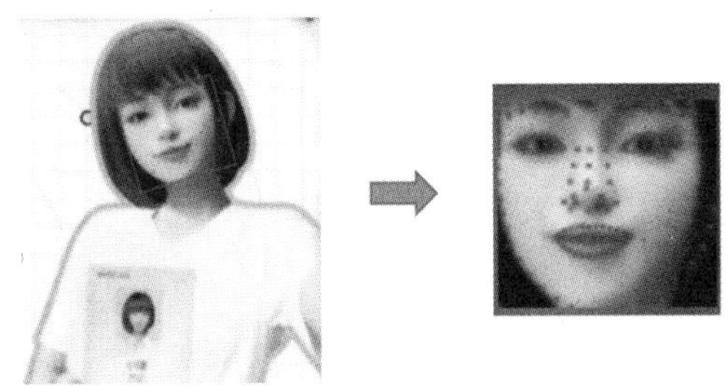

图 6-7 人脸配准对齐前后的效果

4. 人脸特征提取

人脸特征提取的目的是从检测到的人脸图像中提取可区分不同个体差异的鉴别性特征。这些特征对于同一个体必须是稳定的，而对于不同个体要具有个体差异性，也就是说，这些特征必须满足不同个体间的差异性和可区分性。人脸特征提取的目的就是从人脸图像中获取有用的关键信息来描述和表征人脸。人脸特征提取是整个人脸识别过程中最为关键的一步，直接影响后续识别的性能和精度。人脸特征提取如图 6-8 所示。

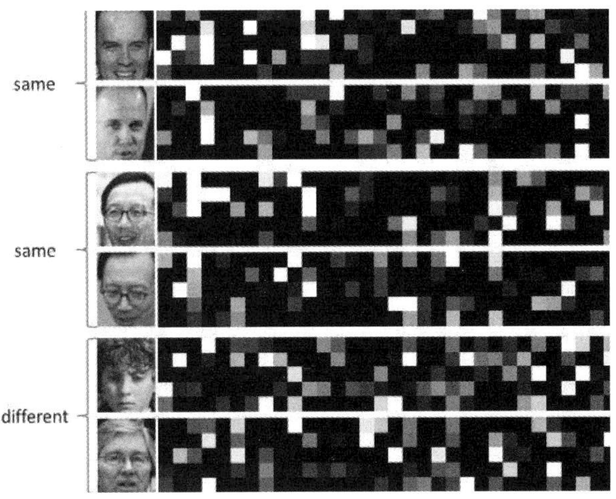

图 6-8 人脸特征提取

5. 人脸特征比对

进行人脸特征提取后，接下来便要进行人脸身份的鉴别。人脸识别是根据已提取的人脸特征进行身份比对、判断和分类的技术，其实质是判断新的测试人脸图像和训练集样本中的哪幅人脸图像具有较高的相似性。人脸特征比对的过程十分依赖于人脸特征提取的结果，人脸特征提取结果的好坏将会直接影响人脸识别的结果。

人脸特征比对分为1∶1和1∶N两种身份验证模式，如图6-9所示。

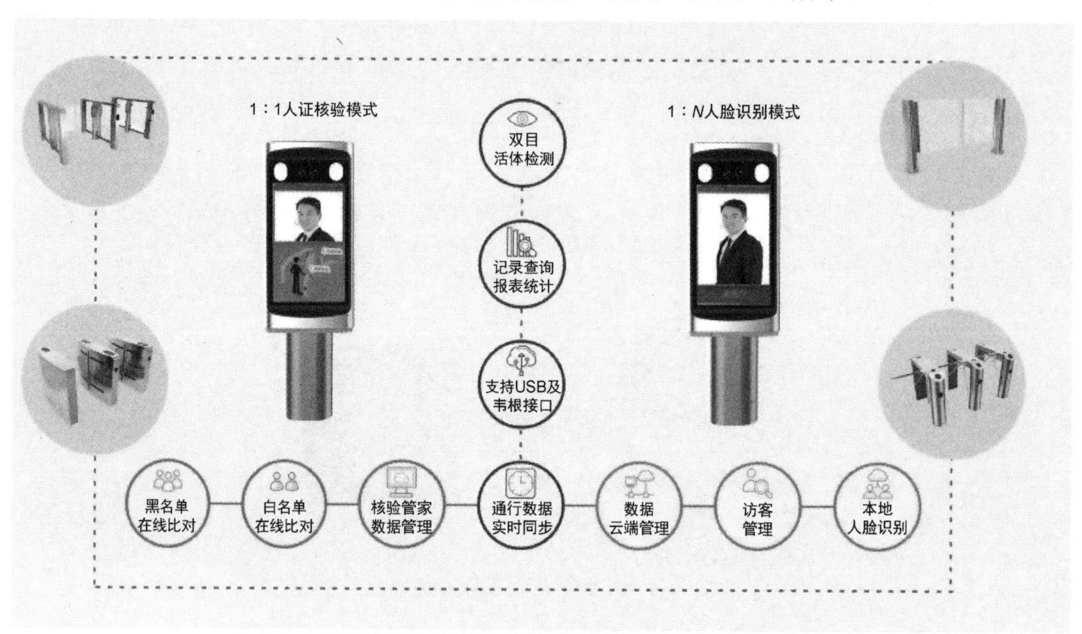

图6-9　1∶1和1∶N两种身份验证模式在闸机中的应用

1∶1人证核验模式是指通过对某人的人脸采集图像与证件照上的人脸特征进行比对，核实是否为同一个人，即回答“你是不是某人”的问题。该模式主要应用于需要进行实名制验证的场景，如乘客乘坐高铁验票，当乘客手持有效身份证件通过闸机时，人脸识别检票系统会将乘客人脸采集图像与身份证上的照片进行比对，这就是典型的1∶1人证核验模式的人脸识别。此外，常见的1∶1人证核验模式的应用还有景区验票、酒店入住、刷脸支付、刷脸解锁等。

1∶N人脸识别模式是指通过采集某人的人脸图像后，从海量的人脸数据库中找到与当前人脸数据相符合的图像，通过数据库的比对回答“你是谁”的问题。这种模式相信大家并不陌生，常见的办公楼宇的人脸考勤门禁采用的就是这种模式，此外其还有社区门禁、工地考勤门禁、会议签到等应用场景。

6.1.3 人脸识别应用领域

目前人脸识别技术不断完善，其应用领域已非常广泛，涉及刑侦、安保、电子信息安全、互联网金融、智能硬件等多个领域。人脸识别部分应用领域如图6-10所示。

图 6-10 人脸识别部分应用领域

按功能来分，人脸识别应用领域大概可以分为如下几类。

电子身份证：将所有人的面部信息扫描归档，建立电子身份信息档案库。电子身份证将是一个人在网络世界中通行的凭证，虽然此项应用目前还未达到实施阶段，但这也是人脸识别技术最有潜力的应用之一。

电子密码：在手机、计算机、网站、App 或其他一切需要用密码来识别或保护人的身份的地方，人脸识别都可以作为一种更安全、更简便的方式来应用，如现在已经有计算机采用人脸识别开机功能。

考勤：现在很多公司考勤不再采用打卡的方式，而要求刷脸，从而使代同事打卡变成了不可能的事。

门禁：在住宅区、写字楼或其他闲杂人等不得进入的区域，人脸识别可以作为一种更精确、更快速的出入控制方式，相比刷脸出入，输密码或刷卡出入就显得有些烦琐了。

支付：人脸识别与互联网金融行业结合的领域，目前这一领域非常火热，如支付宝推出了刷脸支付、京东钱包推出了刷脸解锁等。相比输密码或扫码支付，刷脸支付在安全性上显然更胜一筹。

拍照：现在相机已经具有的自动对焦和人脸识别功能就是人脸识别技术的一种应用，当然照相时的人脸识别功能对识别复杂性的要求非常低，只需要知道哪是“人脸”就行，至于是谁的脸则不需要判断。此外，美颜相机等也是人脸识别技术的应用，精确的人脸识别在查找某人或定制妆容方面大有可为。

刑侦：人脸识别可用于公安系统追捕罪犯，电视剧中将某个人的照片放到海量的信息库中进行对比，瞬间找出其身份信息的场景已成为现实。

6.2 智能机器人产品

智能机器人是一种自动化机器，与普通机器不同的是，这种机器具备一些与人的智能相似的能力，如感知能力、规划能力、动作能力和协同能力，是一种具有高度灵活性的自动化机器。

广义上的机器人是指自动完成某种任务或功能的人造物，如手表、电话、汽车、飞机。

狭义上的机器人是指整合材料、机械、电子、控制、计算机与人工智能等技术的自动机器。因此，智能机器人可以概括为**智能机器人=机械+人工智能**。

智能机器人按照应用领域可以划分为三大类：工业机器人、服务机器人（个人/家用、公共）和特种机器人，如表 6-2 所示。

表 6-2　智能机器人的主要分类

分　类		典型产品示例
智能机器人	工业机器人	搬运机器人、装配机器人、清洁机器人、焊接机器人等
	服务机器人	养老服务机器人、扫地机器人、教育娱乐服务机器人、酒店服务机器人、银行自助服务机器人、餐饮服务机器人等
	特种机器人	水下作业机器人、物流机器人、安防机器人、医疗服务机器人、军用机器人、特种极限机器人等

工业机器人是指广泛用于工业领域的多关节机械手或多自由度机器装置，具有一定的自动性，可依靠自身的动力能源和控制能力实现各种工业加工制造功能，如图 6-11 所示。

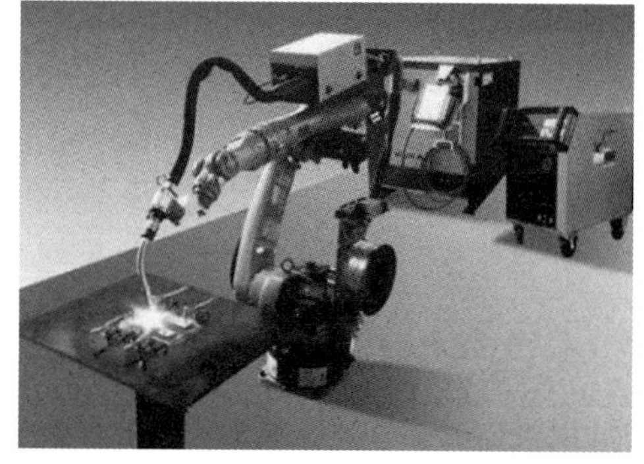

图 6-11　工业机器人

服务机器人是机器人家族中的一个年轻成员，分为个人/家用机器人、公共服务机器人，如图 6-12 所示。当前世界服务机器人的市场化程度仍处于起步阶段，但受简单劳动力不足及老龄化等刚性驱动和科技发展促进，其发展很快，在世界范围内具有巨大的发展潜力。

特种机器人应用于专业领域，一般由经过专门培训的人员操作或使用，是一种辅助和/或代替人执行专业任务的机器人，如图 6-13 所示。

智能机器人是人工智能技术的综合试验场，可以全面检验、考察人工智能各个研究领域的技术发展状况。智能机器人主要技术如图 6-14 所示。智能机器人的内涵和外延也会随着技术的更新而发生变化。

图 6-12　服务机器人

图 6-13　特种机器人

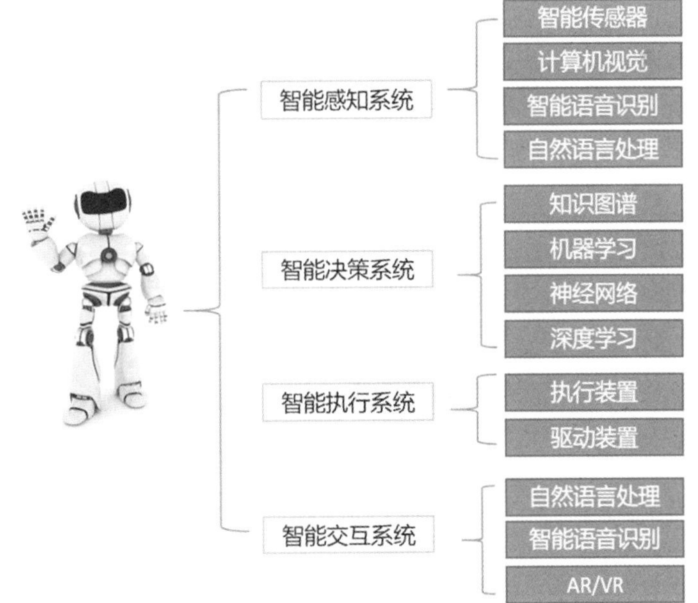

图 6-14　智能机器人主要技术

6.2.1 智能感知系统

智能感知系统相当于人的五官和神经系统，是智能机器人获取内部状态和外部环境信息，以及进行内部反馈控制的系统。智能感知系统的本质是传感器系统，用于将智能机器人各种内部状态和外部环境信息转变为智能机器人自身或者智能机器人之间能够理解及应用的数据、信号甚至知识。智能感知系统构成如图 6-15 所示。

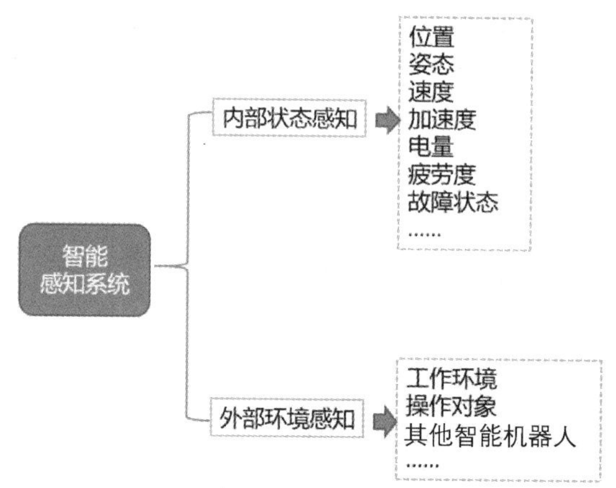

图 6-15　智能感知系统构成

在无人驾驶汽车中，智能感知系统是重要组成部分，通过多种车载传感器来识别车辆所处的环境和车辆状态是实现无人驾驶的重要环节。无人驾驶汽车的智能感知系统如图 6-16 所示。

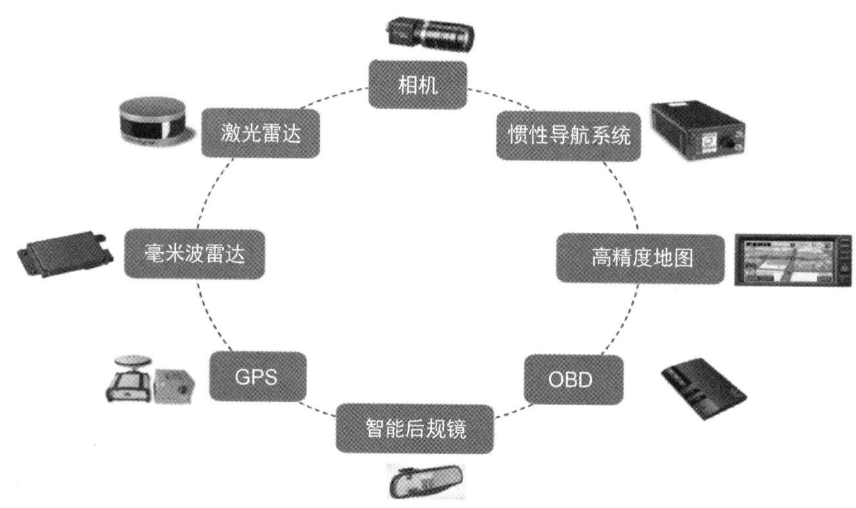

图 6-16　无人驾驶汽车的智能感知系统

6.2.2 智能决策系统

智能决策系统相当于人的大脑，通过对感知信息进行分析和推理，规划和确定智能机器人的任务，而且其具有学习能力，能够实现姿态控制、路径规划、躲避障碍、力度控制、各种优化与控制算法。

在无人驾驶汽车中，最关键的部分就是感知预测（Perception & Prediction）和决策规划控制（Planning & Control）的紧密配合。其中，决策规划控制部分主要包含路由寻径（Routing）、行为决策（Behavior Decision）、动作规划（Motion Planning）及反馈控制（Feedback Control）等模块，如图 6-17 所示。决策规划控制部分的任务就是在对感知到的周边物体的预测轨迹的基础上，结合无人驾驶汽车的路由意图和当前地图定位，对车辆做出最合理的决策和控制。

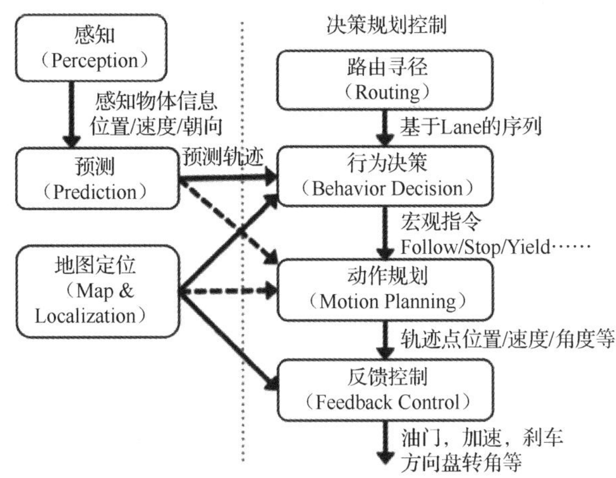

图 6-17　无人驾驶汽车的智能决策系统

6.2.3　智能执行系统

智能执行系统是指智能机器人本体，其臂部一般采用空间开链连杆机构，其中的运动副（转动副或移动副）常称为关节，关节个数通常就是智能机器人的自由度数。出于拟人化的考虑，常将智能机器人本体的有关部位分别称为基座、腰部、臂部、腕部、手部（夹持器或末端执行器）和行走部（移动机器人特有）等。智能执行系统一般分为两部分：自身移动或者变形部分和外部操作部分。智能执行系统如图 6-18 所示。

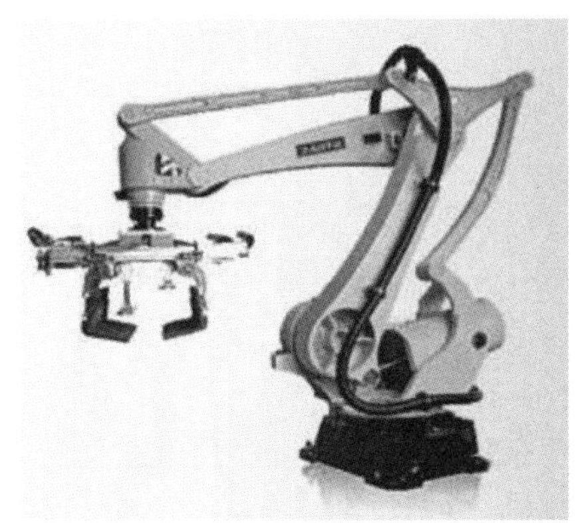

图 6-18　智能执行系统

6.2.4 智能交互系统

智能交互系统主要用于实现人与机器人之间的相互沟通、相互理解，可以分为以下几类。

（1）直接交互系统：键盘、鼠标、手机、有线遥控器、无线遥控器等。

（2）自然交互系统：声音、姿势、肌电、意识等交互系统。

（3）AR、VR、全息等交互系统。

智能交互系统如图 6-19 所示。

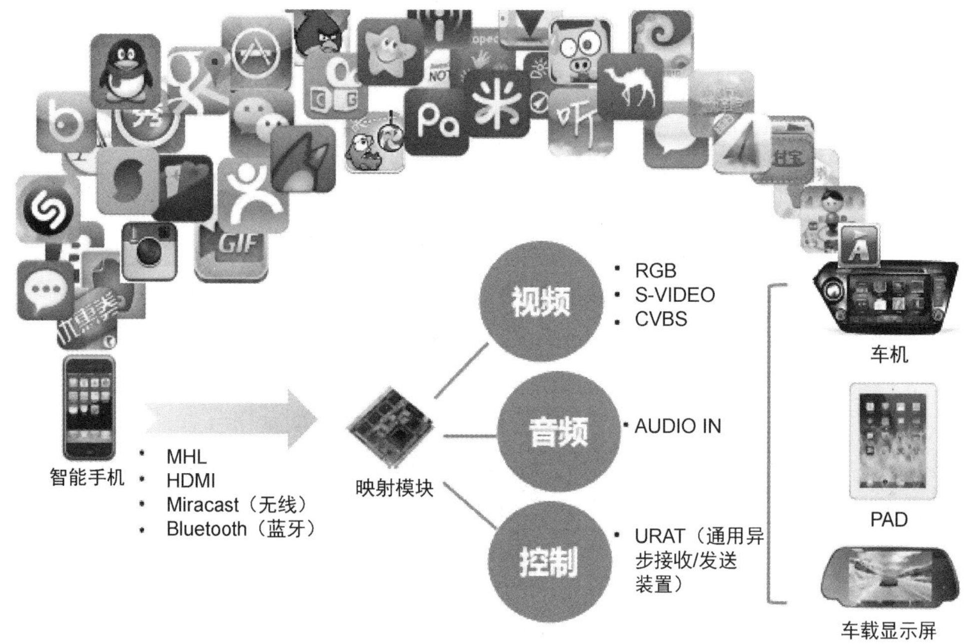

图 6-19 智能交互系统

总体来说，智能化、拟人化将成为智能机器人产业未来的发展方向。智能机器人具有感知、思维的能力。智能机器人可获取、处理并识别多种信息，自主地完成较为复杂的操作任务。相比一般的机器人，智能机器人具有更大的灵活性、机动性和更广泛的应用领域。

6.3 智能推荐类产品

20 世纪 90 年代，美国沃尔玛超市的收银员发现了一个奇怪的现象，结账时顾客的购物车里啤酒和纸尿裤总是摆在一起的。收银员把这个情况报告给了超市的管理员，管理员也大惑不解，于是找到了学者艾格拉沃。艾格拉沃经过调查发现，原因出自“奶爸”这一群体。首先，从时间上看，周末比工作日购买啤酒和纸尿裤的频率更高；其次，从年龄上看，这一群体的孩子不超过两岁；再次，这一群体喜欢看体育节目，而且经常边喝啤酒边看；最后，美国的体育节目多在周末扎堆播放。因此，当周末年轻的母亲需要给孩子换纸尿裤时，通常会让正在看体育节目的“奶爸”去买。“奶爸”出去买纸尿裤，会顺便带一件啤酒回来。发现这个秘密后，沃尔玛大胆地把纸尿裤摆放在啤酒旁边，方便“奶爸”们购买。结果，二者的销量双双上升。

啤酒和纸尿裤的故事（见图 6-20）既是时下流行的大数据思维的经典营销案例，也体现了智能推荐系统中常用的发现关联物品的启发式方法。

图 6-20　啤酒和纸尿裤的故事

6.3.1　智能推荐系统概述

随着移动互联网的快速发展，人们进入了信息时代。当前通过互联网提供服务的平台越来越多，相应的服务种类（购物、视频、新闻、音乐、婚恋、社交等）也层出不穷。从个体角度来看，每个人都是差异化的个体，具有不同的性格特征且成长环境也有极大的差异，这导致了个体的爱好、兴趣千差万别。

面对众多的服务种类、海量的数据及人类个体之间的差异性，人们越来越困惑如何在网络平台上花费更少的时间享受到更好的服务。例如，人们在使用电商平台购物时，输入想要购买的商品信息后，电商平台能否自动、快速地把人们青睐的商品筛选出来并进行推荐。智能推荐系统如图 6-21 所示。

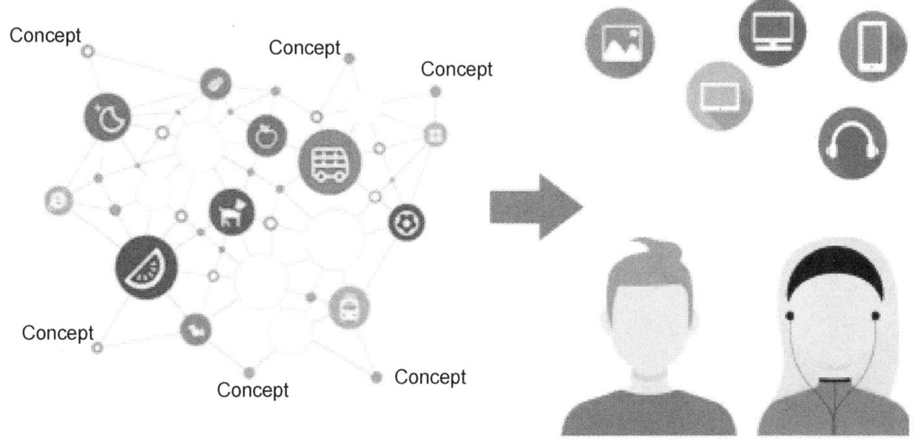

图 6-21　智能推荐系统

面对网络信息过载问题，为了更好地为用户提供服务，并且在提供服务的同时赚取更多的利润，越来越多的网络平台通过采用智能推荐技术，辅助用户更快地发现自己喜欢的物品。智能推荐系统通过分析用户的个人信息及用户的历史行为数据，给用户推荐其可能感兴趣的物品。

6.3.2 智能推荐基本思想

智能推荐系统可以看作一个搜索排序系统或者信息过滤系统。用户输入信息后，智能推荐系统自动返回一个结果序列。作为一个信息过滤系统，智能推荐系统具有以下两个最显著的特性。

（1）主动化。从用户角度考虑，门户网站和搜索引擎都是解决信息过载问题的有效方式，但它们都需要用户提供明确的需求，当用户无法准确描述自己的需求时，这两种方式就无法为用户提供精确的服务了。智能推荐系统不需要用户提供明确的需求，其通过分析用户和物品的数据，对用户和物品进行建模，从而主动为用户推荐他们感兴趣的信息。

（2）个性化。智能推荐系统能够更好地发掘长尾信息，即将冷门物品推荐给对其感兴趣的用户。热门物品通常代表了绝大多数用户的兴趣倾向，而冷门物品往往只代表一小部分用户的兴趣倾向。在电商平台发展火热的时代，由冷门物品带来的营业额甚至超过热门物品。发掘长尾信息是智能推荐系统的重要研究方向。

智能推荐系统的基本思想可概括为“物以类聚”“人以群分”“知你所想”。

“物以类聚”式推荐思想认为用户可能会喜欢与他（她）以前曾经喜欢过的物品相似的物品。根据用户曾经喜欢过的物品信息（内容信息、标签、关键字），给用户推荐与他（她）以前喜欢过的物品相似的物品。图 6-22 所示为“物以类聚”式推荐思想。

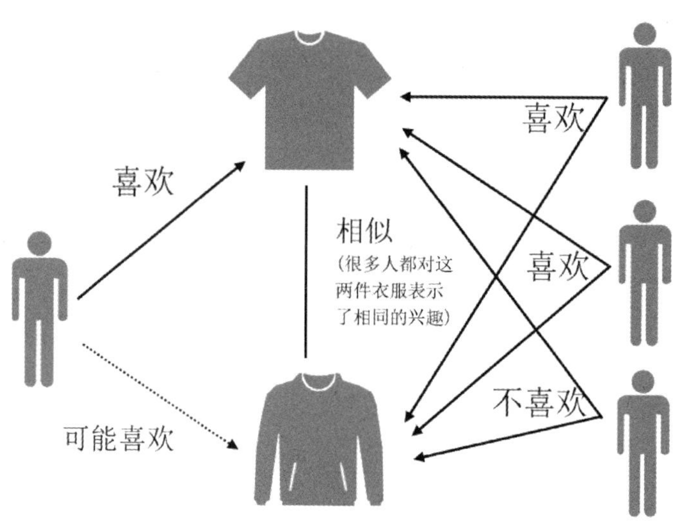

图 6-22 “物以类聚”式推荐思想

“人以群分”式推荐思想根据用户及与其兴趣爱好相似的用户信息，向用户推荐与其兴趣爱好相似的用户喜欢的物品。图 6-23 所示为“人以群分”式推荐思想。

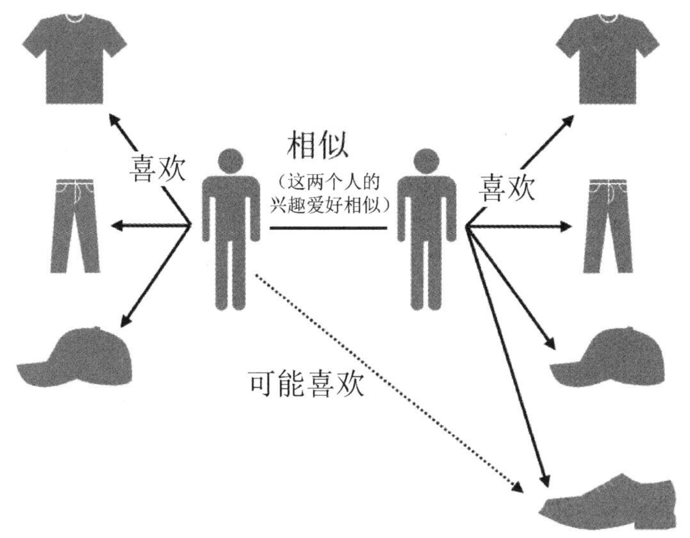

图 6-23 “人以群分”式推荐思想

“知你所想”式推荐思想根据用户和物品的特征信息（用户的基本信息及行为数据，如点击、浏览、收藏、购买、评论等），给用户推荐那些具有用户喜欢的特征的物品。

6.3.3 智能推荐系统流程

在大数据时代，网络上充斥着数量巨大且种类繁杂的商品、信息和服务，这就是人们常说的信息过载（Information Overload）。智能推荐系统被证明是一种解决信息过载和长尾物品问题的有效工具，可基于知识发现的相关技术来解决人们选择商品、信息或者服务的问题。智能推荐系统流程包括数据预处理、用户行为建模、物品特征建模、生成推荐结果，如图 6-24 所示。

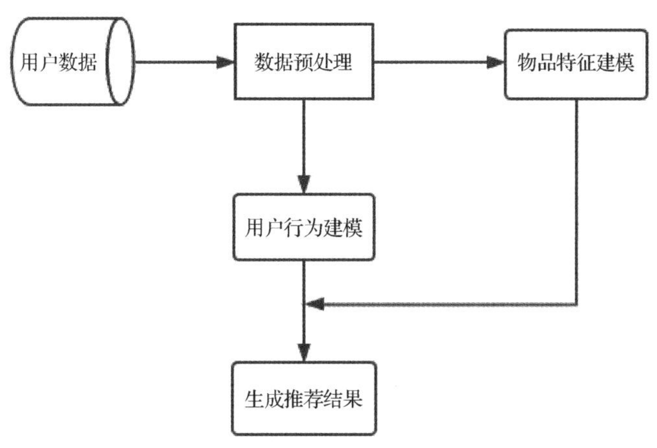

图 6-24 智能推荐系统流程

（1）数据预处理。用于智能推荐系统的数据不仅包括基本的用户和物品数据，还包括各种各样的用户行为数据，如用户注册、登录、浏览、点击、购买、收藏、评论等数据。原始数据中通常会存在脏数据（如缺失数据、噪声数据、冗余数据、数据集不均衡等）。数据预处理的方式主要包括数据清洗、数据转换、数据描述等。在数据清洗阶段，首先处理缺失数据和噪声数据。缺失数据表现为NA（空值），噪声数据通常表现为异常值。在数据转换阶段，对数据进行采样处理、类型转换、归一化。在数据描述阶段，可以根据需要计算统计量和进行数据可视化。

（2）用户行为建模。用户行为建模主要是指生成用户画像，用户画像包括两方面的信息：一是通过多种方式采集到的基本人口统计学信息；二是通过对海量用户行为数据进行深入分析和挖掘，从多个维度描述的用户的基础属性、标签及兴趣点等信息，如用户对品牌、标签和类别的偏好信息，这些信息清晰并且可准确地勾勒出用户的轮廓概貌。用户行为建模示例如图 6-25 所示。

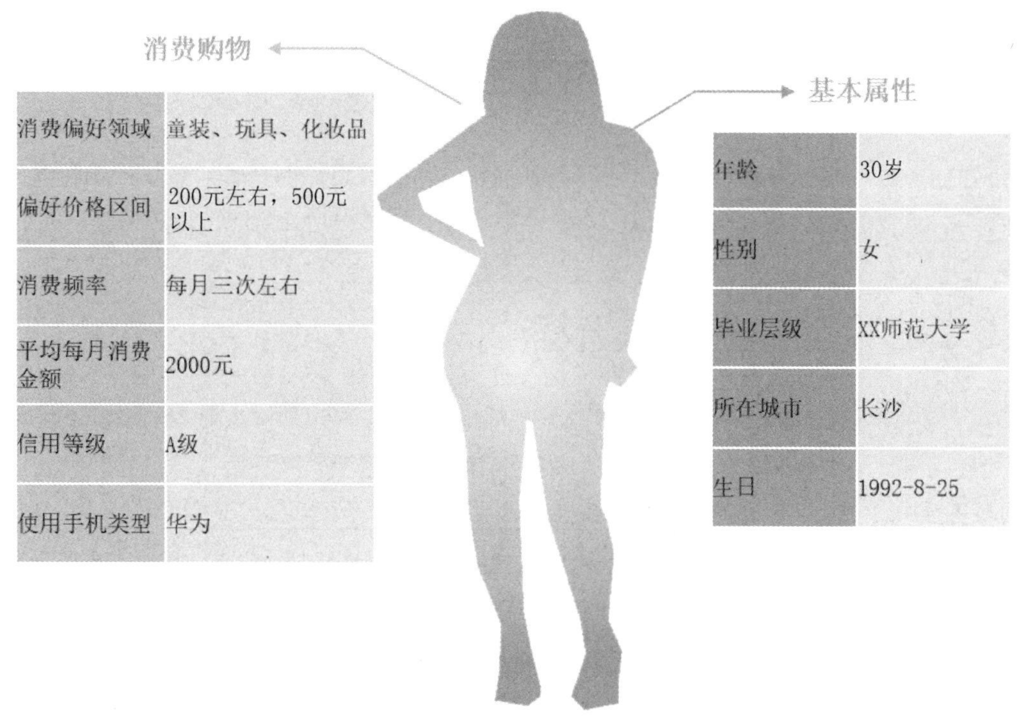

图 6-25　用户行为建模示例

（3）物品特征建模。进行物品特征建模除了需要基本信息，如物品属性、描述信息、时间维度、使用场景、面向的用户群体及用户评价等，还需要各种维度的指数数据，如新商品的潜力指数、商品历史销量的吸金指数及全局热门指数等。

（4）生成推荐结果。智能推荐系统的主流算法包括基于内容的推荐、基于物品的协同过滤和基于知识的推荐。基于内容的推荐中最朴素简单的推荐生成方法是直接将用户需求物品的特征（分类、标签等）作为推荐理由。基于内容的推荐示例如图 6-26 所示。

您最近查看的商品和相关推荐

根据您的浏览历史记录推荐商品

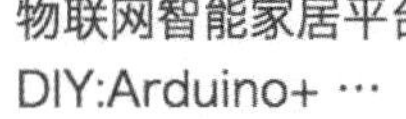

物联网智能家居平台 DIY:Arduino+ …

智能家居 DIY:OpenWrt+Ardui …

图 6-26 基于内容的推荐示例

基于物品的协同过滤的基本思路是买了某物品的用户还买了其他物品。该算法认为同一用户会喜好相似的物品，其推荐思想属于“物以类聚”式推荐思想。基于物品的协同过滤示例如图 6-27 所示。

购买此商品的顾客也同时购买

图 6-27 基于物品的协同过滤示例

基于知识的推荐的基本思路是根据用户的需求或偏好，分析其可能选择某物品。基于知识的推荐原理是对知识库进行分析和处理，形成用户需求和物品之间的强规则，进而形成推荐体系。

6.3.4 智能推荐系统实例

推荐系统有两种常见的推荐方式：非个性化推荐方式和个性化推荐方式。非个性化推荐方式是指给所有用户推荐相同的物品。例如，很多人在夏天经常吃西瓜解渴，西瓜是水果超市中的一种热销水果，如果水果超市的售货员对每位顾客都推荐购买西瓜，那么这种方式就是非个性化推荐方式。如果面对的是一位不能吃西瓜的糖尿病患者，那么这种推荐方式并不能带来很好的经济效益，在这里我们就要引入个性化推荐方式。个性化推荐方式考虑了人们不同的兴趣爱好，从而使推荐结果因人而异。

接下来，以相亲网站上的智能推荐系统为例，简述智能推荐系统的工作流程。相亲网站上大都采用“知你所想”式推荐思想给用户推荐约会对象，以提升用户在相亲网站上约会的成功率。

海伦女士一直使用在线相亲网站寻找适合自己的约会对象。尽管相亲网站会向她推荐不同的人选，但她并不会喜欢每一个推荐对象。经过一番总结，她发现自己约会过的对象可以进行如下分类：不喜欢型、有些喜欢型、非常喜欢型。表 6-3 所示为海伦女士曾经的部分约会数据及其对约会对象的评价。

表 6-3　海伦女士曾经的部分约会数据及其对约会对象的评价

约会对象 ID	每年获得的飞行常客里程数	玩视频游戏所消耗时间占比	每周消费的冰激凌公升数	喜欢的程度
001	40920	8.326976	0.953952	largeDoses（非常喜欢）
002	14488	7.153469	1.673904	smallDoses（有些喜欢）
003	26052	1.441871	0.805124	didntLike（不喜欢）
004	75136	13.147394	0.428964	didntLike
005	28488	10.528555	1.304844	largeDoses
006	6487	3.540265	0.822483	smallDoses
007	37708	2.991551	0.83392	didntLike
008	22620	5.297865	0.638306	smallDoses
009	28782	6.593803	0.187108	largeDoses

为了成功地向她推荐约会对象，相亲网站需要了解海伦女士对约会对象的偏好特征，为此相亲网站收集了 3 个影响相亲结果的特征：每年获得的飞行常客里程数、玩视频游戏所消耗时间占比、每周消费的冰激凌公升数。接下来，根据海伦女士曾经的约会数据及其对约会对象的评价，相亲网站对以上特征进行分析，结果如图 6-28、图 6-29、图 6-30 所示。

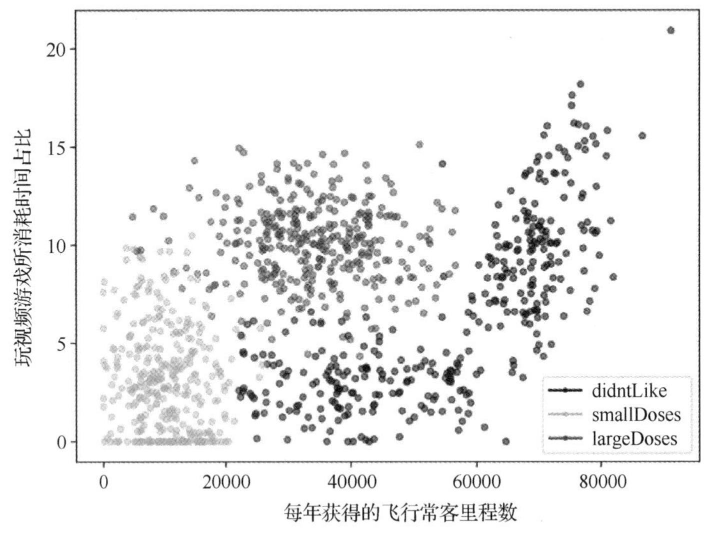

图 6-28　每年获得的飞行常客里程数与玩视频游戏所消耗时间占比的关系图

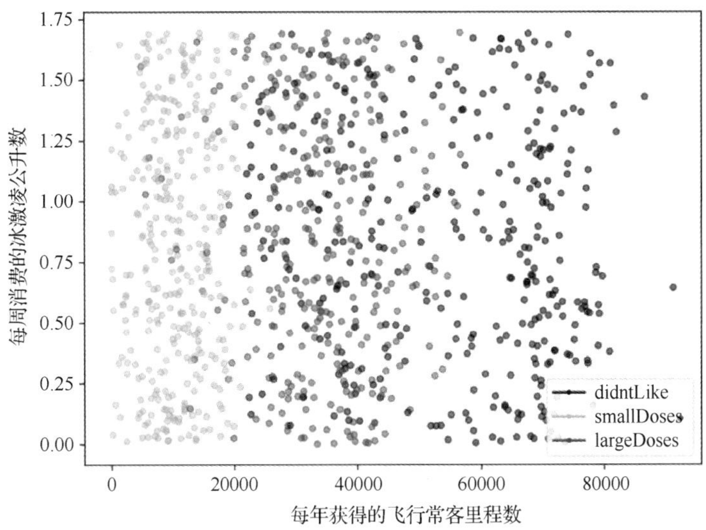

图 6-29 每年获得的飞行常客里程数与每周消费的冰激凌公升数的关系图

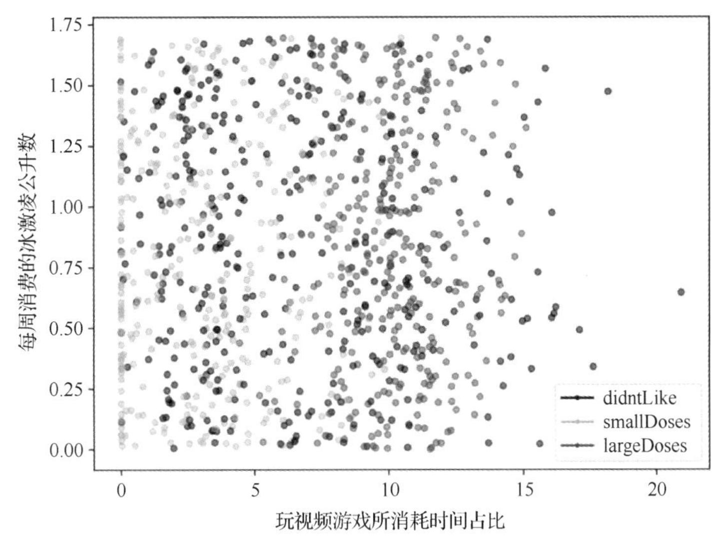

图 6-30 玩视频游戏所消耗时间占比与每周消费的冰激凌公升数的关系图

于是，相亲网站根据分析可以得到：每年获得的飞行常客里程数为 20000～60000 并且玩视频游戏所消耗时间占比为 5%～15%的 A 类男士是最受海伦女士喜欢的类型；每年获得的飞行常客里程数在 20000 以内的 B 类男士是海伦女士有些喜欢的类型；每年获得的飞行常客里程数在 60000 以上的 C 类男士是海伦女士不喜欢的类型。由此可见，每年获得的飞行常客里程数是影响海伦女士约会成功最重要的一个特征，而每周消费的冰激凌公升数对海伦女士是否约会成功的影响并不大。

因此，相亲网站在给海伦女士推荐约会对象时，更多地给她推荐每年获得的飞行常客里程数为 20000～60000 并且玩视频游戏所消耗时间占比为 5%～15%的 A 类男士。

6.3.5 智能推荐系统应用领域

智能推荐系统本质上可以说是一个搜索排序系统或者信息过滤系统，旨在从纷繁复杂的数据中找到对用户个人有利的信息。总体来说，一个完整的智能推荐系统一般存在三个参与方：用户、内容提供者和提供智能推荐系统的网站。

首先，智能推荐系统要满足用户的需求，给用户推荐他们感兴趣的内容；其次，智能推荐系统要让内容提供者提供的内容能够被推荐给对其感兴趣的用户；最后，好的智能推荐系统设计要能够让智能推荐系统本身收获高质量的用户反馈，不断提高推荐的质量，提高智能推荐系统的效益。智能推荐系统是以提升用户体验和提高商业利润为目的的技术，它的应用领域主要有以下几个。

（1）电商平台。应用于电商平台（如淘宝、京东等）的智能推荐系统是一个基于网上购物环境的、以商品为推荐对象的个性化推荐系统，用于为用户推荐符合其兴趣爱好的商品。应用于电商平台的智能推荐系统的最大优势在于它能够根据用户的兴趣爱好、习惯及各个用户之间的相关性主动为用户推荐商品，并且其给出的推荐也是实时更新的，即当系统中的商品库和用户的兴趣爱好等资料发生改变时，推荐信息也会自动改变。

（2）视频网站。应用于视频网站（如爱奇艺、腾讯视频等）的智能推荐系统与应用于电商平台的智能推荐系统不太一样。由于视频网站的用户通常只是想看电影，但是并没有很明确的需求要看哪部电影，甚至哪种类型的电影，因此在进行电影推荐时，需要考虑到以下两方面的问题：一是推荐的电影是否符合用户的偏好；二是用户可能曾经很少看此种类型的电影，推荐此种类型的电影是否会给用户带来惊喜，使用户产生观看行为。

（3）音乐网络平台。应用于音乐网络平台（如网易云音乐等）的智能推荐系统会自动计算歌曲的相似度，并给用户推荐和他之前喜欢的音乐相似的音乐，或者记录所有用户的听歌记录及用户对歌曲的反馈，在这个基础上计算出不同用户在歌曲上的喜好相似度，从而给用户推荐和他有相似听歌爱好的其他用户喜欢的歌曲。

（4）社交网络。应用于社交网络（如新浪微博、Facebook 等）的智能推荐系统通常涉及根据用户的社交网络信息对用户进行个性化的物品推荐，或者给用户推荐其感兴趣的内容文本，或者对其进行好友推荐。

6.4 智能语音类产品

当前，人工智能的发展仍处于弱人工智能阶段。人工智能关键技术主要以实现感知智能和认知智能为目标，其中包括计算机视觉（人脸识别、图像识别等）、智能语音（语音识别、语音合成等）、自然语言处理（自然语言理解、自然语言生成等）和知识图谱等目前较为热门的领域，主要解决的是感知智能和认知智能的需求，即使得人工智能能够感知周围的世界，能够听见、看到、运动等。

智能语音技术作为人工智能关键技术之一，其目标是实现人机通信，主要包括语音识别技术和语音合成技术。智能语音技术的研究以语音识别技术为开端，可以追溯到 20 世纪 50

年代。随着信息技术的发展，智能语音技术已经成为人们获取信息和沟通最便捷、最有效的手段。

智能语音助手作为智能语音技术的应用落地产品，近年来备受用户关注和喜爱。智能语音助手根据依托的载体不同可分为手机智能语音助手、智能音箱等。常见的手机智能语音助手有苹果的 Siri、华为的小艺和百度的小度等，常见的智能音箱有天猫精灵、小米 AI 音箱等。智能语音助手通过提供智能化的语音识别技术来实现智能化操作。例如，小米 AI 音箱不仅可以播放音乐、讲故事、设置闹钟，还可以控制智能家居产品，为用户提供更加全面的服务。

6.4.1 智能语音助手发展历程

智能语音技术为智能语音助手的发展提供了技术支撑，智能语音助手的发展与智能语音技术的发展息息相关。智能语音技术的研究可追溯到 20 世纪 50 年代，发展过程从未间断，其代表性发展历程可分为 4 个阶段：萌芽期、突破期、产业化期及快速应用期。

（1）萌芽期：1952 年，贝尔实验室（Bell Labs）制造出一台 6ft（1ft ≈ 0.3048m）高的自动数字识别机 Audrey，它可以识别数字 0～9 的英文发音，且准确度超过 90%。并且，它对熟人声音的识别准确度高，而对陌生人声音的识别准确度偏低。1984 年，计算机第一次实现“开口说话”。IBM 发布的语音识别系统在 5000 个词汇量级上达到了 95%的识别准确度。

（2）突破期：1988 年，卡耐基梅隆大学结合矢量量化（VQ）技术，用 VQ / HMM 方法开发了世界上第一个非特定人、大词汇量连续语音识别系统 Sphinx，该系统能够识别包括 997 个词汇的 4200 个连续语句。同年，清华大学和中国科学院声学研究所在大词库汉语听写机的研制上取得了突破性进展。

（3）产业化期：1997 年，IBM 首个语音听写产品 ViaVoice 问世，人们只要对着话筒喊出要输入的字符，它就会自动判断并且帮助人们输入文字。次年，IBM 又开发出可以识别上海话、广东话和四川话等地方口音的语音识别系统 ViaVoice’98。1998 年，微软在北京成立亚洲研究院，将汉语语音识别纳入重点研究方向。2009 年，微软的 Windows 7 操作系统集成了语音功能。

（4）快速应用期：2011 年，苹果 iPhone 4S 发布，智能语音助手 Siri 诞生，人机交互翻开新篇章。2014 年 11 月，亚马逊智能音箱 Echo 发布。2017 年，微软达到新的里程碑，通过改进微软语音识别系统中基于神经网络的听觉和语言模型，将词错率降为 5.1%。

智能语音助手问世于智能语音技术的快速应用期。Siri 支持自然语言输入，还可以根据语音指令调用系统自带的闹钟、音乐等。在技术不断更新迭代的过程中，国内也推出了以手机为载体的智能语音助手，如小度、小爱同学、小艺等，这些智能语音助手可以帮助人们查天气、发短信、播放音乐等，甚至还可以跟人们聊天。

尽管智能语音助手可以充当人们的生活助理，但是在公共场合通过智能语音助手来下达指令，既会泄露个人隐私，也会使执行结果不精确，因此大多数用户还是把它们作为一个消遣的玩具。但是，大量智能语音助手的出现推动了其往实体化方向发展，即出现了智能音箱，如天猫精灵、小米 AI 音箱、儿童早教机等。以小米 AI 音箱为例，它不仅可以播放音乐、读小说、讲故事、播放教育学习类等多种有声读物，还可以通过 App 与小米智能家居产品进行捆绑，通过智能音箱的语音交互功能遥控家里的电视、扫地机器人、电饭煲、空调、电风扇、智能灯等小米生态链设备。

6.4.2 智能语音助手关键技术

智能语音助手关键技术涉及多类型学科，主要包括智能语音识别技术和自然语言处理技术等。接下来，分别介绍智能语音识别技术和自然语言处理技术在智能语音助手方面的应用。

（1）智能语音识别技术。智能语音识别系统由语音唤醒、语音增强、声纹识别、语种识别及语音合成子模块构成，具体介绍详见 5.2 节。智能语音识别系统的这些子模块在智能语音助手上几乎都有应用。以智能语音助手 Siri 为例，如果用户想要给 Siri 发送语音指令，那么首先需要用唤醒词“嘿，Siri”将其唤醒，这就涉及语音唤醒技术。Siri 被唤醒之后，用户发送语音“帮我设置今天下午 14 点 30 分的闹钟”，语音识别技术将用来识别这条语音的具体内容，如果用户当前处于较嘈杂的环境，那么语音增强技术将用于去噪并增强语音指令，同时声纹识别技术用于判断正确的语音指令，忽略周围的噪声。当 Siri 完成上述动作并为用户正确设置了闹钟后，语音合成技术将用于 Siri 对用户的回复“我已将您的闹钟设在今天下午 14 点 30 分”。

（2）自然语言处理技术。自然语言处理技术按任务方向分为自然语言理解和自然语言生成，用于分析、理解或者生成自然语言，实现人与机器的自然交流，具体介绍详见 5.3 节。现阶段，智能语音助手与人类之间的交流不再是简单的你问我答，不少智能语音助手甚至能自动感知场景，和人类进行深度交流。在这种深度交流的背后，离不开自然语言理解和自然语言生成这两种基础技术。自然语言理解技术的任务主要是与智能语音识别技术一起应用于智能语音助手，对于用户的语音指令，如“明天会不会下雨”，智能语音识别技术将用户的这段语音中的词汇内容转换成机器可读的输入，自然语言理解技术则用于理解用户语音的内容，即用户意图。在“明天会不会下雨”这段语音指令中，经过自然语言理解技术解析出来的用户意图就是询问明天的天气。经过系统查询之后，自然语言生成技术和自然语音合成技术会将查询结果，即“明天有小雨，记得带伞哟”，以语音的形式反馈给用户。

6.4.3 智能语音助手应用领域

关于智能语音助手的应用，以 Siri 为例，苹果推出 Siri 的初衷是把它作为用户的虚拟生活管家。后期涌现出了众多类似 Siri 的智能语音助手，但是由于使用场景的限制，这些智能语音助手始终没能成为用户的虚拟生活管家，人们通常仅使用它们设置闹钟、播放音乐等。随着智能语音助手的发展，出现了智能音箱等实体化的智能语音助手，使得智能语音助手在商业、家居、办公、出行等领域应用更加广泛。

（1）商业。以星巴克智能语音点单为例，星巴克定制版的天猫精灵（见图 6-31）可以为客户提供点单服务，成为全球首位 AI 咖啡师。这是星巴克与阿里巴巴的一次创新式合作，携手天猫精灵、饿了么，实现了新场景下的智能语音点单和配送服务。只要给它发送语音指令“天猫精灵，给我一杯咖啡”，天猫精灵收到语音指令后便会立即自动下单，支付通过声纹识别或免密支付来实现。此外，星巴克定制版的天猫精灵还可以帮助用户查询订单和会员信息，使消费者的购物体验升级。

（2）家居。以小米 AI 音箱为例，通过发送语音指令“小爱同学，播放我收藏的歌曲”，小米 AI 音箱会自动为用户播放收藏的歌曲，并且可以根据指令播放有声书、相声等。小米 AI 音箱内置声纹识别功能，通过听取声音便可识别主人身份，与其交流更轻松。小米 AI 音箱还可控制小米电视、扫地机器人、空气净化器等小米生态链设备。小米 AI 音箱（触屏版）如图 6-32 所示。

图 6-31 星巴克定制版的天猫精灵

图 6-32 小米 AI 音箱（触屏版）

（3）办公。以小致语音助手为例，小致语音助手是一个能听、会说、能思考、会分析的智能语音助手，为用户提供了随时且亲切的服务。它可以帮助用户快速地从纷繁复杂的工作中找到最快捷的方式，快速处理每件事情，解放双手及大脑，让员工专注于解决核心问题，使员工工作更加自由，工作效率提高 30%以上。目前，小致语音助手可自动识别并完成请假、查看日程、发起会议、记录会议内容、打电话、发短信、智能问答等工作内容。

（4）出行。随着新能源汽车的普及，以及车内硬件的不断升级，智能语音助手也逐渐成为不少车型的标配。以车载智能语音助手小艺为例，它具备地图导航、播放音乐等基础功能，用户可以通过给小艺发送语音指令，从而控制车内空调温度、升降车窗、调整后视镜等，整个行车过程无须用户操控，只需直接通过语音唤醒小艺就能获得智能驾驶体验。小艺还具备四音区识别的能力，可以准确判断出与它对话的是驾驶员还是副驾或后排乘客。当副驾乘客要求“打开车窗”时，它就会自动选择仅开启副驾旁的车窗，不会影响到驾驶员或者其他乘客。小艺也会根据车主的使用习惯及所处场景判断可能的需求并主动服务。例如，当驾驶员疲劳驾驶时，小艺会及时提醒驾驶员注意适当休息。

案例体验

基于百度人工智能的智能语音对话系统

1. 任务描述

百度智能语音开发平台提供实时语音识别功能，基于 Deep Peak2 的端到端建模，可将音频流实时识别为文字。同时，该平台还提供免费体验语音相关服务的接口，用户只需要先在平台上进行注册，然后创建一个新应用，并选择语音技术的相关接口，完成应用创建之后就可以获得平台开放的 AppID、API Key 和 Secret Key。用户使用平台提供的这 3 个注册码，就可以调用百度智能语音开发平台的语音识别 API。

本任务的主要目的是基于 Python 开发一个智能语音对话系统，该系统包含 3 个主要组成部分：语音录制、语音转文字及图灵对话输出。

2. 任务实施

步骤一：编写代码实现语音录制功能。在具备 Python 开发环境的基础上，安装 Python 第三方库 time、wave、pyaudio，并使用 Python 编写实现语音录制功能的代码，具体代码内容如下：

```
import time, wave
from pyaudio import PyAudio,paInt16
channels = 1
framerate = 16000
num_samples = 2000
sampwidth = 2
# 录制音频
def my_record(rate = 16000):
    pa = PyAudio()
    stream = pa.open(format=paInt16, channels=channels, rate = framerate, input = True,
                     frames_per_buffer = num_samples)
    my_buf = []
    t = time.time()
    print("Recording...")
    while time.time() < t + 5:
        string_audio_data = stream.read(num_samples)
        my_buf.append(string_audio_data)
    print("done")
    save_file("./myvoice.wav", my_buf)
    stream.close()
# 保存音频文件
def save_file(filepath, data):
    wf = wave.open(filepath, 'wb')
    wf.setnchannels(channels)
    wf.setsampwidth(sampwidth)
    wf.setframerate(framerate)
    wf.writeframes(b''.join(data))
    wf.close()
# 读取文件
def get_file_content(filePath):
    with open(filePath, 'rb') as fp:
        return fp.read()
```

```
if __name__ == "__main__":
    my_record()
    print(get_file_content("./myvoice.wav")[0:30])
```

步骤二：调用百度智能语音开发平台的语音识别 API 实现语音转文字功能。具体操作如下：进入百度官网，搜索“百度智能语音”，进入百度智能云平台，单击使用平台的实时语音识别功能，进入应用创建界面，如图 6-33 所示。

图 6-33　百度智能云平台

在应用创建界面中单击“创建应用”按钮，选择“语音技术”接口，输入其他必填内容，完成应用创建之后，平台会开放相应的 AppID、API Key 和 Secret Key 供用户调用 API，如图 6-34 所示。

产品服务 / 语音技术 - 应用列表 / 应用详情

应用详情

编辑　查看文档　下载SDK　查看教学视频

应用名称	AppID	API Key	Secret Key	HTTP SDK
语音识别	25745418	ZSrsGrmW6ncWg7c8pDfVZE7p	R9tXH3d4paOX6h2dTv47mbEhpFVEyaV 隐藏	语音技术 无

API列表：

API	状态	请求地址	调用量限制	并发限制	展开

应用信息：

应用归属：个人

应用描述：自动语音转换文字

图 6-34　获取 AppID、API Key 和 Secret Key

以上操作完成之后，还要使用 pip 安装调用语音识别 API 的 Python 第三方库 baidu-aip。接下来，编写代码实现语音转文字功能，具体代码如下：

```
from aip import AipSpeech
"""baidu APPID AK SK """
APP_ID ='25745418'    # 需替换为自己的 AppID
API_KEY = 'ZSrsGrmW6ncWg7c8pDfVZE7p'    # 需替换为自己的 API Key
SECRET_KEY = 'R9tXH3d4paOX6h2dTv47mbEhpFVEyaVl'    # 需替换为自己的 Secret Key
client = AipSpeech(APP_ID, API_KEY, SECRET_KEY)
```

```
# 读取文件
def get_file_content(filePath):
    with open(filePath, 'rb') as fp:
         return fp.read()
def invoke_asr():
    # 调用语音识别 API
    result = client.asr(get_file_content('./myvoice.wav'), 'wav', 16000, {'dev_pid':
1537,})
    result_text = result["result"][0]
    print(result_text)
if __name__ == "__main__":
    invoke_asr()
```

步骤三：接入图灵对话，进行文本回复。为了实现图灵对话输出功能，需要使用 pip 安装 Python 第三方库 requests、json，具体代码如下：

```
import requests,json
"""turing """
turing_api_key = '1202de25edf0495eab665b684d3a95e8'    # 需替换为自己的 API Key
api_url = 'http://openapi.tuling123.com/openapi/api/v2'
def turing(text_words):
    req = {
    "reqType":0,
    "perception": {
        "inputText": {
            "text": "附近的酒店"
        },
        "inputImage": {
            "url": "imageUrl"
        },
        "selfInfo": {
            "location": {
                "city": "北京",
                "province": "北京",
                "street": "信息路"
            }
        }
    },
    "userInfo": {
        "apiKey": turing_api_key,
        "userId": "keda"
    }
    }
    req['perception']["inputText"]["text"] = text_words
    try:
```

```
        response = requests.request("post", api_url, json=req)
    except Exception as e:
        print("请求出错")
        return "无数据返回"
    response_dict = json.loads(response.text)
    result = response_dict["results"][0]["values"]["text"]
    print("Robot said", result)
    print("调用成功")
    return result
if __name__ == "__main__":
    robot_result = turing("你好！")
```

通过以上步骤，我们就完成了智能语音对话系统的开发任务。

拓展阅读

人工智能产品的“患”与“防”

智能机器人自信地“走上”舞台担当主持人，成为娱乐界的“明星”；无人车能够“稳操”方向盘，解放司机双手；健康“魔镜”能实时显示测试者的“睡眠”“情绪”“皮肤”等一系列健康指标系数；通过特定算法全方位了解用户偏好和需求，为消费者“量身定制”的“精准推送”正成为商家引导消费的新途径……曾经在科幻电影中才能看到的炫酷片段已经在生活中得以实现，种种“黑科技”出现在我们眼前，人工智能技术应用正深刻地影响着人们的生活。

但随着人工智能技术应用越来越广泛，人工智能的“脆弱面”逐渐暴露出来，智能机器人“自我意识”、技术滥用等安全漏洞引起业界关注。大数据是人工智能系统模型训练的前提，这些数据可能是互联网数据，也可能是人工智能系统与人类进行交互而产生的数据，可能会带来信息安全风险，如生物特征安全风险、数据恶意篡改、名誉诋毁、数据过度使用等。因此，需要树立信息安全意识，共同维护良性的人工智能发展生态圈。从根本上说，人工智能系统必须以人为本，这些系统是人类设计出的系统，按照人类设定的程序逻辑或软件算法，通过人类发明的芯片等硬件载体来运行或工作，其本质体现为计算，通过对数据的采集、加工、处理、分析和挖掘，形成有价值的信息流和知识模型，以延伸人类智能，实现对人类期望的一些智能行为的模拟。在理想情况下，人工智能系统必须体现服务人类的特点，而不应该伤害人类，特别是不应该有目的性地做出伤害人类的行为。

2018 年 1 月，在国家人工智能标准化总体组的成立大会上，《人工智能标准化白皮书（2018 版）》正式发布。该白皮书论述了人工智能的安全、伦理和隐私问题，认为设定人工智能技术的伦理要求要依托于社会和公众对人工智能伦理问题的深入思考与广泛共识，并遵循一些共识原则。

2018 年 9 月 17 日，国家主席习近平致信祝贺 2018 世界人工智能大会开幕。习近平在贺信中指出，新一代人工智能正在全球范围内蓬勃兴起，为经济社会发展注入了新动能，正在深刻改变人们的生产生活方式。把握好这一发展机遇，处理好人工智能在法律、安全、就业、道德伦理和政府治理等方面提出的新课题，需要各国深化合作、共同探讨。中国愿在人工智能领域与各国共推发展、共护安全、共享成果。

本章总结

本章主要围绕人脸识别系统、智能机器人、智能推荐系统、智能语音助手 4 类典型的产品，带领读者探索人工智能产品背后的逻辑。通过引入行业实际案例——基于百度人工智能的智能语音对话系统项目，帮助大家提高对人工智能产品的认知深度。

知识速览：

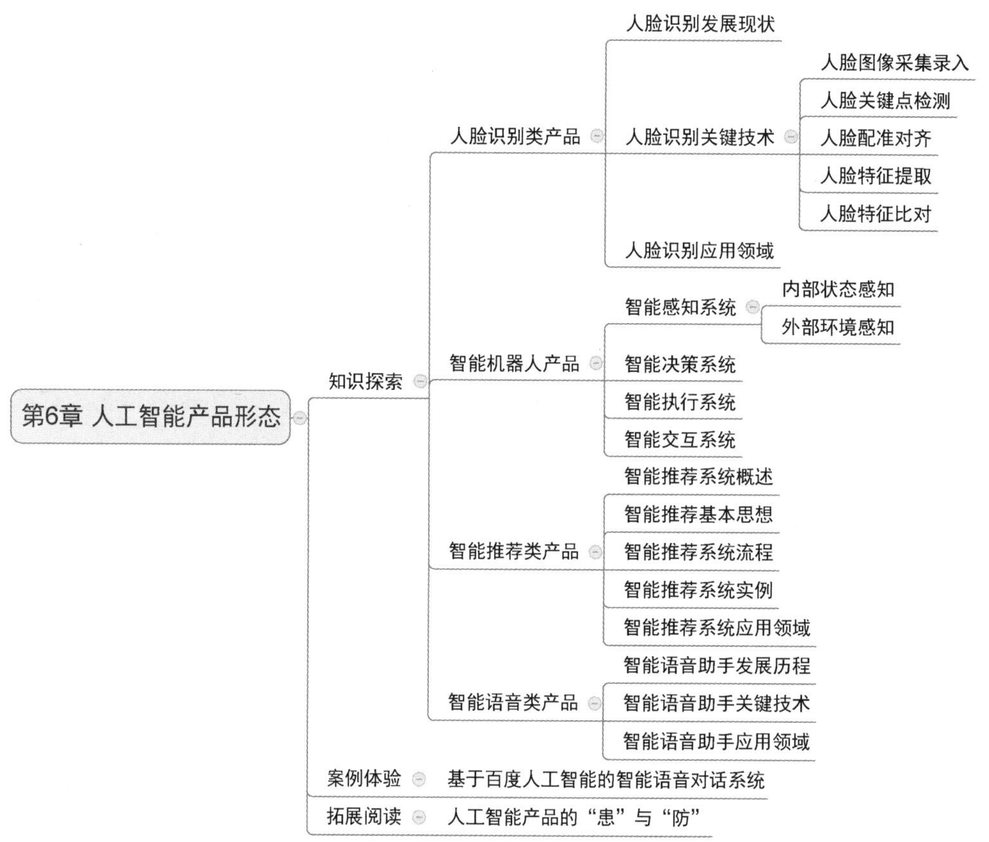

（1）人脸识别是一项基于人脸特征来进行身份识别的技术，其首先通过计算机分析采集到的人脸图像信息，然后采用一定的特征提取算法提取出有效的人脸特征，最后利用提取到的人脸特征进行身份识别。

（2）智能机器人产品按照应用可以划分为三大领域：工业机器人、服务机器人（个人/家用机器人、公共服务机器人）和特种机器人。智能机器人是人工智能技术的综合试验场，可以全面检验考察人工智能各个研究领域的技术发展状况，主要包括智能感知系统、智能决策系统、智能执行系统、智能交互系统。

（3）智能推荐系统可以看作一个搜索排序系统或者信息过滤系统。用户输入信息后，智能推荐系统自动返回一个结果序列。智能推荐系统流程包括数据预处理、用户行为建模、物品特征建模、生成推荐结果。

（4）智能语音技术作为人工智能关键技术之一，其目标是实现人机通信，主要包括语音识别技术和语音合成技术。智能语音助手作为智能语音技术的应用落地产品，近年来备受用户关注和喜爱。智能语音助手根据依托的载体不同可分为手机智能语音助手、智能音箱等。

学习评价

通过学习本章内容，评价自己是否达成了以下学习目标，在学习评测表中标出已经完成的目标情况（A、B、C、D）。

评测标准	自我评价	小组评价	教师评价
理解人脸识别系统的构成和技术实现方法			
理解智能机器人的构成和技术实现方法			
理解智能推荐系统的基本思想和应用方法			
理解智能语音助手的关键技术和应用领域			

说明：A为学习目标达成；B为学习目标基本达成；C为学习目标部分达成；D为学习目标未达成。

思考探索

一、选择题

1．下列属于生物识别技术的是（　　）。

A．人脸识别　　B．声纹识别

C．虹膜识别　　D．以上都是

2．（多选题）根据人脸识别的应用流程，可将人脸识别分为（　　）。

A．人脸检测　　B．人脸过滤

C．人脸特征提取　　D．人脸特征比对

3．下列关于智能机器人的说法错误的是（　　）。

A．到目前为止，在世界范围内还没有一个统一的智能机器人定义。

B．智能机器人具备形形色色的内部信息传感器和外部信息传感器，如视觉、听觉、触觉、嗅觉传感器。

C．智能机器人具有了部分处理和决策功能，能够独立地实现轨迹规划、简单的避障等功能，可以不受到外部的控制。

D．智能机器人之所以叫智能机器人，是因为它有相当发达的“大脑”。

4．智能推荐系统主要用来解决网络上的（　　）问题。

A．信息安全　　B．信息不足

C．信息过载　　D．信息冗余

5．智能推荐系统根据用户 A 曾经的购买记录和浏览记录为用户 A 生成推荐结果，这属于（　　）。

A．基于内容的推荐　　B．基于知识的推荐

C．混合推荐　　D．基于物品的协同过滤

6．以下哪个公司最先将长尾理论应用于商业模式，利用独特的高度精准“推荐”技术销售滞销产品？（　　）

A．亚马逊　　B．雅虎

C．微软　　D．谷歌

7．智能语音助手的主要核心技术包括智能语音识别和（　　）。

A．人脸识别　　B．自然语言处理

C．图像识别　　D．知识图谱

二、探索题

美国《连线》杂志主编克里斯·安德森在网络时代提出一种新理论——The Long Tail（长尾理论），并出版了《长尾理论》一书。该书指出，传统的 80/20 原则（80%的销售额来自于 20%的热门商品）在互联网的加入下会受到挑战。在互联网条件下，由于货架成本极低，电商平台往往能售出比传统零售店更多的商品。虽然售出的这些商品绝大多数不热门，但是这些不热门的商品数量却极其庞大。这些不热门的商品被称为长尾商品。长尾商品的总销售额将是一个不可小觑的数字，也许会超过热门商品（主流商品）的销售额。图 6-35 所示为某电商平台的产品数量与销售量的长尾分布图。该图可划分为两部分：头部和长尾。头部代表着大众的热门商品，长尾则代表着小众的冷门商品。在电商平台的众多商品中，热门商品数量远少于冷门商品数量。

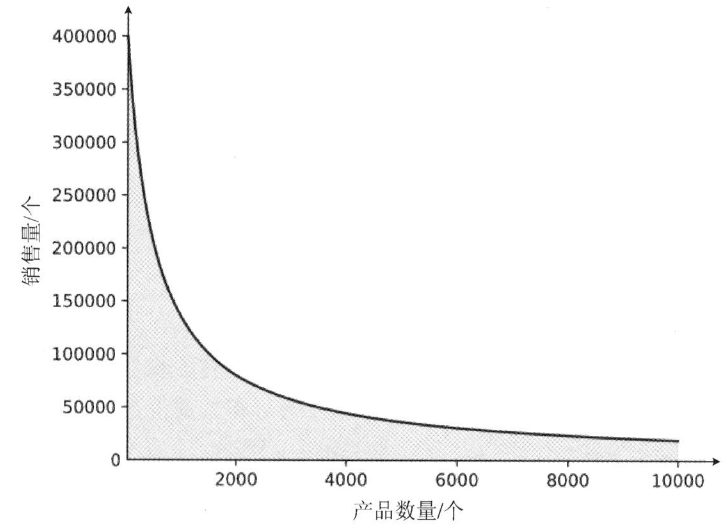

图 6-35　某电商平台的产品数量与销售量的长尾分布图

问题：上述给出了长尾理论的解释，简要谈谈如何将长尾理论应用于智能推荐系统，以提升智能推荐系统的性能。

要求：以小组为单位，通过“分解问题—查找资料—整理资料—编写报告—制作讲稿—汇报演讲”等过程，分别展示各小组观点。

【参考文献】

[1] 国家人工智能标准化总体组. 人工智能标准化白皮书（2018）[R]. 2018.

[2] 谭铁牛，孙哲南，张兆翔. 人工智能：天使还是魔鬼？[J]. 中国科学：信息科学，2018，48（9）：1251-1263.

第 7 章

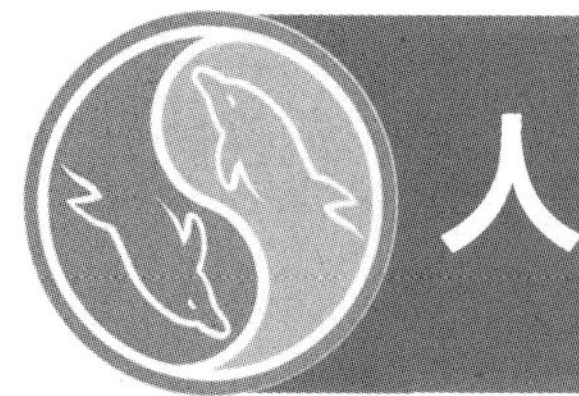

人工智能行业应用

从第一次仰望星空开始，人类对科技的探索从未止步，技术不断推动人类文明的进步。人工智能作为研究、开发用于模拟、延伸和扩展人类智能的理论、方法、技术及应用系统的一门技术科学，已成为当前新一轮技术革命的核心驱动力，备受世界各方关注。人工智能应用（Applications of Artificial Intelligence）的范围很广，从 20 世纪 90 年代以来，人工智能与行业领域的深度融合逐渐改变甚至重新塑造传统行业，人工智能技术在现代工业、医疗、服务、交通、金融、教育、机械、电力等行业中得到大力推广和应用。

本章主要从人工智能行业应用的视角，围绕智慧工业应用、智慧医疗应用、智慧出行与生活服务等进行分析和讨论，希望带领读者正确认识人工智能在行业中的应用场景，初步理解人工智能技术对行业产品升级与提高工作效率的意义和价值。

【学习目标】

- 了解人工智能技术在现代工业制造产业链中的应用。
- 了解人工智能技术在现代医学诊断与医疗中的应用。
- 了解人工智能技术在现代社会与生活服务中的应用。

教学资源

课件

习题解答

知识探索

人工智能从诞生以来，理论和技术日益成熟，应用领域不断扩大。与此同时，人工智能也对人类社会生活、政治经济、科学技术等方面产生了巨大且深刻的影响。未来，人工智能带来的科技产品将会是人类智慧的“容器”，人工智能必将和各个行业紧密融合，给各个行业带来巨大变化，“人工智能+”是未来的发展趋势。人工智能发展应用领域如图 7-1 所示。

图 7-1　人工智能发展应用领域

7.1　人工智能+工业

随着工业化进程的加快，近年来人工智能在工业领域的发展突飞猛进，智能制造已成为工业领域的未来发展趋势。智能制造主要是指将人工智能技术、传统的制造技术、传感技术、云计算、工业大数据、工业机器人、VR/AR 与现代互联网技术相结合，让生产过程更智能化、自动化。目前，工业领域中出现了大量的智能工厂、智能生产、智能物流、智能仓库等，已逐步发展到全过程的智能化。

7.1.1　工业机器人

1. 工业机器人的概念

工业机器人是面向工业领域的多关节机械手或多自由度机器装置，它能自动执行工作，是靠自身动力和控制能力来实现各种功能的一种机器。不同于机械手，工业机器人具有独立的控制系统，可以通过编程实现动作程序的变化。世界上第一台工业机器人于 1959 年由美国人约瑟夫·英格伯格和德沃尔联手制造出来，如图 7-2 所示。

图 7-2　世界上第一台工业机器人

现代工业机器人是集机械、电子、控制、计算机、传感器、人工智能等多学科先进技术于一体的现代制造业重要的自动化装备，它可以接受人类指挥，也可以按照预先编制的程序运行，如图 7-3 所示。经过几十年的发展，工业机器人已经被广泛应用到装备制造、新材料、生物医药、智慧新能源等高新产业中。工业机器人与人工智能技术、先进制造技术和移动互联网技术的融合发展，推动了人类社会生活方式的变革。

图 7-3　现代工业机器人

2. 人工智能与工业机器人

随着现代微电子、大数据、云计算、移动互联网等技术的发展，人工智能技术中的计算机视觉、自然语言处理、深度学习等技术逐步应用到工业机器人中，既具备机器人的肢体又具备类似人类智慧的工业机器人是未来发展的趋势。

计算机视觉主要赋予工业机器人“眼睛”的功能，与工业机器人配合，通过视觉传感器获取环境的二维图像，并通过视觉处理器进行分析和解释，进而转换为符号，让工业机器人能够辨识物体，定位各种产品，为工业机器人抓取物体提供坐标信息。

智能语音和自然语言处理赋予工业机器人“耳朵”的功能和理解能力。自然语言处理相当于给工业机器人安上了“耳朵”，并赋予它理解能力，能够让工业机器人正确识别和处理自然语言，听得懂人类发出的处理指令，从而让人类更加方便地指挥和操纵工业机器人。

深度学习给工业机器人安上了一双“翅膀”。深度学习不仅使工业机器人在自然信号处理方面的潜力得到了发挥，而且使它拥有了自主学习的能力，每个工业机器人都在工作中学习，并且数量庞大的工业机器人并行工作，分享它们学到的信息，相互促进，如此必将带来极高的学习效率，极快地提升工业机器人的工作准确度。

3. 工业机器人的发展

工业机器人最早应用于汽车制造行业，常用于焊接、喷漆、上下料、机械加工、热处理、组装和搬运等作业。汽车零部件智能制造系统已在国内许多知名汽车生产线上得到广泛应用，并取得了稳定可靠的运行效果，极大地提高了生产效率。图 7-4 所示为汽车工业机器人，它实现了汽车行业的智能制造，不需要人员操作，节省了人力成本，提高了产品质量。

图 7-4　汽车工业机器人

随着工业机器人技术应用范围的扩大，其功能越来越强大，能够胜任的工作也越来越多。工业机器人的出现将人类从繁重、单调的劳动中解放出来，而且它还能够从事一些不适合人类完成甚至超出人类能力范围的劳动，如代替人类完成危险、有毒、低温和高热等恶劣环境中的工作，以及一些特殊作业和极限作业，可提高劳动生产率、保证产品质量、避免工伤事故。图 7-5 所示为自动焊接机器人，图 7-6 所示为高空作业机器人。

生产力的发展，必将促进相应科学技术的发展，工业机器人未来将广泛地进入人们的生产生活领域。工业机器人与数控加工中心、自动搬运小车及自动检测系统可组成柔性制造系统和计算机集成制造系统，实现生产自动化。工业机器人未来发展趋势如图 7-7 所示。

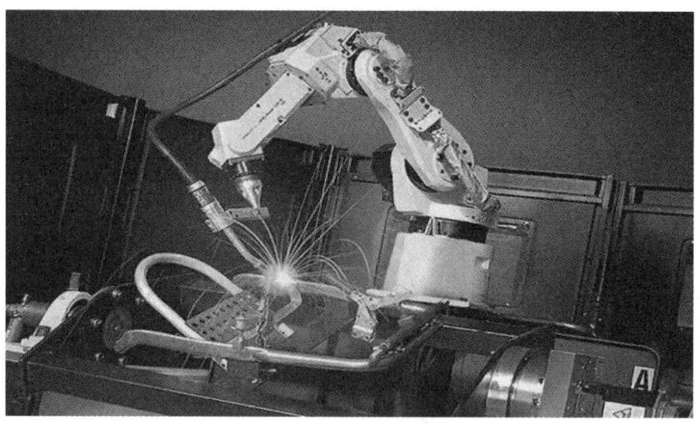

图 7-5　自动焊接机器人

图 7-6　高空作业机器人

图 7-7　工业机器人未来发展趋势

7.1.2　智能物流

物流是指在物品从供应地向接收地的实体流动过程中，根据实际需要，将运输、储存、装卸、搬运、包装、流通加工、配送、信息处理等功能有机结合起来以实现用户要求的过程。

传统物流有较保守的生产线、较正规的运输线，各个环节都需要有人工值守的仓库，彼此之间相对独立且封闭，会耗费大量不必要的人力、物力、财力、时间，成本高、效率低。

智能物流是指通过智能硬件、人工智能、物联网、大数据等智慧化技术与手段，提高物流系统分析决策和智能执行的能力，提升整个物流系统的智能化、自动化水平。智能物流应用人工智能技术，实现了物流众多环节的智能化。

1. 自动分拣

自动分拣是指运用计算机视觉、VR/AR、电子标签、智能拣选等先进技术和设备构建工厂级的物流拣选体系，实现对物体的检测和识别，从而快速、高效地实现精密测量、产品或材料缺陷检测、目标捕捉、人脸识别、抓取物体等作业。图 7-8 所示为自动分拣机器人。

图 7-8　自动分拣机器人

2. 立体化无人仓管

立体化无人仓管使用了自动立体式存储、3D 视觉识别、自动包装、人工智能、物联网等各种前沿技术，实现了各种设备、机器、系统之间的高效协同，货物从入库、拣选、上架、补货，到包装、检验、出库等作业流程全部实现无人化操作，是高度自动化、智能化的仓库管理系统。图 7-9 所示为立体化无人仓管系统。

图 7-9　立体化无人仓管系统

3. 无人机配送

无人机配送是指通过用无线电遥控设备和自备的程序控制装置操纵的无人驾驶低空飞行器运载包裹，自动将包裹送达目的地。其优点主要在于可解决偏远地区包裹的配送问题，提高配送效率，同时降低人力成本；缺点主要在于恶劣天气下无人机送货无力，以及在飞行过程中无法避免人为破坏等。目前顺丰、京东已有用于配送包裹的无人机，但未大范围使用。图 7-10 所示为京东无人机。

图 7-10　京东无人机

4. 智能物流站

智能物流站基于大数据、云计算、物联网和计算机视觉等技术，实现与无人机、无人车和自动提货机的无缝对接，作为管理与连接无人机、无人车和自动提货机的桥梁，为社会创造更加智能、便捷的物流环境。

2017 年 10 月，京东无人仓正式建成，成为全球首个规模化的全流程无人物流中心。图 7-11 所示为京东智能物流站。

图 7-11　京东智能物流站

7.1.3 智能工厂

1. 智能工厂的概念

智能工厂是指将工业物联网、大数据、互联网、云计算、人工智能等现代化技术结合起来，实现工厂的办公、管理及生产自动化，达到加强及规范企业管理、减少工作失误、提高工作效率、进行安全生产、提供决策参考、加强外界联系、拓宽国际市场的目的，使工厂的生产过程可控，生产线上人工干预减少，生产计划排产和生产调度智能化。智能工厂内部的生产设备、操作者、各部门之间均是通过企业内部建立的信息化网络进行交互和沟通的，包括产品设计、工艺实施、生产计划排产、生产调度、物料信息等，形成一个完整的智能制造网络。智能工厂涂装车间如图 7-12 所示。

图 7-12　智能工厂涂装车间

2. 智能工厂的特征

研发设计数字化。智能车间/工厂的总体设计、工艺流程及布局应建立数字化模型，并进行模拟仿真，实现规划、生产、运营全流程数字化管理；采用计算机辅助设计（CAD）等技术，实现产品数字化设计；采用计算机辅助工艺规划（CAPP）、设计和工艺路线仿真、可靠性评价等先进技术，实现工艺数字化设计及仿真优化；建立产品数据管理（PDM）系统，实现产品多配置管理、研发项目管理，以及产品设计、工艺数据的集成管理。

生产制造智能化。智能工厂应建立制造执行系统（MES），实现制造数据、生产计划排产、生产调度、质量、设备、能效等管理功能；建立企业资源计划（ERP）系统，实现供应链、物流、成本等企业经营管理功能；以系统化思维和供应链管理（SCM）为核心，科学配置资源，优化运行模式，改善业务流程，提高决策效率；建立仓库管理系统（WMS）、物料清单（BOM）系统，实现生产制造现场物流与物料的精准管控；建立生产过程数据自动采集和分析系统，采用计算机视觉等智能感知先进技术，实现工艺质量参数的在线测量，以及设备安全运行状态的在线监测。

数据互联互通。智能工厂应建立企业级数据平台，整合数据资源，支持跨部门及部门内部常规数据分析；建立工厂内部通信网络架构，实现设计、工艺、制造、检验、物流等制造过程各环节之间，以及制造执行系统、企业资源计划系统、产品数据管理系统、供应链管理系统、客户关系管理（CRM）系统等关键信息化管理系统之间的信息互联互通与集成。

物流配送信息化。智能工厂应基于条形码、二维码、无线射频识别（RFID）等识别技术实现自动出/入库管理，实现仓储配送与生产计划排产、制造执行，以及企业资源管理等业务的集成；能够基于生产线实际生产情况拉动物料配送，根据客户和产品需求调整目标库存水平。

对于是否为智能工厂，一般从以下五大方面进行评判，如图 7-13 所示：

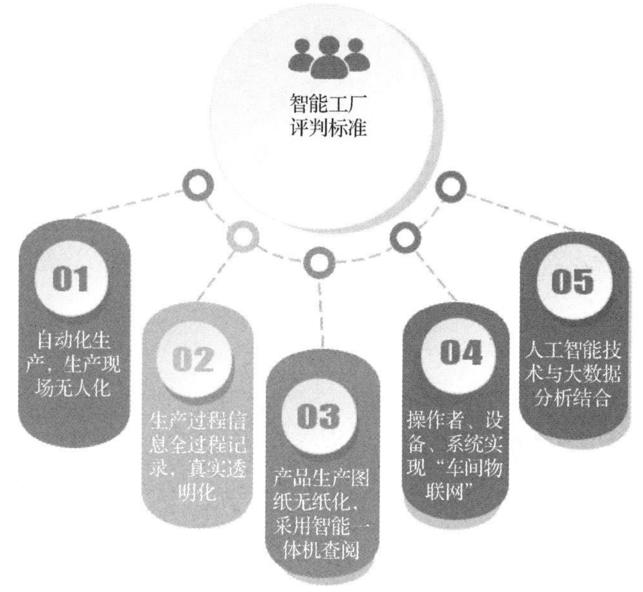

图 7-13　智能工厂的五大评判标准

3. 智能工厂的发展

在“工业 4.0”的风潮下，德国工业发展迅速，而在制造强国的动力下，中国也突飞猛进，很多企业通过智能化改造，在质量效益方面取得了巨大提升。

九江石化智能工厂作为我国第一批智能制造试点，通过和华为进行战略合作，在信息通信、智能管理等方面进行改造，配备了智能化生产设备和智能化生产系统，智能化生产系统具有自动纠错、自动报警功能，还建立了人工智能数字炼厂平台，实现了生产的可视化、实时化和智能化。

隆力奇的智能工厂是德国“工业 4.0”中国首个试点项目，通过配备智能净化车间、自动配送系统及一系列高端智能生产设备，其现有设施设备得到了自动化和智能化的升级改造。智能工厂通过语音控制、计算机视觉、手势识别等技术，建立了以人工智能云平台为基础的智能工厂辅助系统，利用多种无线技术使工厂各个工位的数据都传输和汇总到该平台，加强了人机交互，提高了工作人员解决问题的能力。

目前中国已经有很多企业工厂进行了转型升级，实现了自动化和智能化生产，加入到智能工厂的行列中。

7.1.4 制造强国

21 世纪 20 年代，世界各国在经历国际金融危机后不约而同地将制造业作为经济发展的重中之重。2011 年，德国在汉诺威工业博览会上提出“工业 4.0”的概念。随后，美国提出“国家制造业创新网络”（NNMI）计划，拟通过互联网+工业驱动工业变革，实现再工业化发展，提高制造业竞争力。2015 年，我国国务院印发《中国制造 2025》，旨在实现制造业转型升级，促进智能制造、绿色制造的发展，对我国制造业的发展具有战略意义。

1. 德国“工业 4.0”：互联网+智能制造

德国“工业 4.0”是一个概念，代表工业企业采用数字化、云计算、物联网和大数据等技术，以在国内和全球市场获得竞争优势，实现德国传统制造技术和现代互联网技术的结合，提高产业机械设备制造的智能化水平，从而达到实现工业领域研发和创新，以及提高工业竞争力的目标。

德国工业从 1.0 发展至 4.0 的过程如图 7-14 所示。

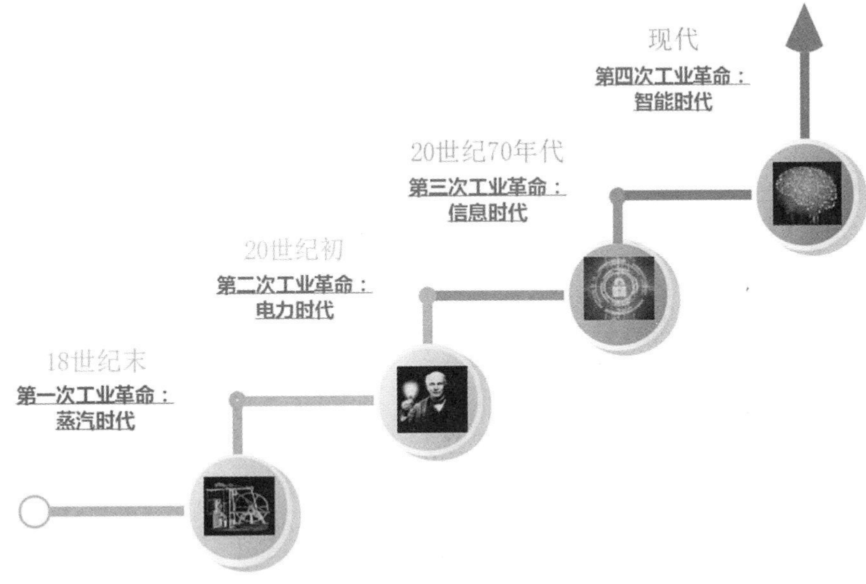

图 7-14 德国工业从 1.0 发展至 4.0 的过程

德国“工业 4.0”主要有 4 个特征。

首先是数字化。数字化是信息化的起点和关键，通过数字化，可较为便利地将各种行为、状态、特征等转变为信息，使后续的信息化操作更方便。

其次是自动化。利用信息通信、数字化和软件等技术，使一系列生产和管理流程实现数字化和标准化，在操作管理的过程中生产设备可根据指令和要求自动进行运作。

再次是网络化。利用信息通信和网络技术，把生产设备等各类主体按照一定的协议集合起来，克服空间、时间及个体能力的限制，降低信息交流、知识传播的成本，提高操作效率。

最后是集成化和智能化。利用信息通信、软件和网络技术，实现对管理、生产设备的控制，并对业务大数据进行自动智能分析，挖掘对生产和管理有价值的信息。

2. "中国制造 2025"

《中国制造 2025》是国务院于 2015 年 5 月印发的部署全面推进实施制造强国的战略文件，是我国实施制造强国战略第一个十年的行动纲领，是在新的国际国内环境下做出的全面提升中国制造业发展质量和水平的重大战略部署，旨在通过十年的努力使中国由制造大国转变为制造强国，为到 2045 年将中国建成具有全球引领和影响力的制造强国奠定坚实基础。"中国制造 2025"战略的主要内容可总结为一条主线、四大转变。

一条主线：以加快新一代信息技术与制造业深度融合为主线，主要包括八项战略对策，如图 7-15 所示。

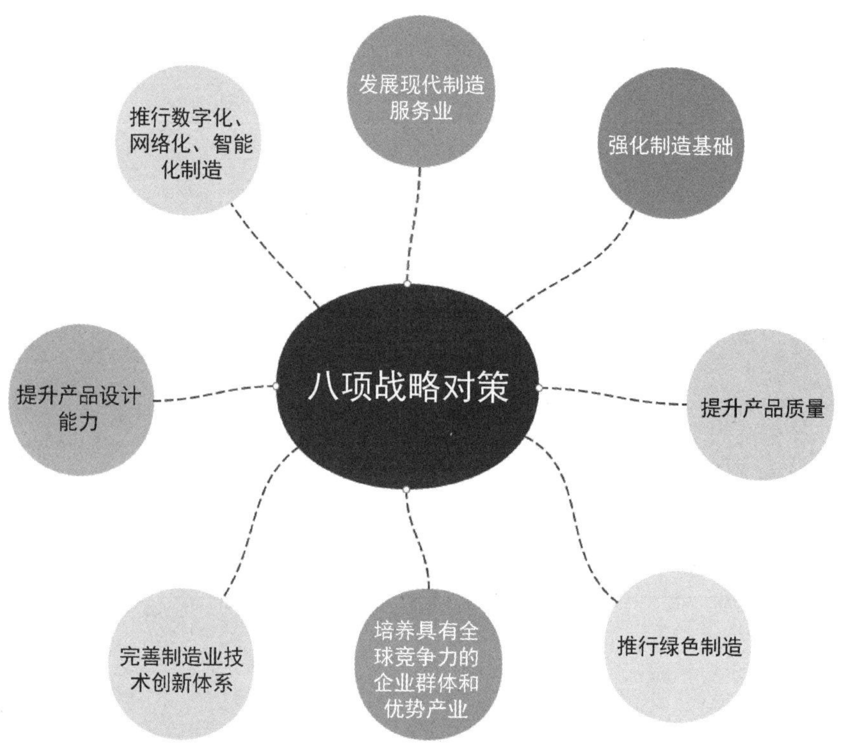

图 7-15　八项战略对策

四大转变：一是由要素驱动向创新驱动转变；二是由低成本竞争优势向质量效益竞争优势转变；三是由资源消耗大、污染物排放多的粗放制造向绿色制造转变；四是由生产型制造向服务型制造转变。

"中国制造 2025"和德国"工业 4.0"的目标是一致的，就是实现信息化与工业化的深度融合，实现制造业的转型升级。两者的不同点：德国"工业 4.0"侧重使用信息网络与物理生产系统的融合来改变制造业的生产和服务模式，让企业通过使用提高产品附加值和增加市场竞争力的手段实现价值，更加注重高端装备和布局的智能生产；"中国制造 2025"则更加强调新一代信息技术与制造业的深度融合，如图 7-16 所示。

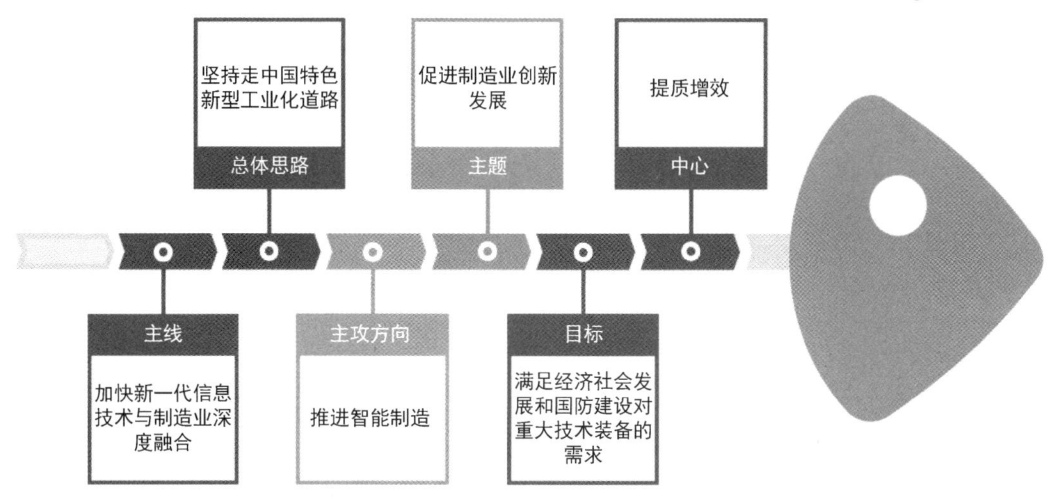

图 7-16 “中国制造 2025”战略的特点

7.2 人工智能+医疗

今天，人类的平均寿命已经大大延长，“人生七十古来稀”的说法已成过去。人们不仅希望活得更久，还希望活得更好、更健康、更有活力，这就需要更高品质的医疗和康养服务。随着人工智能、云计算、大数据、物联网等技术及算法的进步和数据存储成本的大幅度下降，人工智能在医疗行业中得到了广泛的应用，让医生实实在在得到了有效帮助。目前人工智能在医疗行业中的应用主要集中在如图 7-17 所示几个领域中。

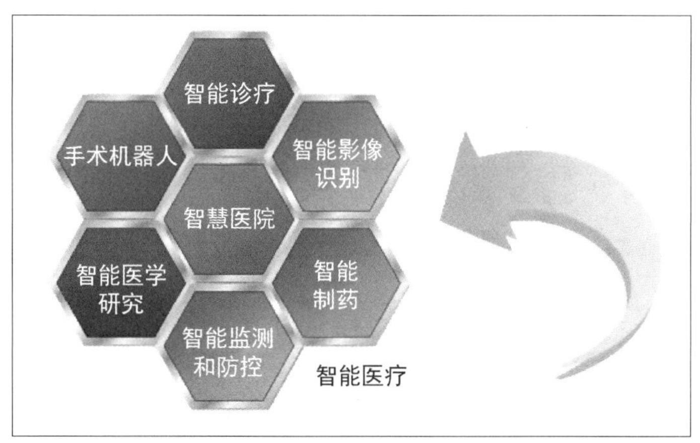

图 7-17 智能医疗发展方向

7.2.1 医疗机器人

1985 年，研究人员通过分析工业机器人首次开展神经外科活检术，医疗机器人得到初步发展。医疗机器人将现代通信与信息技术、计算机网络技术、智能控制技术、人工智能技术结合，通过机器学习等底层算法实现自我更新迭代，通过多年的实践发展，医疗机器人已经成功应用于多个领域，如用智能假肢、外骨骼和辅助设备等修复人类受损身体，用医疗保健机器人辅助医护人员工作等，一方面减少医生的工作量，另一方面提高医疗器械使用的精准度。

1. 外骨骼机器人

外骨骼机器人能够读取人体神经信号，也称智能外骨骼，实际上它是一个人机混合智能系统。这个人机混合智能系统涉及两个方面：一方面是运动的协调和协作；另一方面是智能的交互和融合。

外骨骼机器人主要应用了人工智能中的机器学习技术，通过不断采集人的脑电波，实现人脑对外骨骼机器人的控制。这种对大脑与外部设备建立直接信息通路的技术被称为脑机接口，简单来说就是用意念控制机器。脑电波收集实际上是机器不断进行学习的过程，因为不同动作对应的脑电波频率是不一样的，这些频率被记录下来，并被转化成具体的动作指令，最终传递给外骨骼机器人，实现人机一体化。人工智能和脑机接口的结合，成为全球研究的热点。

目前有很多外骨骼机器人的成功使用案例，如美国一位高位截瘫患者利用意念控制机械臂使自己成功地吃到巧克力，英国一个男子用意念控制机械臂完成系鞋带的动作，印度一名研究人员通过意念控制轮椅，让轮椅想去哪就去哪。外骨骼机器人如图 7-18 所示。

图 7-18　外骨骼机器人

2. 手术机器人

手术机器人具备手术或医疗保健功能，是现在临床上使用频次最多的医疗机器人。世界上最有代表性的手术机器人是达芬奇手术机器人，其主要由控制台、机械臂系统、成像系统等构成。

达芬奇手术机器人是近年逐渐进入大家视野的一个手术操作系统，其特点是可取代外科医生的手进行精细化操作。达芬奇手术机器人由经验丰富的外科医生操控机械手臂以达到手术的目的。在手术过程中，外科医生坐在达芬奇手术机器人控制台前，控制机械臂，通过器械将外科医生的手部动作精确无误地实时传递，同时机械臂在患者体内用微小的手术器械进行手术。在手术过程中，医生利用 3D 视觉系统和动作定标系统进行控制，由机械臂和手术器械模拟完成相关操作，不需要医生与患者直接接触便可完成手术。如图 7-19 所示为采用达芬奇手术机器人做手术的场景。

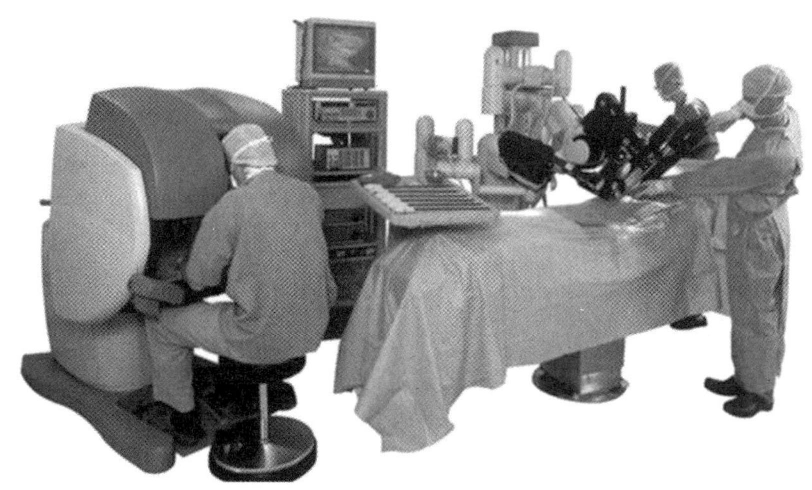

图 7-19　采用达芬奇手术机器人做手术的场景

目前，我国很多医院引进了达芬奇手术机器人，其应用科室主要有泌尿外科、心胸外科、妇科和腹部外科等。目前的腹腔镜技术适用范围有限，无法完成一些解剖结构复杂的手术，而临床应用表明手术机器人的手术安全性高，疗效明显好于开放式手术和胸腔镜手术。

达芬奇手术机器人手术和开放式手术或者传统手术相比较有以下几点优势。

一是创伤更小，极大地减轻了患者的疼痛，减少了患者手术后不良反应。

二是扩展了手术观察视角范围，手术更加精准，出血更少，并发症更少，同时可以降低感染的风险。

三是患者恢复比较快，住院时间短，提高了患者生活质量，减少了误工和陪床时间。也就是说，在使患者的疾病得到有效治疗的同时，也保障了患者及陪床人员的生活质量。

四是机器人成像系统采用的是高分辨率的 3D 镜头，手术视野放大倍数高，可以更加清晰地显示手术范围，同时可滤除人手的生理颤动，使动作更加精细，有利于手术的具体操作。

7.2.2　智能诊断与诊疗

1. 智能影像识别

我国现下影像医学人才整体匮乏，临床实践中误诊、漏诊现象屡见不鲜，各医疗机构水平差异较大。目前我国医学影像数据的年增长率约为 30%，而放射科医师数量的年增长率仅为 4.2%。这个现象意味着未来放射科医师处理医学影像数据的压力会越来越大，人工智能技术或许将给解决这一问题带来一剂良方。

智能医学影像将人工智能技术应用在医学影像的诊断上，利用人工智能技术帮助医生对医学影像完成各种定量分析、历史图像的比较或者可疑病灶的发现等，从而高效、准确地完成诊断。目前人工智能技术在医学影像中使用最成熟的领域为肿瘤影像分析，其在乳腺癌、肺癌筛查诊断中的作用愈发凸显，可发现早期病变，实现风险辨识。医学影像识别是人工智能发展最快的领域之一。图 7-20 所示为脑部 MRI 医学影像识别的场景。

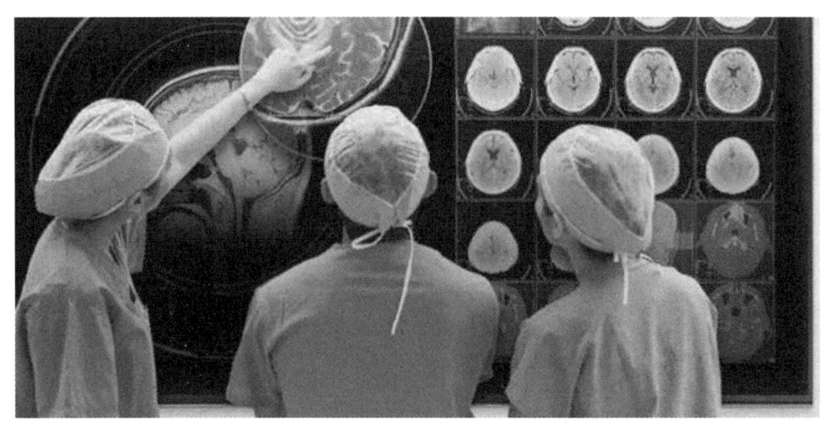

图 7-20 脑部 MRI 医学影像识别的场景

2. 智能诊疗

智能诊疗是指将人工智能技术中的机器学习、深度学习和自然语言处理等技术用于辅助诊疗。辅助诊疗主要是指将人工智能技术用于疾病诊疗，将医学相关文献、指南、案例等信息录入计算机，并做好分类及整合，构建完善的知识库，同时让计算机“学习”专业医师的医疗知识，仿真模拟医师自身思维和诊断推理全过程，结合患者实际病情信息与其内部数据进行匹配，以判定患病原因及疾病未来主要发展趋势，同步提出初步诊断及治疗方案，为医师进一步精准诊疗，联合临床实践经验做出决策提供助力，促使诊疗流程更加标准化、规范化。

智能诊疗在全国范围内得到广泛的使用，主要用于一些疾病的早期筛查诊断，以便于患者进行早期治疗。例如，在眼部疾病实际诊疗过程中，智能诊疗可通过获取患者相关信息并开展自动筛查分析，自行提出诊断结果并给出治疗方案。智能诊疗在节省大量时间的同时，提高了疾病诊疗精准性，减少了疾病的漏诊、误诊风险。

7.2.3 智能健康管理

智能健康管理是指将人工智能技术应用到健康管理的具体场景中，利用医疗传感器监测个人健康状况，目前主要集中在风险识别、虚拟护士、精神健康、移动医疗、健康干预及基于精准医学的健康管理等方面。

风险识别：通过获取用户信息并运用人工智能技术进行分析，识别疾病发生的风险并提供降低风险的措施。

虚拟护士：收集病人的饮食习惯、锻炼周期、服药习惯等个人生活习惯信息，运用人工智能技术进行数据分析并评估病人整体状态，协助病人规划日常生活。

精神健康：运用人工智能技术根据语言、表情、声音等数据进行情感识别。

移动医疗：结合人工智能技术提供远程医疗服务。

健康干预：运用人工智能技术对用户体征数据进行分析，制订健康管理计划。

图 7-21 所示为家居健康管理系统。

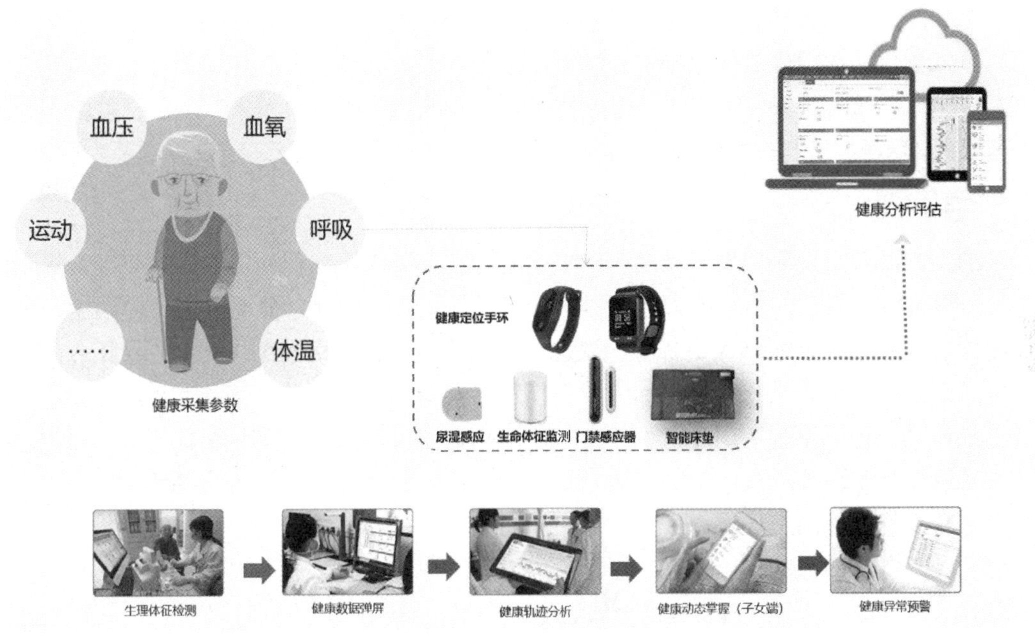

图 7-21　家居健康管理系统

7.3　人工智能+服务

随着社会进步与经济发展，人们的生活水平不断提高，在这样的背景下，人们对服务行业的质量要求不断提高。我国现在已经发展成为世界上研究人工智能的主要国家之一，这次科技革命我们并没有缺席。不过，与此同时传统服务业即将遭受一场考验，传统服务业的共性是需要充足的劳动力提供劳动和服务。

服务业是直接的“人对人”的行业，是需要建立良好沟通的行业。第一个智能客服、第一台无人驾驶汽车、第一位获得公民身份的智能机器人“索菲亚”等的诞生对这种“人对人”的交流产生了不小的冲击，预示着人类未来可能不直接进行“人对人”的交流也能在人工智能的背景下得到自己需要的服务。人工智能的科学有效利用，能提高工作效率与质量，能为客户提供更加科学、更加便捷的服务，满足客户的个性化服务需求。下面介绍人工智能在服务业中的具体应用。

7.3.1 智能交通服务

智能交通服务是指在交通领域中充分运用物联网、云计算、互联网、人工智能、自动控制等技术，通过高新技术汇集交通信息，对交通管理、交通运输、公众出行等交通领域全方面及交通建设管理全过程进行管控支撑，使交通系统在区域、城市甚至更大的时空范围内具备感知、互联、分析、预测、控制等能力，以充分保障交通安全，发挥交通基础设施效能，提升交通系统运行效率和管理水平，为通畅的公众出行和可持续的经济发展服务。

随着低碳化、智能化的快速推进，汽车革命正如火如荼地展开，自动驾驶（或称无人驾驶）发展迅速。随着国民生活水平的不断提高，人们出行后“一位难求”现象日益突出，智慧停车系统的出现能让车主更方便地找到车位。

1. 自动驾驶汽车

自动驾驶汽车，又称无人驾驶汽车、计算机驾驶汽车或轮式移动机器人，是自动化载具的一种，具有传统汽车的运输能力。作为自动化载具，自动驾驶汽车不需要人为操作即可感测周围环境及导航。它依靠人工智能、视觉计算、雷达、监控装置和 GPS 协同合作，让计算机可以在没有任何人类主动操作的情况下自动、安全地操纵机动车辆。因此，自动驾驶汽车是一种通过计算机系统实现无人驾驶的智能汽车。自动驾驶汽车的优势如下。

（1）避免行车距离过近、分心驾驶及危险驾驶等人为因素而导致的交通事故。

（2）减少驾驶员的工作量。

（3）减少实体的道路指示标志。自动驾驶汽车能以电子方式接收必要的信息。

（4）具有 360° 视野，因此可以感知道路、车辆位置和障碍物信息，对潜在危险做出安全的反应，并且其反应较人类驾驶员更为迅速。

（5）减小所需安全间隙，并且可以更好地管理交通流量，进而增加道路通行能力，缓解交通拥堵问题。

随着科技的发展，自动驾驶已逐渐成为现实，各科技公司也在无人驾驶技术的研发方面不断突破，其中较为突出的是谷歌，一汽、百度也在进行无人驾驶汽车的研究。近年来，自动驾驶技术发展迅速，已经在无人配送、无人出租汽车、干线无人物流车、封闭园区的无人物流、无人公交、无人环卫、无人代客泊车等领域具有了一定的商业化条件，在仓库、港口等特定场所，自动驾驶汽车已经很流行。最近，北京市发放了无人化载人示范应用通知书，百度萝卜快跑、小马智行率先获准开启无人化自动驾驶出行服务。

2022 年，第 22 届世界杯足球赛在卡塔尔多哈开幕，吸引了全世界球迷的目光。赛场内外，由来自中国的 888 台宇通纯电动客车组成的“绿色军团”尤为引人注目。这是国际大型体育赛事中首次大批量引入中国新能源客车，也是新能源客车首次作为主力服务世界杯赛事，是中国制造“走出去”的新里程碑。图 7-22 所示为在卡塔尔世界杯上亮相的宇通纯电动客车，图 7-23 所示为百度自动驾驶汽车“萝卜快跑”。

图 7-22 在卡塔尔世界杯上亮相的宇通纯电动客车

图 7-23 百度自动驾驶汽车“萝卜快跑”

2. 智能停车

智能停车是指将无线通信技术、移动终端技术、GPS 定位技术、GIS 技术等综合应用于各个级别停车场停车位的采集、管理、查询、预订与导航服务，实现停车位资源的实时更新、查询、预订与导航乃至自动泊车服务一体化，同时对现有停车位资源进行整合，并对社会进行信息发布，提高停车位利用效率，缓解供求矛盾。智能停车系统的适用范围非常广，包括各大购物中心、商场、社区、学校等具有停车场的地方。

相对刷卡和人工收费停车而言，智能停车系统（如“一点停”）以“停车+服务”为核心，在停车的整个过程中实现自动化和智能化管理服务。智能停车的目的是让车主更方便地找到停车位，包含线下、线上两方面的智慧化功能。线上智慧化功能体现为车主用手机 App、微信、支付宝等获取指定地点的停车场停车位空余信息、收费标准、是否可预订、是否有充电和共享等服务，并且可实现预先支付、线上结账功能。线下智慧化功能体现为让车主更好地将车停入车位。图 7-24 所示为智能停车系统。

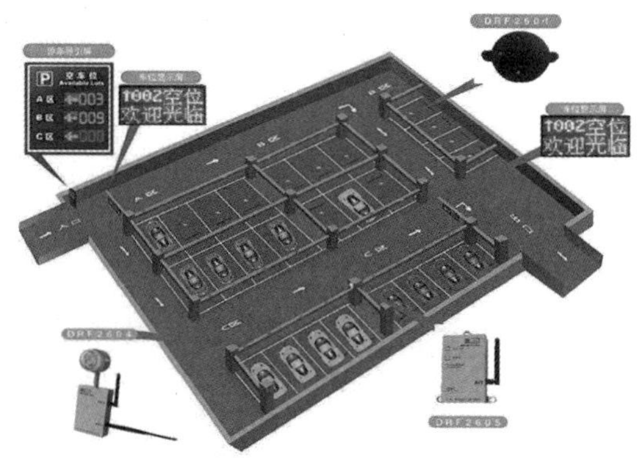

图 7-24　智能停车系统

目前智能停车系统主要包括如下四种技术/功能。

（1）车牌识别技术。

车牌识别技术是通过采集车辆的动态视频或静态图像进行车牌号码、颜色的自动模式识别的技术。该技术的核心包括车牌定位算法、车牌字符分割算法和光学字符识别算法等。一个完整的车牌识别系统应包括车辆检测、图像采集、车牌识别等几部分。

（2）车位引导技术。

车位引导技术是智能停车系统发展相当重要的一环，它能帮助车主快速找到停车位，避免盲目驶入，消除车主找车烦恼，有效提高交通道路利用率，缓解交通拥堵问题。现在市场上主流的停车场车位引导技术有两种：超声波车位引导和视频车位引导。

（3）反向寻车技术。

在购物中心、商场等的大型停车场内，车主在返回停车场时往往容易因停车场空间大、环境及标志物类似、方向不易辨别等在停车场内迷失方向，找不到自己的车。反向寻车技术通过视频车位探测器对车辆进行检测，视频经由交换机传送到识别终端，在对车牌和车位等信息进行识别后，通过以太网传输到数据服务器上，之后分享到每个查询终端上，用户只需要在查询终端上输入车牌号码或其他相关信息就能尽快找到自己的车停放的区域。

（4）移动支付停车费。

传统停车场一般以现金支付为主要支付手段，并且采用人工收费方式，而人工收费漏洞太大，物业管理人员不能随时知道收费情况，统计报表不及时，浪费人力物力，成本也高。在互联网停车的环境下，很多停车场都通过铺设智能设备对停车场的停车流程进行升级改进，引导用户进行线上支付。这在一定程度上节约了停车时间，也为停车场管理带来了方便。

7.3.2　智能银行服务

深度学习算法需要底层大数据作为支撑，而银行正好有庞大的数据积累、流转、储存和更新，能够满足智能机器人深度学习算法的大数据需求。人工智能技术可以用于身份识别、智能投顾、智能风控、智能支付、智能营销、智能网点、智能客服、智能管理等。近年来，很多银行积极引入人工智能完善服务，为用户带来更便捷、更高效的服务内容，得到了广大用户的认可，同时也出现了“无人银行”。

身份识别：银行对客户的身份识别手段一直在变化，传统的身份识别手段包括身份证验证、密码验证、笔迹验证，现在采用人工智能中的计算机视觉技术，运用人脸识别、指纹识别等技术确认客户的生物特征信息，客户不需要记密码来证明自己的身份，人的生物特征（包括人脸、指纹、掌纹、语音、虹膜等）就是身份的证明，可确保客户交易的安全性。图7-25所示为人脸识别流程。考虑到单独采用生物识别技术的安全性问题，可以采用多种身份识别方式的组合应用，包括人脸识别+密码验证+笔迹验证，或者其他组合，从而提高安全性，降低风险。

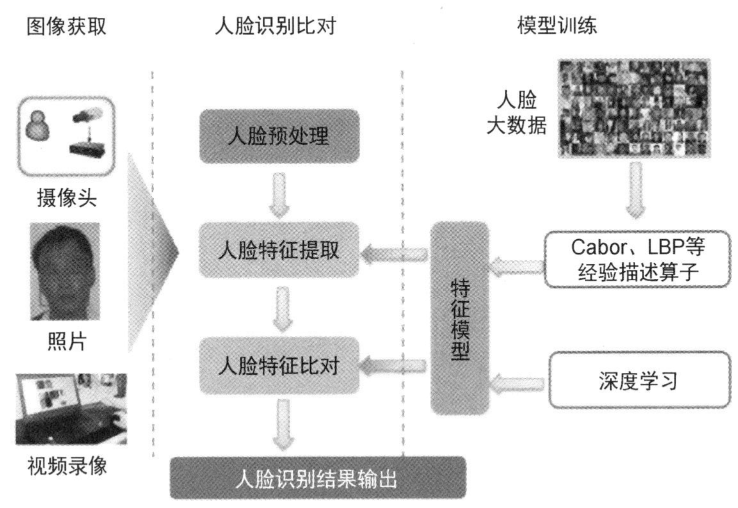

图 7-25　人脸识别流程

智能投顾：智能投顾通过大数据和人工智能技术，先利用深度学习系统和网络图谱对捕捉到的用户信息、用户行为进行深度挖掘，然后从职业、收入、风险偏好、社会阶层、性格特征等不同维度精准刻画用户画像，如图7-26所示，从而给客户提供精准的、个性化的投资方案与建议。智能投顾系统不仅能提升客户对银行营销活动的满意程度，还能提升银行的获客能力和市场竞争力。

图 7-26　用户画像

智能风控：将人工智能技术应用到银行的风险控制中，就是智能风控。智能风控系统可以抓取交易时间、交易金额、收款方等多维度数据，通过计算机进行高速运算，实时判断用户的风险等级，通过采取不同的核实用户身份的手段，及时排查交易过程中的外部欺诈与伪冒交易等风险；还可以通过事后回溯，结合基于人工智能的机器学习技术，挖掘欺诈关联账户。

智能风控系统可以利用人工智能和大数据技术，通过整合多维度外部数据和交易数据（工作情况、传统信贷数据、还款能力、还款意愿等），多维度刻画、验证和还原客户真实的资产负债情况，由决策系统判定能否对客户放款。图 7-27 所示为智能风控四个流程。

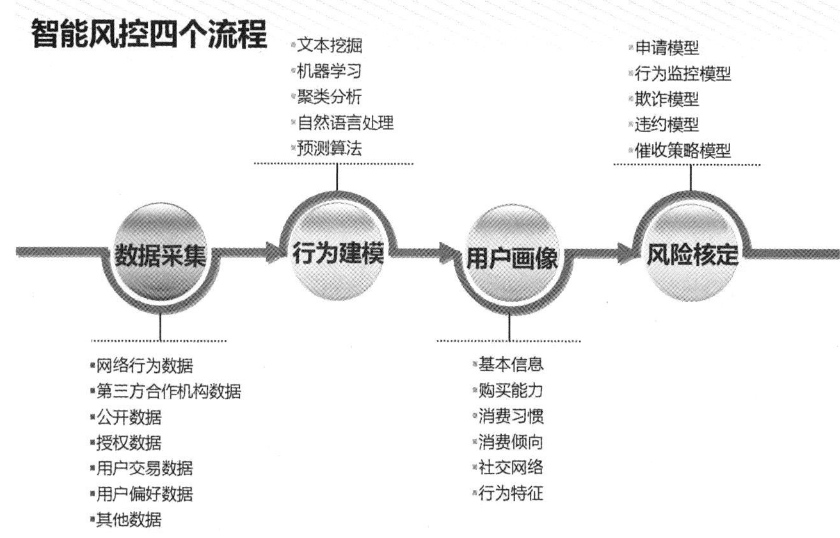

图 7-27　智能风控四个流程

智能支付：中国银行业人工智能产业链上游以云服务、大数据服务、AI 芯片及视觉传感器制造商为主体，产业链中游为技术层，以计算机视觉、自然语言处理、语音识别与机器学习技术及服务支持企业为主体，赋能银行场景业务智能化，助力产业链下游的银行机构实现数字化转型。

智能支付是中国目前普及率最高的银行业务场景。智能支付摆脱了纸币真伪查验、找零等环节，提升了支付效率，同时承担了银行 90%以上的传统现金业务，为客户带来更便捷、更智能的支付体验。图 7-28 所示为多种智能支付方式。

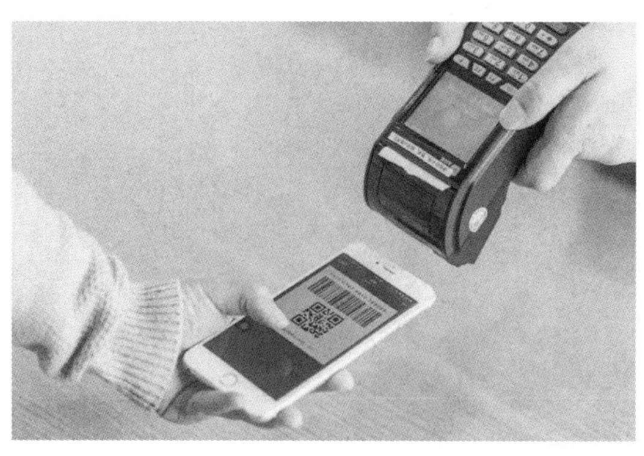

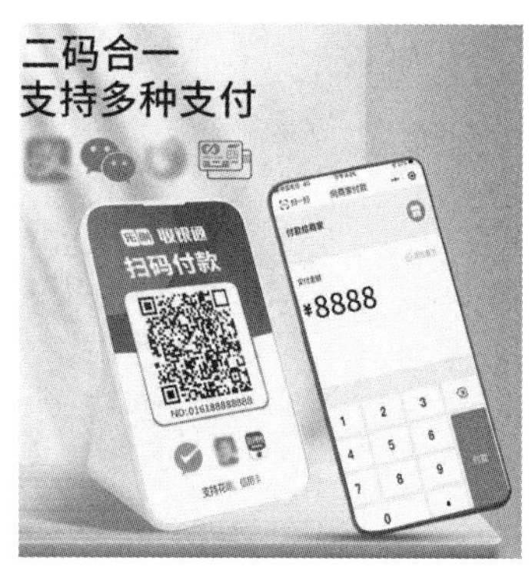

图 7-28　多种智能支付方式

7.3.3 智能客户服务

智能客户服务（以下简称智能客服）是智能服务中出现比较早、应用比较广泛的人工智能软件平台，是一款人机对话平台，也是目前人工智能技术应用较为成熟的领域。智能客服基于先进的人工智能、云计算和大数据等技术，通过机器学习和深度学习进行自然语言处理、语音数据挖掘，支持图片、文字、语音等多种交流方式，能够自动理解和猜出用户对话中的思想和意图，进行自然人机交互，实现智能回复和智能营销，并且能够提升客服效率，为用户提供更好的客服体验。

智能客服商用率高，智能语音机器人在语音客服中能够解决85%以上的客户常见问题，一个智能语音机器人座席成本只有一个人工座席成本的10%。虽然在各大电商平台和购物服务平台智能客服已经得到了广泛的使用，但是智能客服还缺少随机应变能力，人机交互方面的功能还有待提高。未来，智能客服将会更加“知心、走心、关心”，成为有情感、有温度、“通情达理”的客服。智能语音机器人如图7-29所示。

图7-29 智能语音机器人

目前国内知名的智能客服有以下几个。

（1）阿里巴巴2015年发布的“阿里小蜜”。“阿里小蜜”是人工智能购物助理虚拟机器人，是会员的专属购物助理，为会员提供多功能的私人服务，如查看快递进程、领券服务、权益信息等。

（2）苏宁推出的智能客服“苏小语”。“苏小语”是提供智能导购及多领域专享一对一服务的私人智能助手，用户可以在平台咨询商品信息，也可以查询天气、充值话费、点播视频等，因为“苏小语”已经能够胜任用户的生活助手，它具有庞大的生活知识库，能够实现文本语音识别、信息收集、情绪监测等功能，还能给用户偶尔来段笑话。

（3）百度2016年推出的“百度夜莺”。“百度夜莺”是一款基于人工智能、大数据和云计算等技术的智能客服平台，具备精准的语义分析和意图理解能力及很强的自主学习能力，能像人一样自然地与用户交互，快速解决用户的问题。

图 7-30 所示为智能客服系统。

图 7-30　智能客服系统

（4）2017 年上线的京东智能客服平台。该平台涵盖售前、售中、售后环节，形成了用户全链条客服，包含从文字到语音，从用户到商家，从智能对话到智能座席等一整套解决方案。在 2020 京东全球科技探索者（JDD）大会上，智能客服品牌“言犀”亮相，寓意“言辞所述如灵犀般唤起共鸣”，道出了人与人交流的完美境界。

7.3.4　智能家居服务

智能家居是以住宅为平台，利用物联网、人工智能技术、计算机技术、综合布线技术、网络通信技术、安全防范技术、自动控制技术、音视频技术等将家居生活有关的各个子系统集成，构建高效的住宅设施与家庭日程的管理系统，提升家居安全性、便利性、舒适性、艺术性，并且实现“以人为本”的全新环保、节能目标。

智能家居最基本的目标是为人们提供一个舒适、安全、方便的生活环境，核心是让智能家居产品感知环境变化和用户需求，自动进行控制，以提高人们的生活品质。

智能家居的智能化主要体现在三个方面：智能控制、主动反馈和自然交互。

智能控制是指控制智能家居产品的状态转换、强度变化等，主要通过软硬件协同和多智能终端交互来实现，是目前智能家居产品主要提供的功能。例如，小米 AI 音箱可控制小米电视、扫地机器人、空气净化器等小米设备，也可以通过小米插座来控制第三方产品。小米把“小爱同学”作为小米 AI 音箱的唤醒词，用户只要唤一声“小爱同学”即可唤醒小米 AI 音箱（见图 7-31）。

图 7-31 小米 AI 音箱

主动反馈是指智能家居与人工智能技术相结合，通过运用深度学习和计算机视觉技术，实现智能家居产品对人的思维、意识进行学习和模拟，使智能家居产品具有一定的记忆能力和学习能力，能够记录用户的生活习惯、兴趣爱好、身体状况等数据，在适当的时间和环境下能够给用户提供正确的反馈，如随环境变化调整亮度、温度或打开相应电器等。

自然交互是指智能家居产品具有感知能力、分析能力、学习能力、判断能力，可以根据用户的特点提供更加科学的建议，相当于生活助理。例如，智能家居产品会辨别用户当前的心情或需求，自动为用户选择最佳的家居环境状态，对“三高”患者提供合理的饮食建议和运动建议，根据用户的工作内容做出更合理的时间规划和安排，根据天气情况给用户提供穿衣建议……

智能音箱、扫地机器人、智能门锁、智能空调、智能冰箱等都是单个的智能家居产品，而智能家居系统是一个综合性的控制平台，可以使智能家居产品互相连接、互通数据，从而实现集中控制。智能家居系统如图 7-32 所示。

图 7-32 智能家居系统

案例体验

案例一　输变电“5G 智慧工厂”

特变电工云集 5G 科技产业园位于衡阳市衡南县，由特变电工衡阳变压器有限公司与中国电信股份有限公司湖南分公司共建，于 2022 年 5 月 17 日正式交付，是衡阳首家 5G 智慧工厂、湖南省首个将 5G 技术应用于工业化生产的工厂，也是全国输变电行业首家智慧工厂，如图 7-33 所示。

图 7-33　特变电工云集 5G 科技产业园

特变电工云集 5G 科技产业园输变电“5G 智慧工厂”是依托“互联网+”、人工智能技术、“工业 4.0”技术、5G 通信技术打造的信息化、数字化、智能化综合集成的行业领先数字化灯塔工厂，引进了百余套国内外领先的自动化设备，同步应用 5G 通信技术上线企业资源计划系统、供应链管理系统、制造执行系统、产品生命周期管理系统、仓库管理系统、质量管理系统、监控和数据采集系统、主数据管理八大工业信息系统实现设备联动，推动新一代信息技术与制造业深度融合，可使研制周期缩短 20%、维修响应效率提高 30%、产品不良率下降 15%、全员劳动生产率提升 4 倍，实现年产值 40 亿元。

特变电工云集 5G 科技产业园主要生产线包括全自动钣金柔性生产线，自动化喷涂生产线（见图 7-34），自动化焊接生产线（见图 7-35），自动化铜排生产线，自动化下线机，自动化物流生产线（见图 7-36），自动化环网柜、高低压成套开关柜、柱上开关等自动化生产线。

图 7-34 自动化喷涂生产线

图 7-35 自动化焊接生产线

图 7-36 自动化物流生产线

走进特变电工云集 5G 科技产业园，智能化、自动化的工业化场景引人注目，图 7-37 所示为物料运输机器人。同时，在特变电工展厅、5G 应用展厅，以及“5G+生产直播”“5G+机械臂”等展厅，5G 八大应用场景一览无余。特变电工云集 5G 科技产业园输变电“5G 智慧工厂”入选“湖南重点项目建设巡礼”专题。

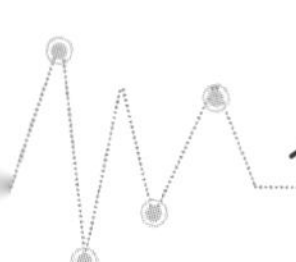

图 7-37　物料运输机器人

案例二　机器人任大堂经理的无人银行

如果有一家银行，营业期间没有一个柜员、没有一个保安，甚至没有一个大堂经理，你会不会觉得很诧异？

你会猜想：难道这家银行今天放假休息？不对啊，既然放假休息怎么又在营业呢？

其实，这是中国建设银行在国内的第一家无人银行，该银行中没有一个柜员、没有一个保安，甚至连大堂经理都没有……

2018 年 4 月 11 日，中国建设银行宣布：国内首家“无人银行”，即中国建设银行上海九江路支行正式开业，如图 7-38 所示。无人银行其实就是一整套人工智能机器系统。银行内两个智能机器人取代了银行柜员及其他工作人员，客户通过身份证实名认证即可入内办理各种业务。

图 7-38　中国建设银行上海九江路支行

银行柜员被更高效的智能柜员机取代！

银行保安被人脸识别闸门和敏锐的摄像头取代！

银行大堂经理被会微笑说话、会跟客户问好并且知道如何为客户办理业务的机器人取代！

ATM也可以提供人工智能服务，在为客户办理业务时可以进行人机对话和人脸识别操作！

对，就是这么神奇！

图7-39所示为无人银行中的服务机器人。

图7-39　无人银行中的服务机器人

在无人银行中，整个业务办理过程无须银行职员参与。无人银行通过运用生物识别、语音识别、数据挖掘等技术，整合了机器人、智能柜员机、VTM、外汇兑换机、VR、AR、人脸识别、语音导航、全息投影等前沿科技，为客户呈现了一个以智慧、共享、体验、创新为特点的全自助智能服务平台。

无人银行通过互联网技术连接起银行的各个服务环节，提供高效、优质的服务，实现了整个网点的无人化及业务办理的全智能化。

拓展阅读

清华虚拟大学生——华智冰

华智冰是由北京智源人工智能研究院、北京智谱华章科技有限公司（以下简称智谱）和北京红绵小冰科技有限公司（以下简称小冰公司）联合“培养”的人工智能虚拟人，如图7-40所示。华智冰成为清华大学计算机科学与技术系知识工程实验室的一名特殊新生，她也是中国首个原创虚拟学生。华智冰的脸部、声音都通过人工智能模型生成，是具有丰富知识、与人类有良好交互能力的机器人，会创作音乐、诗词和绘画作品。

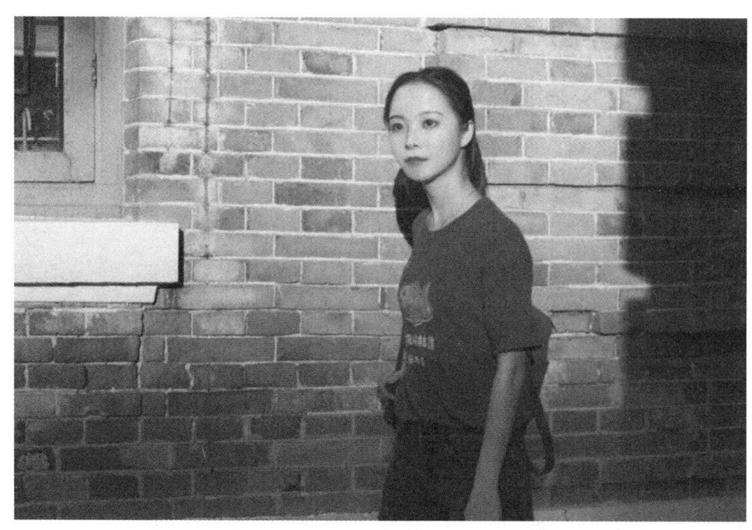

图 7-40 人工智能虚拟人——华智冰

华智冰的发展历程：华智冰由三方合作“培养”而成，北京智源人工智能研究院领衔开发超大规模智能模型，智谱 AI 团队主要开发平台应用生态，小冰公司提供全球领先的人工智能完备框架，同时负责声音、形象的开发应用。

2021 年 6 月 1 日，华智冰在北京正式亮相并进入清华大学计算机科学与技术系知识工程实验室学习。后续，华智冰师从唐杰教授持续学习、演化，不断在人工智能领域深造，成长为一个具有丰富知识、与人类有良好交互能力的机器人，不断推动人工智能深度服务社会。

华智冰拥有的能力：华智冰的核心是人工智能，具有深度学习能力和创作能力。华智冰可以作诗、作画、创作音乐，还具有一定的推理和情感交互能力。与一般的虚拟数字人不同，华智冰拥有持续学习能力，能够逐渐“长大”，不断“学习”数据中隐含的模式，包括文本、视觉、图像、视频等，就像人类能够不断从经历的事情中来学习行为模式一样。随着时间的推移，华智冰会将针对新场景学到的新能力有机地融入自己的模型中，从而变得越来越聪明。

本章总结

人工智能技术集成了各种交互式技术、数据分析技术、模式识别技术、情感感知技术及智能网络平台等，并且与大数据、云计算和物联网等相关技术相结合，给各个行业带来了全新的技术支持，可助力经济社会的发展。本章主要对人工智能在工业、医疗、服务领域的相关技术及应用进行详细的介绍，希望带领读者正确认识人工智能在行业中的应用场景。

知识速览：

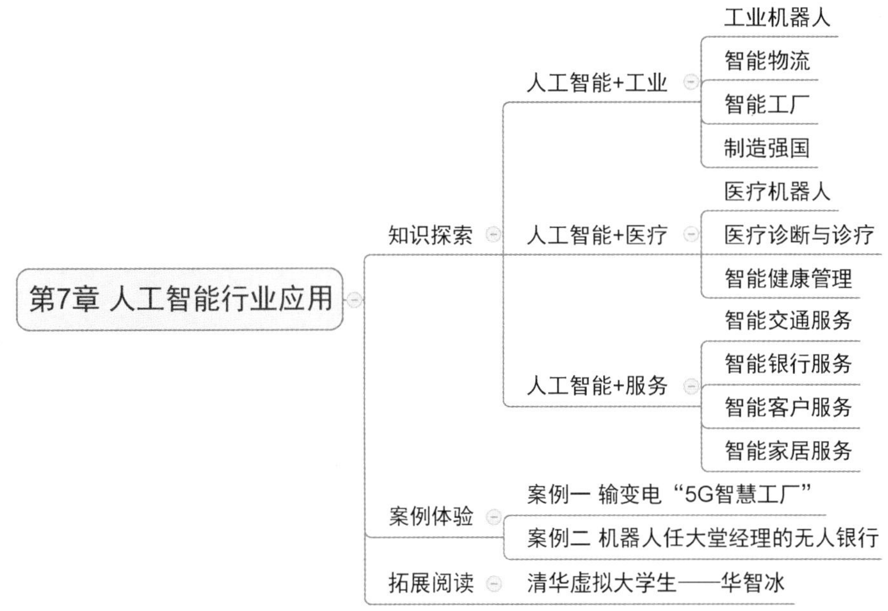

（1）人工智能技术与物联网、大数据、现代信息和通信等技术融合，应用于工业领域，使智能装备、智能设计、智能生产、智能管理及由智能机器和人类专家共同组成的人机一体化智能系统得以实现，减少了工作失误，提高了工作效率。

（2）人工智能技术与大数据、云计算及物联网等技术结合，广泛应用于医疗行业，可以有效地推动医疗诊治的智能化发展，给患者、医生及医院带来极大的帮助，人工智能+医疗具有巨大的价值。

（3）人工智能技术的加入使服务业快速实现智能化，人工智能技术的科学有效利用使各种服务不再必须是人与人面对面进行，有效地提高了工作效率与质量，在为客户提供更加科学和便捷的服务的同时，也能满足客户的个性化服务需求。

（4）随着互联网的发展，人工智能技术在各个行业中会陆续普及应用并得到飞速发展，在这个大背景下，智能化是未来各个行业的必然发展趋势。

学习评价

通过学习本章内容，评价自己是否达成了以下学习目标，在学习评测表中标出已经完成的目标情况（A、B、C、D）。

评测标准	自我评价	小组评价	教师评价
了解人工智能技术在现代工业制造产业链中的应用			
了解人工智能技术在现代医学诊断与医疗中的应用			
了解人工智能技术在现代社会与生活服务中的应用			

说明：A 为学习目标达成；B 为学习目标基本达成；C 为学习目标部分达成；D 为学习目标未达成。

一、思考题

1．结合生活实际，说一说你身边的智能家居产品有哪些，它们分别有哪些功能。

2．结合目前人工智能的发展前景，说一说人工智能在未来的安防行业中会有怎样的应用场景。

二、论述题

近两年，5G、人工智能、边缘计算等技术已经逐渐普及，并且正在影响一个延续数千年的传统行业——农业。阿里巴巴达摩院曾发布了“2021 年十大技术趋势”，其中之一就是农业正在进入数据智能时代。新技术让农作物监测、精细化育种、环境资源按需配置成为现实，使农民不再靠天吃饭。我国农业正在进行数字化、智能化转型，即将进入智慧农业的时代。

请结合人工智能技术的应用与推广，阐述在实现农业精细化、高效化、绿色化和智能化发展的过程中，智慧农业在农机、种植、养殖中可以用到哪些人工智能技术，试举例介绍。

要求：以小组为单位，通过“分解问题—查找资料—整理资料—编写报告—制作讲稿—汇报演讲”等过程，分别展示各小组观点。

【参考文献】

[1] 任云晖. 人工智能概论[M]. 北京：中国水利水电出版社，2020.

第 8 章

人工智能伦理法规

目前，关于人工智能与机器人的研究如日中天，各地纷纷成立关于人工智能的研究机构，企业竞相加大对人工智能研究的投入力度，各国政府相继发布相关战略规划，唯恐在这场科技竞争中处于下风。同时，随着人工智能技术的快速发展，各种人工智能产品越来越多地进入公众的视野。飞速发展的现代科学技术在带给人们种种益处与便利的同时，也引发了形形色色的安全和伦理问题。例如，人脸识别与监控技术的广泛应用引发了争议：如何平衡“公共安全”和“个人信息安全”？面对新一轮技术带来的巨大变化和冲击，人类该如何应对人工智能安全和伦理风险挑战呢？

本章主要从人工智能伦理法规的视角，围绕人工智能应用中的商业伦理、技术伦理和伦理治理机制，以及人工智能应用中的网络空间安全、社会安全、国家安全等进行分析和讨论，希望带领读者正确认识人工智能在开发设计和使用过程中存在的伦理道德等问题，初步建立人工智能社会的伦理道德与法律意识。

【学习目标】

- 了解人工智能的商业伦理和道德规范。
- 了解人工智能的技术伦理和道德规范。
- 了解人工智能网络空间安全问题。
- 了解人工智能社会安全问题。
- 了解人工智能国家安全问题。

教学资源

课件

知识探索

8.1 人工智能伦理道德

2016 年，AlphaGo 成为第一个战胜世界围棋冠军的人工智能机器人，人类失守了围棋这一被视为最后智力堡垒的棋类游戏阵地，如图 8-1 所示。人工智能研究持续升温，并成为政府、产业界、科研机构及消费市场竞相追逐的对象，在各国人工智能战略和资本市场的推动下，人工智能的企业、产品和服务层出不穷。回顾计算机技术发展的历史，我们会发现计算机、机器人等昔日人类手中的工具正在成为某种程度上具有一定自主性的能动体，开始替代人类进行决策或者完成任务。之前一直被认为只能存在于科幻小说中的事情，如自动驾驶、自动翻译、机器人艺术创作等都已走进现实生活。

图 8-1　AlphaGo 战胜了世界围棋冠军李世石

人工智能技术兴起背后的原因是，人们相信或者希望人工智能的决策、判断和行动是优于人类的，至少可以和人类不相上下，从而把人类从繁重、琐碎的工作中解放出来。以自动驾驶汽车为例，在交通领域，90%的交通事故与人为因素有关，而搭载着 GPS、雷达、摄像头和各种传感器的自动驾驶汽车被赋予了人造的眼睛、耳朵，其反应速度更快，做出的判断更优，有望彻底避免人为因素造成的交通事故。但在另一个层面，正是由于人工智能在决策、判断和行动的自主性方面正在脱离被动工具的范畴，其行为一定要符合人类的真实意图和价值观、道德观，符合法律规范及伦理规范等。在希腊神话中，迈达斯国王如愿以偿地得到了点金术，却悲剧地发现，凡是他碰触过的东西都会变成金子，包括他吃的食物、他的女儿等。人工智能是否会成为类似的点金术呢？未来是否会发生诸如家庭机器人为了做饭而宰杀宠物狗，医疗机器人为了解除病人的痛苦而结束病人的生命等事情呢？

随着人工智能时代的来临，人工智能伦理成为各界热议和研究的核心议题之一。各国纷纷出台研究报告、指南、法律政策等，推进对人工智能伦理问题的认知和解决。

8.1.1 人工智能商业伦理

未来的自主智能机器将具有完全自主行为能力，不再是为人类所使用的被动工具。虽然人类设计、制造并部署了它们，但它们的行为却不受人类的直接指令约束，而是基于对其所获取的信息的分析和判断的，而且它们在不同情境中的反应和决策可能不是其创造者可以预料到或者事先控制的。完全的自主性意味着新的机器范式：不需要人类介入或者干预的“感知—思考—行动”。这一转变对人工智能、机器人等提出了新的伦理要求，针对新的机器范式要有新的伦理范式。

当决策者是人类自身，而机器仅是人类决策者手中的工具时，人类需要为其使用机器的行为负责，具有善意、合理、正当使用机器的法律和伦理义务，在道义上不得拿机器这一工具实施不当行为。此外，除了善意、合理、正当使用机器的法律和伦理义务，当人类决策者借助机器实施不当或者违法行为时，人类社会一方面可以在道德和舆论层面对其进行谴责，另一方面可以借助法律这一工具对违法者进行惩罚。然而，现有的针对人类决策者的法律和伦理义务并不适用于非人类操控的智能机器。由于智能机器要替代人类实施之前只能由人类做出决策的行为，因此在设计智能机器时，人们需要对智能机器这一能动者提出类似的法律和伦理等道义要求，确保智能机器做出的决策可以像人类决策一样，也是合理、合法的，并且具有相应的外在约束和制裁机制。

智能机器决策中的一些问题也彰显了伦理道德的重要性，需要让完全自主的智能机器成为一个像人类一样的道德体，即道德机器。其中一个问题是，由于深度学习算法是一个“黑箱”，人工智能系统如何决策往往并不为人所知，因此其决策中可能潜藏着歧视、偏见、不公平等问题。

典型案例：大数据“杀熟”

以深度学习算法为核心的人工智能算法模型已被普遍应用，但由于其算法结构中存在多个隐层，导致输入数据和输出结果之间的因果逻辑关系难以解释清楚，因此用户只能被动接受由算法带来的结果而无法洞悉其运行过程，从而形成一种技术“黑箱”。此外，人工智能算法模型还具有自适应、自学习等特性，导致其极易偏离人类预设的目标，其复杂程度愈发超出人类能理解的范畴。复旦大学管理学院副教授孙金云带领20多人的团队在北京、上海、深圳、成都和重庆5个城市专门打车800多次，花费5万元形成了一份《打车报告》。孙教授的调研方式非常科学，也很简单，对3千米以下的短途、3～10千米的中途，10千米以上的远途3种距离分别进行了调研。调研结果表明，同一时间发布同样的订单，苹果手机用户和非苹果手机用户同时呼叫“经济型+舒适”两档车，苹果手机用户叫到“舒适型”车辆的次数是非苹果手机用户的3倍。而且，无论是苹果手机用户还是非苹果手机用户，手机价位越高的用户越容易叫到“舒适型”车辆。

用户手机品牌和价位与“舒适型”车辆订单量的关系如图8-2所示。

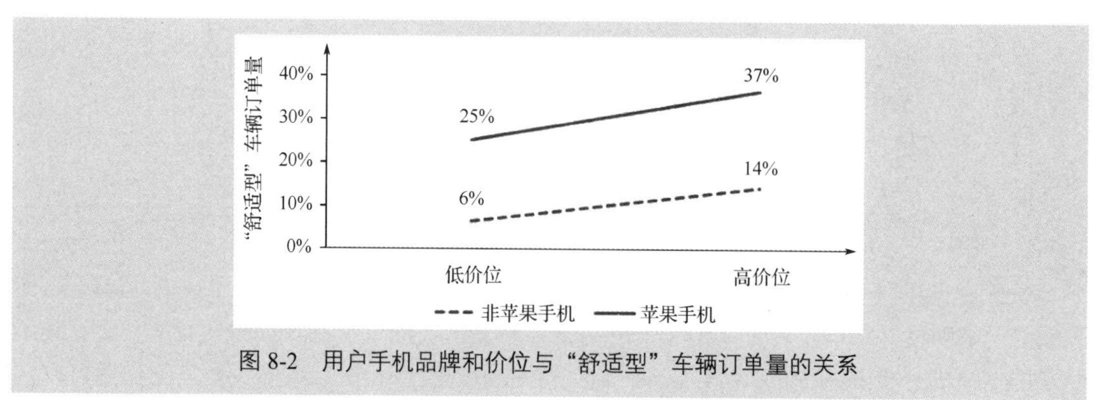

图 8-2 用户手机品牌和价位与"舒适型"车辆订单量的关系

人工智能决策已经在驾驶、贷款、保险、雇佣、犯罪侦查、司法审判、人脸识别、金融等诸多领域具有广泛应用，这些决策活动影响的是人们的切身利益，确保人工智能决策是合情、合理、合法的至关重要，因为维护每个人的自由、尊严、安全和权利是人类社会的终极追求。

8.1.2 人工智能技术伦理

机器人、智能机器等人工智能系统需要遵守人类社会的法律、道德等规范并受其约束，实现这一目标，即设计出道德机器，将人类社会的法律、道德等规范嵌入人工智能系统，是一个很大的挑战。人们需要发问，法律、道德等规范可以被转化成计算机代码吗？也就是说，可以编写出道德、伦理的计算机代码吗？如果可以，那么需要嵌入的规范是什么？应以怎样的方式将这些规范嵌入人工智能系统？如何确保嵌入人工智能系统的规范符合人类的利益并且是与时俱进的？解决这些问题，基本就可以确保实现伦理道德，让人工智能系统成为像人类一样善意、行为正当且合法的能动者。

为了解决伦理嵌入的技术问题，2016 年年底，IEEE 启动了人工智能伦理工程，发布了《合伦理设计：利用人工智能和自主系统（AI/AS）最大化人类福祉的愿景》，从可操作标准的层面为伦理嵌入提供指引，值得探讨和借鉴。

IEEE 技术标准首先要识别受自主人工智能系统影响的特定社群的规范和价值观。法律规范一般是成文的、形式化的，容易得到确认，但社会和道德规范比较难确认，它们体现在行为、语言、习俗、文化符号、手工艺品等中。人工智能系统一般受到多种规范约束，如法律要求、社会和道德约束等，它们彼此之间可能发生冲突。在发生冲突的情况下，哪些价值应当被置于最优先的地位呢？另外人工智能系统可能有意或无意地造成对特定使用者的歧视，尤其是易被忽视的群体（如儿童、老年人、罪犯、少数民族、贫困人群、残障人群等）。

我们可以假设一个类似"电车困境"的伦理问题。如果在一辆自动驾驶汽车刹车失灵或者来不及刹车的情况下，正好道路前方有 5 个人闯红灯，而车上有 2 名乘客，此时如果继续前行则会撞上不遵守交通规则的 5 个人，如果转向则会碰到路障，导致车上的 2 名乘客丧生。在此情形下，人们应当期待该自动驾驶汽车如何选择呢？由于人类自身的伦理价值有时候是似是而非或者相互冲突的，因此自动驾驶汽车此时可能难以做出公认正确的选择。

典型案例：谷歌即时通信工具 AIlo 表情符号事件

2017 年，美国有线电视台的一位工作人员通过 AIlo 收到了一个戴着头巾的人的表情符号，这是对一个手枪表情符号的回应，如图 8-3 所示。这造成了对伊斯兰教信徒的一种歧视。事后谷歌发表了道歉声明，并向公众保证解决这个问题。

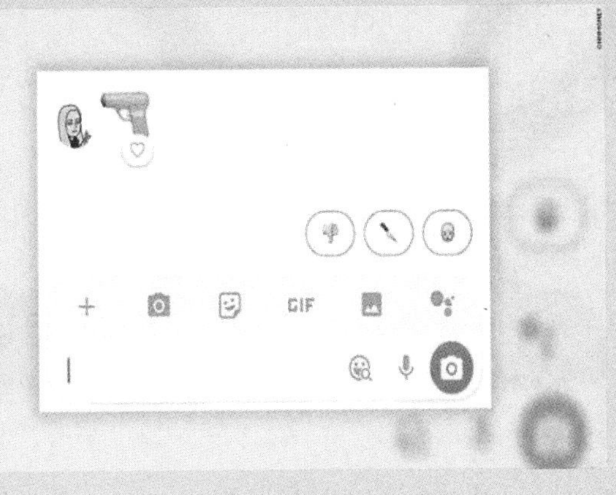

图 8-3　AIlo 对手枪表情符号的回应

8.1.3　人工智能伦理治理机制

人工智能伦理治理是一项复杂的系统工程，既需要明确治理原则及目标、厘清治理主体，又需要提出切实有效的治理措施。为此，人工智能伦理治理应当构建由政府、行业组织、企业及公众等多元主体共同参与、协同合作的多层次的治理体系，通过制定伦理原则、设计技术标准、确立法律法规等多种举措，实现科技向善、造福人类的总体目标愿景，推动人工智能健康有序发展。

针对与广大网民切身利益相关的互联网人工智能技术应用，2021 年 9 月 29 日国家互联网信息办公室、中央宣传部、教育部、科学技术部、工业和信息化部、公安部、文化和旅游部、国家市场监督管理总局、国家广播电视总局联合发布了《关于加强互联网信息服务算法综合治理的指导意见》（以下简称《指导意见》），计划利用三年左右时间，逐步建立治理机制健全、监管体系完善、算法生态规范的算法安全综合治理格局。《指导意见》提出，规范企业算法应用行为，保护网民合理权益，秉持公平、公正原则，促进算法公开透明。

8.2　人工智能安全规范

人工智能技术迅速崛起，数据量爆炸式增长、计算能力显著提升、深度学习算法突破性应用，极大地推动了人工智能发展。自动驾驶、智能教育、智能制造、智能医疗、智能家居等人工智能新产品、新业态层出不穷，深刻地改变着人类的生产生活方式，并对人类文明发展和社会进步产生广泛而深远的影响。然而，技术的进步往往是一把“双刃剑”，人工智能作为一种通用技术，为保障国家网络空间安全、提升人类经济社会风险防控能力等提供了新手段和新途径。与此同时在人工智能技术转化和应用场景落地的过程中，技术的不确定性和应用的广泛性带来冲击网络安全、社会就业、法律伦理等问题，并对网络空间安全、社会安全、国家安全等带来诸多风险和挑战。

8.2.1 人工智能网络空间安全

人工智能作为战略性与变革性的信息技术，给网络空间安全带来了新的不确定性，人工能网络空间安全包括网络安全、数据安全、算法安全和信息安全 4 个方面。

1. 网络安全

随着人工智能技术在网络安全领域的应用，网络攻击手段也越来越呈现出智能化的特点，网络攻击手段的智能化使得网络攻击成本降低、效率提升、攻击手段更加多样，为网络安全带来了严峻的挑战。网络安全涉及人工智能学习框架和组件的安全漏洞、后门安全问题，以及利用人工智能技术恶意提升网络攻击能力等。

（1）人工智能学习框架和组件存在安全漏洞，可能引发系统安全问题。

目前，人工智能产品和应用的研发主要基于谷歌、微软、亚马逊、Facebook、百度等科技巨头发布的人工智能学习框架和组件。这些开源学习框架和组件缺乏严格的测试管理与安全认证，可能存在安全漏洞和后门安全问题等风险，一旦被攻击者恶意利用，会危及人工智能产品和应用的完整性及可用性，甚至有可能导致重大财产损失或恶劣社会影响。

IDC 2020 年的《深度学习框架和平台市场份额》报告显示，我国正在应用的深度学习开源平台，市场份额高的前三位分别是谷歌、百度和 Facebook。其中，国外平台市场总份额接近 80%，占主导地位，百度市场份额占 20%。2021 年 10 月，360 人工智能框架漏洞威胁感知系统对国内外主流开源人工智能框架进行了安全性评测，7 款机器学习框架（如 TensorFlow、PyTorch 等）漏洞累计超过 150 个，框架供应链漏洞超过 200 个，该系统还帮助各厂商对漏洞进行了修复。值得一提的是，360 AI 安全实验室已经累计发现并帮助谷歌修复 TensorFlow 漏洞 98 个（CVE），其中高危、严重漏洞有 24 个。

典型案例：特斯拉被入侵

2019 年 12 月，据《金融时报》报道，移动安全公司 Lookout 网络安全研究员向媒体透露，他们在特斯拉 Model S 车型上发现了 6 个严重漏洞，并通过其中一个漏洞对汽车进行了操控，在低速行驶状态下将汽车熄火。特斯拉立即做出回应，确认了上述细节，并称已经向消费者发布了软件补丁。特斯拉表示，黑客并非远程操控了汽车，而是进入汽车系统从内部对汽车进行控制的。移动安全公司表示，其之所以选择特斯拉进行实验，是因为特斯拉一直以软件的高级著称，“我们只是在启动阶段时速仅为 5 英里/小时的时候将汽车熄灭，所有的屏幕都熄灭了，音乐也关掉了，手刹开始启动并且自动刹车”。19 岁的德国安全研究人员大卫·科伦坡表示，他在特斯拉的系统中发现一处软件漏洞，并通过该漏洞远程入侵了 13 个国家的逾 25 辆特斯拉电动汽车，使其安全系统关闭。

（2）利用人工智能技术恶意提升网络攻击能力。

人工智能技术在被用于网络攻击时，其自我学习能力和自组织能力可用于智能查找漏洞和识别关键目标，提高攻击能力。集成人工智能技术的恶意软件可自动瞄准更具吸引力的目标，劫持工业设备、勒索赎金等犯罪行为将越来越常见，传统网络安全体系遭受威胁。

典型案例：自主网络攻击芯片

2017 年 10 月，美国斯坦福大学和美国 Infinite 初创公司联合研发了一种基于人工智能处理芯片的自主网络攻击系统。该系统能够自主学习网络环境并自行生成特定恶意代码，实现对指定网络的攻击、信息窃取等操作。它在特定网络中运行后，能够自主学习网络的架构、规模、设备类型等信息，并通过对网络流数据进行分析自主编写适用于该网络环境的攻击程序。该系统每 24 小时即可生成一套攻击代码，并能够根据网络实时环境对攻击程序进行动态调整。由于攻击代码完全是新生成的，因此现有的依托病毒库和行为识别的防病毒系统难以识别它，其隐蔽性和破坏性极强。

2. 数据安全

数据是人工智能的重要基础。近十几年来大数据的蓬勃发展为机器学习等人工智能算法提供了大量的学习样本，使得人工智能技术迅速发展，因此数据安全成为人工智能网络空间安全的重要组成部分。数据遭到逆向攻击可导致算法模型内部的数据泄露，人工智能技术可加强数据挖掘分析能力，进而增大隐私泄露风险。

人工智能算法能够获取并记录训练数据和运行时采集数据的细节。逆向攻击是指利用机器学习系统提供的一些 API 来获取系统模型的初步信息，通过这些初步信息对模型进行逆向分析，从而获取模型内部的训练数据和运行时采集的数据。人工智能系统可基于其采集到无数个看似不相关的数据片段，通过深度挖掘分析，得到更多与用户隐私相关的信息，识别出个人行为特征甚至性格特征，人工智能系统甚至可以通过对数据的再学习和再推理，使现行的数据匿名化等安全保护措施无效，个人隐私变得更易被挖掘和暴露。

典型案例：个人隐私信息泄露

在我国，仅 2017 年一年在黑市上被泄露的个人信息就高达 65 亿条次，由数据泄露而衍生出来的黑灰色产业链年获利已超百亿元。买卖公民个人隐私数据为小贷公司的“套路贷”、暴力催收等犯罪行为大开方便之门。

在 2018 年 3 月曝光的 Facebook 数据泄露事件中，有 5000 万个用户的个人资料一直被用作向其精准投放政治广告的重要参考，而这些人占美国选民人数的 1/4。同年，万豪发布公告称旗下酒店喜达屋 5 亿条房客信息被泄露；社交平台陌陌的 3000 万个用户的数据在暗网被销售；问答网站鼻祖 Quora 1 亿个用户的数据被窃……

2019 年 2 月，国内专注于安防领域的人工智能企业深网视界超过 250 万个用户的数据被非法获取，680 万条数据疑似被泄露，包括身份证信息、人脸识别图像及图像拍摄地点信息等。

2019 年 5 月，一名自称 Gnosticplayers 的黑客声称窃取了澳大利亚网站 Canva 1.39 亿个用户的数据，包括用户姓名、用户名、电子邮件地址、城市及国家信息等。

2019 年 9 月，17 万条人脸数据在国内的网上被公开兜售，涵盖 2000 个人的肖像，每个人的照片有50到100张，每张照片还搭配一份数据文件，除人脸位置的信息以外，还有人脸的106处关键点信息，如眼睛、耳朵、鼻子、嘴、眉毛等的轮廓信息。数据中还包含人物性别、表情情绪、颜值、是否戴眼镜等信息。

动辄亿级的数据量，数据内容极其详细，此类触目惊心的个人隐私信息泄露事件一直在发生。

3. 算法安全

算法是人工智能系统的核心，现阶段人工智能在算法方面存在算法设计或实施有误、算法歧视或隐藏偏见、算法“黑箱”等方面的安全风险。

（1）算法设计或实施有误会导致与预期不符甚至伤害性的结果。

谷歌、斯坦福大学、伯克利大学和OpenAI研究机构的学者根据错误产生的阶段，将算法设计和实施中的安全问题分为三类：第一类是设计者为算法定义了错误的目标函数，如设计者在设计目标函数时没有充分考虑运行环境的常识性限制条件，导致算法在执行任务时对周围环境造成不良影响；第二类是设计者定义了计算成本非常高的目标函数，使得算法在训练和使用阶段无法完全按照目标函数执行，只能在运行时执行某种低计算成本的替代目标函数，从而无法达到预期效果或对周围环境造成不良影响；第三类是选用的算法模型表达能力有限，不能完全表达实际情况，导致算法在实际使用时面对不同于训练阶段的全新情况可能产生错误结果。

（2）算法歧视或隐藏偏见会导致决策结果可能不公正的情况。

算法歧视或隐藏偏见是指算法程序在信息生产和分发过程中失去客观中立的立场，影响公众对信息的客观全面认知。人工智能产品的算法歧视带来的相关问题已日益引起关注，用看似客观公平的人工智能算法代替人进行自动化决策，虽然会带来效率的提升，但也存在个体利益受损的情况。例如，一些网购平台利用大数据技术，使同款产品对老用户报价更高；某些筛选简历的算法系统对求职者的评分结果倾向于给男性求职者更高的评分；某些外国网站的高薪工作招聘启事向白种人显示的机会多于其他人种。依赖数据和智能算法实施价格歧视，其实施方式更加隐蔽，会导致部分用户福利下降并损害市场诚信，损毁消费者的信任基础，这种行为引起社会公众广泛关注和强烈不满。

（3）算法“黑箱”会导致人工智能决策不可解释。

算法“黑箱”是指由于技术本身的复杂性及媒体机构、技术公司的排他性商业政策，算法犹如一个未知的“黑箱”——用户并不清楚算法的目标和意图，也无从获悉算法设计者、实际控制者及机器生成内容的责任归属等信息，更谈不上对其进行评判和监督。在“剑桥分析”事件中，利用选民性格弱点，向其推送假信息影响政治倾向，甚至利用机器人“水军”在社交媒体注册虚假账户，传播相关政治理念的行为，受到舆论谴责。人们对剑桥分析公司提供的政治精准营销业务及收集用户数据的来源、维度、体量已有所了解，但是其业务中具有决策作用的算法并不公开，在输入数据与输出决策结果之间存在外界看不到的“隐形层”，其决策过程不可解释，即形成所谓的算法“黑箱”问题。

典型案例：商业用户画像

人工智能算法经常被企业用于用户画像，通过算法对人的隐私信息进行分析和预测。在商业领域，越来越多的企业开始收集个人的浏览记录、购买记录、交易方式等信息，其实施过程是，平台通过各种渠道掌握丰富的用户数据，并通过智能算法对这些数据进行分析，形成对用户的精准化画像，从而预测用户的支付能力、价格敏感度、支付意愿等，最后低成本地实施大规模、自动化的个性化定价。根据“大数据杀熟”的过程可以发现，全面且充分的用户数据是企业形成用户画像进而实施价格歧视的基础，这又涉及个人信息的收集问题。通常情况下，用户画像赖以形成的数据除通过个人授权获得以外，还可通过应用程序过度收集、cookie 追踪技术及实体间的数据共享获得。例如，在新闻与娱乐领域，抖音、快手、今日头条等平台利用算法进行个性化推荐与分发，以提高新闻与娱乐资讯的传播效率；在电商领域，淘宝、京东等购物网站利用算法对个体进行个性化商品推荐，以大幅提升销量。同时人工智能算法也成为实施“大数据杀熟”和“歧视性定价”的工具。

4. 信息安全

人工智能技术已广泛应用于信息内容生成、传播、处理等领域，不当行为可能引发信息安全风险。

（1）智能推荐算法可加速不良信息的传播，并具有隐蔽性。

互联网、云计算、大数据等现代信息技术深刻改变了人类的生产生活方式，也深刻改变了信息的生产传播方式。信息内容传播逐渐由人类转移给了智能推荐算法来完成，根据用户浏览记录、交易信息等数据，对用户的兴趣爱好、行为习惯等进行分析与预测，从而根据用户偏好推荐信息内容。如果智能推荐算法被用于负面信息的传播，则可使虚假信息、违法信息、违规言论等不良信息内容的传播更加具有针对性，在加速不良信息传播的同时减少被举报的可能，更加具有隐蔽性。

近几年，一些短视频平台传播涉未成年人低俗不良信息、侮辱英烈等突破社会道德底线的信息，违背了社会主流价值观，甚至触犯了法律。这些视频通过短视频平台的智能推荐算法传播、放大，给用户尤其是未成年人带来不良示范，影响极其恶劣。

（2）人工智能技术可用于制作虚假信息内容，带来信息安全风险。

随着信息技术的发展、大数据的广泛应用，算法推荐让信息传播更加个性化、定制化、智能化，但也出现了一些制作虚假信息内容的乱象。运用人工智能技术合成的图像、音视频等被不法分子用来实施诈骗、勒索钱财，造成恶劣的社会影响。

江苏省南京市江宁区岔路派出所接到报警称，受害人陈先生微信收到“熟人”王某发来的借钱语音，受害人听到是朋友的声音，没多想就把钱转了过去，于是落入了骗子的圈套。警方表示，骗子从微信里发过的语音中提取个人声音生成假语音，还能模仿语气和情绪，网售语音包和语音软件可以生成任何嗓音和内容的音频。

8.2.2 人工智能社会安全

随着人工智能技术的大力推广，其打破法律和道德限制的概率逐渐增大，必定导致对社会安全的威胁增加。人工智能社会安全包括人身安全、就业安全两个方面的内容。

1. 人身安全

由于技术的不成熟性，因此以自动驾驶汽车、无人机、机器人等为代表的智能系统在人们的生产生活中逐步替代人类进行决策，实现自主操作，可能会导致人类自身的安全风险。同时，这些智能系统被恐怖分子或别有用心的攻击者恶意利用，也会导致人类自身的安全风险。

典型案例：无人机袭击

2018 年 8 月，委内瑞拉总统马杜罗在首都加拉加斯出席一场军队纪念活动时突然遭遇无人机袭击，这场“人类历史上第一例用无人机刺杀一国元首”的行动，事实上是袭击者使用一架载有爆炸物的无人机对总统马杜罗展开的“暗杀行动”。

2. 就业安全

借助人工智能技术打造的机器人，其优点显而易见，如具备超级计算能力、只需电力供给便可保证 24 小时全年无休、无须担心因主观意志影响决策等。因此，未来基于这一技术的机器人将胜任制造工人、客服、司机、翻译、保安等多种工作，由此带来的失业将导致一系列社会问题。

典型案例：无人工厂

《中国青年报》报道，广东长盈精密技术有限公司东莞松山湖（生态园）分公司正常运转需要650名员工，如今工厂转型为“无人工厂”，如图 8-4 所示，有 60 条机器人手臂昼夜不停地工作在 10 条生产线上。员工只剩下 60 名，其中 3 名负责检测和监控生产线，其他人负责监控计算机控制系统，实现了用机器取代 90%的人力资源，从而使生产效率提高了 250%。类似这样的“无人工厂”在各个行业中逐渐兴起。

图 8-4 “无人工厂”

8.2.3 人工智能国家安全

人工智能国家安全主要体现在政治安全、军事安全两个方面，人工智能系统在新闻传播、国防军事、社会服务等领域的广泛应用一旦发生错误或不当行为，将给国家政治、军事安全带来严峻的挑战。

1. 政治安全

人工智能技术的蓬勃发展和广泛应用给人类的生产生活带来了极大的便利，同时也对国家主权、意识形态、政治环境、社会关系、治国理念等带来冲击，深度影响国家政治安全。政治安全是国家安全的根本，充分认清人工智能对国家政治安全的挑战，研究应对之策，有效维护国家政治安全，意义重大而深远。人工智能影响政治安全主要体现在两个方面。

第一，算法和大数据将左右智能机器的“认知”“判断”，继而影响政治行为体的决策。人工智能三大要素是算法、算力和数据。一方面，算法是否公正不偏袒，数据是否真实、完整、未被删减或篡改伪造，直接决定机器的研判结果，并影响人的判断和行为。另一方面，与传统的人口学变量的定量分析不同，大数据、云计算、机器学习等可以将数以亿计的政治行为体抽象成社会的“节点”，人工智能通过分析信息中节点的度数、介数和接近度，来揭示权力集聚规律和赢得政治威望的秘诀，这为政治安全提供了新的技术支撑和智慧渠道。

第二，人工智能技术对经济、军事、社会、网络、信息等领域的影响向政治领域传导，间接冲击政治安全。作为一项赋能性技术，人工智能技术正在逐渐“改写”各领域的秩序规则，给各领域带来机遇和挑战。尽管以往的技术进步也是如此，但其影响的深度和广度远远不及人工智能技术。而且，以往各领域安全问题“错综复杂、交织并存”的程度也远远不及人工智能时代高。其他领域的安全问题一旦发酵，极有可能冲击政治安全。

典型案例：人工智能影响总统选举

近年来，一些西方国家使用大数据分析部署机器人“水军”，借助网络来干扰总统选举，一些别有用心的公司使用人工智能技术来干扰选民意见的行为也时有发生，这些手段可有效地影响选举结果。

2018年，美国《纽约时报》和英国《观察家报》报道称，剑桥分析公司涉嫌窃取Facebook用户个人数据，并利用其信息智能推荐功能深度影响2016年美国大选。美国依隆大学数据科学家奥尔布赖特的研究指出，通过行为追踪识别技术采集海量数据，可识别出潜在的投票人，进行虚假新闻的点对点推送；利用人工智能的推理预测技术，不仅可以预测人们的所思、所想、所需，还有能力将预测结果变成现实；通过信息智能推荐可有效影响民众政治信仰和现实行为，进而干预或影响国家政治进程。

2. 军事安全

在人工智能技术的辅助下，机器的智能化程度越来越高，正如兰德公司曾经发布《人工智能对核战争风险的影响》报告中所预言的，到2040年，人工智能的威力甚至有可能超过核武器。

人工智能技术得到了军方的密切关注。首先，每年都有一些国家投入大量人力、物力、财力研发“致命性自动武器”，这种行为是个体行为，很容易引发机器自动杀人事件，其安全隐患极大。其次，有一些国家可能通过商业力量去研发工业机器人，从而得到“机器人战士”，这样做导致的后果是，随着智能化武器装备的增加，人工智能必定会给国家的军事安全带来越来越大的风险。

典型案例：“杀人机器”

目前许多国家都在积极研发军用机器人，而军用机器人的一个重要发展趋势就是自主性不断提高。例如，韩国、以色列等国已经开发出了放哨机器人，它们拥有自动模式，可以自行决定是否开火。以色列战斗机器人“守护者”Guardium（见图 8-5）就是其中一种，它可以在远程操作或自主模式下运行，从不迷路，也不睡觉，它的装甲使它能够抵御多个敌人的轻型攻击。“守护者”Guardium 拥有红外摄像机、雷达、高灵敏度麦克风及各种传感器等模块，如果发现可疑情况，则向操作员发出警告。它还拥有致命的和非致命的武器用来保护自己，它通过移动指挥站远程操作。显然，如果对军用机器人不进行某种方式的控制，那么它们很可能对人类没有同情心，对目标不会手下留情，一旦启动就可能成为真正的冷血“杀人机器”。

为了降低军用机器人可能导致的危害，需要让它们遵守人类公认的道德规范，如不伤害非战斗人员、区分军用与民用设施等。虽然以现有技术要实现这样的目标还存在一定的困难，但技术上有困难并不意味着否定其必要性与可能性。2018 年 7 月，在瑞典斯德哥尔摩举办的国际人工智能联合会议上，包括美国太空探索技术公司（SpaceX）创始人埃隆·马斯克、谷歌深度思维（DeepMind）创始人在内的 2000 多名人工智能领域专家共同签署了《禁止致命性自主武器宣言》，宣誓不参与致命性自主武器系统（LAWS）的开发及研制。这也是迄今为止针对“杀人机器”最大规模的一次联合发声。

图 8-5　以色列战斗机器人“守护者”Guardium

案例体验

人脸识别引发争议：如何平衡公共安全和个人信息安全?

随着安防行业人脸识别监控、高清摄像头等软硬件的发展，人脸识别、图像采集等设备在机场、高铁站、商场、银行、小区等场所的应用越来越广泛。这些设备虽然在某些情况下提高了公共安全系数，但同时也有部分人担心造成个人信息安全隐患。人脸识别示例如图 8-6 所示。

图 8-6 人脸识别示例

2021 年 8 月 20 日，第十三届全国人民代表大会常务委员会第三十次会议表决通过了《中华人民共和国个人信息保护法》，自 2021 年 11 月 1 日起施行。对于公共场所中的图像采集、个人身份识别设备问题，《中华人民共和国个人信息保护法》第二十六条做出了进一步规范。该条款规定，在公共场所安装图像采集、个人身份识别设备，应当为维护公共安全所必需，遵守国家有关规定，并设置显著的提示标志。所收集的个人图像、身份识别信息只能用于维护公共安全的目的，不得用于其他目的；取得个人单独同意的除外。

虽然《中华人民共和国个人信息保护法》中并没有明确提到人脸识别，但是图像采集、个人身份识别中显然包括了人脸识别。由此可见，此法规也是针对人们对人脸识别的争议而做出的规范。人们对人脸识别的争议主要集中在以下三点。

（1）人脸识别设备的应用场景。

在实际生活中很难区分公共安全的场景，如小区、商场这类场景虽然涉及公共安全，但是其安装人脸识别设备的目的却不仅仅是保证公共安全。例如，小区安装人脸识别设备是为了更好地管理小区，商场安装人脸识别设备可以对 VIP 客户进行精准识别及对顾客消费轨迹进行分析。但是这些场景也都属于公共场所，因此很难去界定其性质。这就涉及到底在什么情况下可以安装人脸识别设备，安装人脸识别设备到底该按照什么样的审批流程进行等问题。这些问题都反映出人们希望对人脸识别设备滥用现象进行遏制。

人脸识别设备应用场景示例如图 8-7 所示。

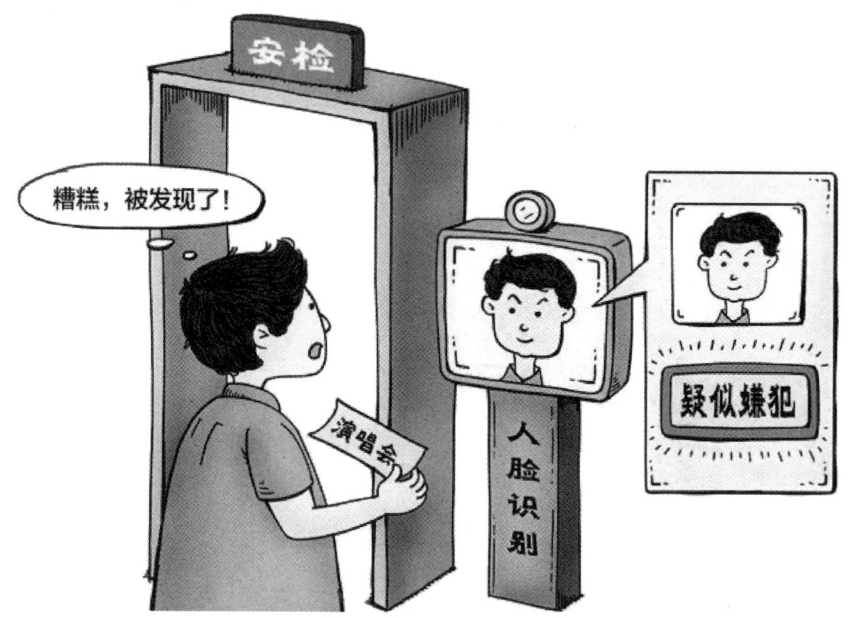

图 8-7　人脸识别设备应用场景示例

（2）个人信息的收集、使用、保存。

个人信息的收集针对的主要是收集信息的类型、使用范围、保存方式等。怎样在法律上规定做到收集个人信息最小化并符合比例原则，也就是在什么情况下应当收集什么样的信息？这些信息怎样保存？保存的信息一旦泄露，法律责任谁去追究、怎样追究？这些问题还需要再研究。在现实生活中，不少写字楼、小区等都使用了人脸识别设备，然而它们并不仅靠“刷脸”就完成了整个流程，有些需要收集手机号码、工作单位、家庭具体门牌号等信息。这些信息的使用范围、保存方式，以及信息泄露之后谁去追究责任、怎样追究也需要再研究。

（3）信息收集、使用、保存的透明化机制。

其一，信息的收集首先应征得用户同意；其二，对于收集到的个人信息的使用范围，用户应享有知情权；其三，对于个人信息的保存时间、保存方式，用户同样应享有知情权。

以上三点基本上是目前人们对人脸识别存在的顾虑和希望获取的权利。不难看出人们其实并不是排斥人脸识别，而是希望人脸识别技术应用能更为规范。随着《中华人民共和国个人信息保护法》等法律法规和国家标准的出台，相关应用会有进一步的规范。当然，这不仅需要法律层面的政策支持，还需要设备生产厂家、软件开发公司、施工单位、建设单位等的共同努力。

请观察你的日常生活中哪些场景中应用了人脸识别技术，你认为这些应用是否有必要？会引起哪些争议和影响？

我国在人工智能伦理治理方面的实践

我国将人工智能安全和伦理规范作为促进人工智能发展的重要保证措施，不仅重视人工智能的社会伦理影响，而且通过制定伦理框架和伦理规范，以确保人工智能发展安全、可靠、可控。为进一步加强人工智能相关法律法规、伦理、标准和社会问题研究，2019 年 6 月国家新一代人工智能治理专业委员会发布了《新一代人工智能治理原则——发展负责任的人工智能》，提出人工智能治理框架和行动指南，强调了和谐友好、公平公正、包容共享、尊重隐私、安全可控、共担责任、开放协作、敏捷治理八项原则。此外，2019 年 8 月中国人工智能产业发展联盟发布了《人工智能行业自律公约》，旨在树立正确的人工智能发展观，明确人工智能开发利用基本原则和行动指南，从行业组织角度推动人工智能伦理自律。

人工智能研究正在全球范围内蓬勃兴起，在带来巨大机遇的同时，也伴随着新型安全风险和伦理治理挑战，如何引导人工智能向善发展正成为人们关注的重点。不少专家指出，“负责任”应成为贯穿人工智能发展的主线，要涵盖在人工智能从基础研发到应用全生命周期中。作为科技创新的主体，人工智能企业也要发挥主观能动性，积极落实科技担当，凝聚企业共识，推动产业共治，形成整个行业的责任感。

为了更好地推动人工智能技术创新和产业稳健发展，形成更完备、规范的创新体系和产业生态。2021 年 8 月，在首届全球数字经济大会平行论坛之一的人工智能产业治理论坛上，由北京智源人工智能研究院和北京瑞莱智慧科技有限公司共同发起，百度、华为、蚂蚁集团、寒武纪、爱笔科技、第四范式、出门问问等在内的数十家研究机构与创新企业联合参与的首个《人工智能产业担当宣言》正式发布，强调了中国科技企业在推动人工智能自律自治稳健发展中应积极承担的责任。该宣言中包含五项倡议，首先，强调人工智能系统的设计、研发、实施和推广应符合可持续发展理念，以促进社会安全和福祉为目标，以尊重人类尊严和权益为前提。其次，在技术能力方面，提出要最大限度确保人工智能系统安全可信，提高鲁棒性及抗干扰性，要增强算法的透明性和可解释性，同时保障各方权利和隐私，为用户数据提供充分的安全保障。在行业践行方面，该宣言也给出了具体实现路径，倡导企业积极参与探索和构建开源开放协作共享机制与平台，建立深度合作伙伴关系，推动良好的产业生态形成。

人工智能产业担当宣言

让人工智能更好地服务于人类，是我们共同的目标。为了更好地推动人工智能技术创新和产业稳健发展，形成更好的创新体系和产业生态，我们将严格遵守国际、国内相关法律法规，积极落实《新一代人工智能治理原则》《人工智能北京共识》等原则共识，强化和落实中国科技企业在推动人工智能自律自治稳健发展中的责任担当与强烈使命，倡导并参与推进政产学研各界加快形成协同治理体系，共推人工智能产业高质量发展。值此“人工智能产业治理论坛”召开之际，在此共同发表宣言如下：

一、以促进社会安全和福祉为目标，以尊重人类尊严和权益为前提

人工智能系统的设计、研发、实施和推广应符合可持续发展理念，增进人类和环境的共同福祉。人工智能技术应服务于人类社会，符合人类价值观，保障不同种族、年龄、性别、信仰的群体共享人工智能发展成果，避免潜在的偏见和歧视损害特定人群的利益。

二、最大限度确保人工智能系统安全可信

高度关注人工智能系统的安全，提高人工智能鲁棒性及抗干扰性，提高系统抗攻击和自我修复能力，确保人工智能系统安全可靠可控地工作。努力增强人工智能算法的透明性和可解释性，并保持与人工智能各个利益相关方的紧密沟通，最大限度地确保人工智能系统可信。

三、保障使用者及相关方的权利和隐私

人工智能技术、产品与服务应尊重和保护个人权利和隐私，在收集和使用个人信息时应落实合法正当必要的原则，确保个人的知情、同意、选择、撤销等权利，并对用户数据提供充分的安全保障。

四、建立开放协作共享机制

倡导企业在研究构建人工智能基础设施时，积极参与探索和构建开源开放协作共享机制与平台，促进企业间建立深度合作的伙伴关系，推动产业形成良好的生态，服务于数字经济与数字合作的发展。人工智能企业应与政府、专家、媒体与公众等各方积极沟通交流，积极协作发现并应对潜在风险，共同确保人工智能产业的健康发展。

五、自律自治共担责任

人工智能相关从业者应具有高度的社会责任感和自律意识，将人工智能伦理与治理原则、实践贯穿于产品和服务的全生命周期。倡议企业成立人工智能治理委员会或工作组、设立伦理研究员岗位或通过外部技术支持等方式来有效践行自律自治，同时促进企业与政府、社会深度协同治理，积极参与人工智能相关法律法规以及标准的制定和落实。

本章总结

在人工智能发展浪潮下，人类面临众多机遇和挑战。面对新一轮技术革新带来的巨大变化和冲击，人类该如何应对人工智能安全和伦理风险挑战呢？本章通过理论叙述并穿插典型案例介绍了目前人类在安全伦理方面主要面临的风险，引发读者对人工智能伦理治理问题的思考。

知识速览：

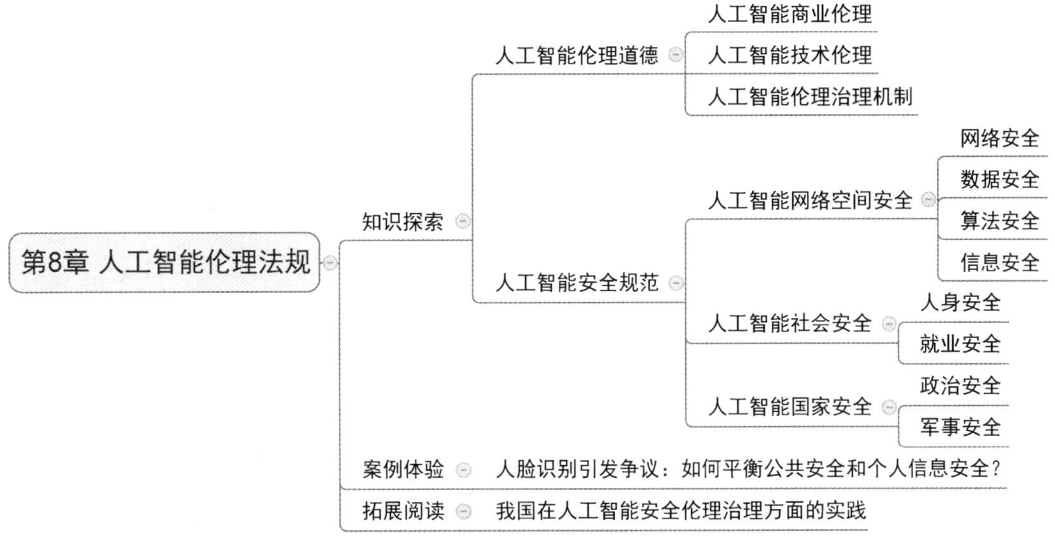

（1）人工智能伦理道德包括商业伦理、技术伦理及伦理治理机制。人工智能决策在各个领域都具有广泛的应用，这些决策活动影响的是人们的切身利益，确保人工智能决策是合情、合理、合法的至关重要；如何将人类社会的法律、伦理等规范嵌入人工智能系统，是值得思考的课题；人工智能伦理治理是一项复杂的系统工程，既需要明确治理原则及目标、厘清治理主体，又需要提出切实有效的治理措施。

（2）人工能网络空间安全包括网络安全、数据安全、算法安全和信息安全四个方面的内容；人工智能社会安全包括人身安全、就业安全两个方面的内容；人工智能国家安全主要体现在政治安全、军事安全两个方面。

（3）总体来说，人工智能治理应以科技造福人类为总体目标，既要不断释放人工智能所带来的技术红利，也要精准防范并积极应对人工智能可能带来的风险，需要平衡好人工智能创新发展与有效治理的关系，持续提升有关算法规则、数据使用、安全保障等方面的治理能力，为人工智能营造规范有序的发展环境。

学习评价

通过学习本章内容，评价自己是否达成了以下学习目标，在学习评测表中标出已经完成的目标情况（A、B、C、D）。

评 测 标 准	自 我 评 价	小 组 评 价	教 师 评 价
了解人工智能的商业伦理和道德规范			
了解人工智能的技术伦理和道德规范			
了解人工智能网络空间安全问题			
了解人工智能社会安全问题			
了解人工智能国家安全问题			

说明：A 为学习目标达成；B 为学习目标基本达成；C 为学习目标部分达成；D 为学习目标未达成。

思考探索

一、论述题

以生活要素数据化和机器自动化决策为核心的人工智能算法得到了越来越广泛的应用。人工智能算法使得机器能够通过可读的指令程序，根据网络痕迹、位置信息、消费记录等数据，对人的行为进行评价和预测。这种自动化决策方式在人员招聘、教育培训、无人驾驶、投资咨询、司法判决、智能诊疗、新闻推荐等诸多领域得到了广泛应用，极大地降低了人们的决策成本，提高了工作效率。然而，人工智能算法独特的运行逻辑导致法律赖以生成与存在的社会结构性场景发生了重大变化，造成个人权利与算法权力之间的失衡，从而诱发了一系列的伦理问题。这些问题在一定程度上颠覆了人们对传统法律的认知，增加了传统法律治理的难度。

未来社会，随着人工智能通过深度学习具备了自身算法系统的反思能力和自己的万能算法语言，人的主体性将面临更大的挑战。如今人工智能所带来的数据安全、伦理等问题开始大规模地进入公众视线。人工智能已经走过了最初的野蛮发展时期，行业、公众对人工智能监管的呼声渐大。保持对技术进步的敬畏之心，警惕其不可控性可能带来的风险，让与时俱进的规范护航技术平稳发展，或许是人工智能未来的发展方向。让人工智能在合情、合理、合法的框架下健康发展，用人工智能技术造福大众，离不开所有人工智能相关行业从业者和社会各界的共同努力。

生活在人工智能时代的我们，该如何抉择、如何保护自己的隐私？请根据所学的知识，结合日常生活实际，谈谈自己的想法，不少于 300 字。

二、辩论题

近几年，人工智能不仅成为各大科技互联网公司所宣扬的“DNA”，而且走进了普通用户的生活。在人工智能发展热潮中，有一个问题始终萦绕在大众心头：人工智能会取代人类还是会让人变得更强大？

有硅谷钢铁侠之称的埃隆•马斯克可能是最为人所知的人工智能悲观论者。2014 年起，他就不断对外宣扬人工智能威胁论，如“我们需要万分警惕人工智能，它们比核武器更加危险”“借助人工智能，我们将召唤出恶魔。在所有故事里出现的拿着五芒星和圣水的家伙都确信他能够控制住恶魔，但事实上根本不行”“人工智能可能引发第三次世界大战”“人工智能是人类文明的最大威胁”“一个不朽的独裁者，人类永远都无法摆脱他们的统治”等言论层出不穷。

作为人工智能的积极鼓吹者，扎克伯格在许多场合说道，“我不能理解那些总是对人工智能唱反调，试图鼓吹末日的人，他们的言论很消极，在某些方面我认为极其不负责任”“人类总是畏惧人工智能在未来会失控而伤害人类，但同时我们也应该看到另一方面人工智能真的能够挽救人类的生命”。其在自己的住宅里更是亲自动手制造出了一个与漫威电影中同名的人工智能助手贾维斯，用以完成一些个性化推荐、人脸识别、语音识别等方面的工作。

请大家以“人工智能将会替代人还是成就人”为题展开主题辩论。

正方：人工智能将会替代人。

反方：人工智能将会成就人。

反侵权盗版声明